马艳粉

刘欣 等◎著

国内外家禽产品质量安全限量标准比对分析

GUONEIWAI JIAQIN CHANPIN

ZHILIANG ANQUAN XIANLIANG

BIAOZHUN BIDUI FENXI

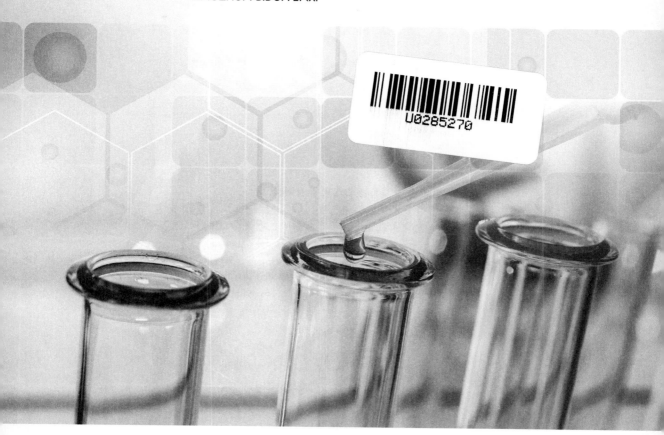

中国质量标准出版传媒有限公司

中国标准出版社

北京

图书在版编目（CIP）数据

国内外家禽产品质量安全限量标准比对分析/马艳粉等著.
—北京：中国质量标准出版传媒有限公司，2023.9
ISBN 978 - 7 - 5026 - 4900 - 5

Ⅰ.①国…　Ⅱ.①马…　Ⅲ.①家禽—产品质量标准—安全
标准—对比研究—世界　Ⅳ.①TS251.5

中国国家版本馆 CIP 数据核字（2023）第 003346 号

中国质量标准出版传媒有限公司
中 国 标 准 出 版 社　出版发行
北京市朝阳区和平里西街甲 2 号（100029）
北京市西城区三里河北街 16 号（100045）
网址：www.spc.net.cn
总编室：(010)68533533　发行中心：(010)51780238
读者服务部：(010)68523946
中国标准出版社秦皇岛印刷厂印刷
各地新华书店经销

*

开本 787×1092　1/16　印张 24.75　字数 612 千字
2023 年 9 月第一版　2023 年 9 月第一次印刷

*

定价 120.00 元

著 者 名 单

马艳粉　刘　欣　卢立志　包佳永　柴诚芃
袁　青　陈蕴韵　张晓燕　李　奎　卢亚萍
朱　莺　曹汪琦　周　婷　曾　涛　舒晨阳
王　杰

前　言

　　我国的禽业养殖历史悠久，在夏商时代，鸡已被列为六畜之一，在西安临潼，经考古发掘出来的家禽和粪便距今已有6000余年。中国人的饮食偏重于口感细腻、味道鲜美，而禽肉恰恰是两者兼具。在我国的传统饮食文化中曾经将禽肉和禽蛋视为补品。如今，禽蛋和禽肉已经成为普通消费者的日常食物。作为最廉价的动物性蛋白质来源，禽蛋提高了人们的生活水平、改善了膳食结构。经过近几十年的发展，禽业已形成了年产值超过万亿元的产业，成为促进农民增收的有效途径之一，辐射并带动了诸如设备制造、饲料、兽药、运输、加工等相关产业的发展。

　　随着我国经济的飞速发展，我国养殖业迅速发展，家禽养殖数量大幅度增长。在维护畜禽健康的过程中，存在过量使用、违规使用、不遵守休药期时间等滥用兽药的现象。兽药的不规范使用会使畜禽产品中存在兽药原形及其代谢产物的残留，而食用含有残留兽药的畜禽产品则会引起体内菌群失调、胃肠道感染、过敏和变态等反应，并可能产生致癌、致畸、致突变等结果，从而影响人们的身体健康。畜禽产品因兽药残留和其他有毒有害物质超标所造成的餐桌污染以及由此引发的中毒事件在国内外时有发生。我国加入世界贸易组织（WTO）后，畜禽产品进入国际市场遭遇到严格的技术性贸易壁垒，产品竞争力较弱，整个畜牧业的发展面临着十分严峻的挑战。

　　我国于2019年9月6日发布的GB 31650—2019《食品安全国家标准　食品中兽药最大残留限量》自2020年4月1日开始实施，此项标准代替了原农业部公告第235号《动物性食品中兽药残留最高限量》中的相关部分。美国的兽药最大残留限量标准由美国食品与药物管理局（FDA）管理并制定，发布于美国联邦法规（CFR）第21卷第556部分。日本的兽药最大残留限量标准由日本肯定列表及日本食品化学研究会制定，限量标准多且较严格。欧盟在其发布的委员会法规（EU）No. 37/2010《关于动物源食品中药理学活性物质的最高残留限量及其分类》中规定了欧盟的兽药最大残留限量。国际食品法典委员会（CAC）是由联合国粮食及农业组织（FAO）和世界卫生组织

（WHO）共同建立的，以保障消费者健康和确保食品贸易公平为宗旨的一个制定国际食品标准的政府间组织，其标准CX/MRL 2—2018《食品中兽药残留的最大残留限量和风险管理建议》规定了禽类兽药最大残留限量。

本书对我国禽类产品中兽药最大残留限量标准与日本、美国等发达国家以及国际组织禽类产品中兽药最大残留限量标准进行了比对，旨在发现我国标准的不足之处，以期为进一步完善我国禽类产品中兽药最大残留限量标准提供参考。本书共分为五章，对国内外鸡、鸭、鹅、鸽子、鹌鹑的兽药残留限量进行了对比和分析，为进一步提高我国家禽类产品的质量安全以及出口提供依据。

在撰写本书的过程中，我们得到了中国计量大学及相关学院领导给予的大力支持，在此表示由衷的感谢。同时，感谢参与撰写本书的相关学院的教师，正是在他们的支持和鼓励下，本书才能得以顺利完成；特别感谢浙江省农业科学院卢立志研究员和曾涛博士、浙江省畜牧技术推广与种禽监测总站李奎、浙江艾杰斯生物科技有限公司卢亚萍、浙江省计量与标准化学会袁青和浙江省标准化研究院陈蕴韵和朱莺参与本书的撰写工作。此外，本书力图包含家禽类产品相关学科的成熟经验，并反映该领域最新的研究发展，尽管我们已经作出了很大的努力，但由于学识和能力有限，书中难免存在疏漏和错误，在内容的组织和编排上也会有不恰当之处，恳请专家和读者批评指正。

著 者

2022 年 11 月

目 录

第1章 鸡的兽药残留限量标准比对

鸡肉是全世界畜产品的重要组成部分。近几十年来，在肉类生产行业中，鸡肉生产一直保持高速发展。根据联合国粮食及农业组织（FAO）统计的数据分析，1978—2012年，全世界肉类总产量增加了23倍，以年增长率26%的速度上升，而其中鸡肉总量增长速度最快，增长了46倍，年均增速高达46%。我国鸡肉产品的总量增长了123倍，年均增长速度高达76%，比世界鸡肉产品总量的平均增速还要快3.4%，比美国快617%，但是比巴西的增速低0.57%。

自改革开放以来，我国鸡肉产业发展迅速。截至目前，该产业经历了从小到大、由弱到强的成长过程，鸡肉产品也随着世界经济的发展经受了各种贸易壁垒的考验，目前已成为我国出口重点农产品之一。近年来，我国居民禽肉类消费量不断增加，在肉类消费品中排名仅次于猪肉，位列第二。2013年，我国禽肉消费量达86768万t，但是，我国居民人均食肉消费量仅有6.38kg，与世界发达国家的人均禽肉消费量45kg相比，我国的人均消费量目前远低于世界平均水平，鸡肉产品仍然存在着很大的增长空间。

我国肉鸡饲养范围十分广泛。近年来，除西藏、海南和青海等地没有饲养或饲养量极少以外，其他28个省、自治区、直辖市（不含港澳台）都有规模不等、数量不一的肉鸡饲养。我国的肉鸡饲养主要集中在华东、华中、华北和东北等地区。2008年，山东、广东、江苏、辽宁、广西和安徽6个省份的禽肉产量达8008万t，约占全国禽肉总产量的52.2%，其他地区的禽肉产量均在50万t以下，占比仅为全国产量的2.78%。

我国肉鸡出口在2003年以前主要以冻鸡块、鸡杂碎为主，2003年之后以肉鸡加工品为主。在进口方面，2005年以前主要以冻鸡块、鸡杂碎为主，自2005年起，鸡爪进口超过50%。我国2002年以前一直是肉鸡产品净出口国，自2002年起成为肉鸡产品净进口国。面对种种出口限制，我国企业出口肉鸡产品非常艰难，特别是冷冻产品，这一切促使我国肉鸡产品出口企业调整出口战略，增加肉鸡熟食品及加工品，从而带来我国鸡肉熟食品等加工品出口占比上升，使肉鸡产品出口量、出口额减少，由过去的净出口国转为净进口国。

总的来看，我国是一个肉鸡产品生产大国、消费大国、进口大国和出口弱国。我国肉鸡产品主要销往日本、我国香港；活鸡、鲜冷产品主要销往我国香港和澳门；加工品主要销往日本、欧盟、韩国以及我国香港。肉鸡产品出口去向单一，出口风险大。我国肉鸡产品主要进口来源国为美国，进口的主要产品是冷冻的带骨鸡块、鸡翅和鸡爪以及其他冻鸡杂碎。我国家禽产品出口增速明显慢于进口增速。另外，由于禽流感问题，2003年以后，我国肉鸡产品出口从过去的以生肉制品为主转为以熟制品为主。同时，我国拥有大型鸡肉产品企业，包括养殖企业和各类加工企业，如大成集团、山东六和、北京华都等，这些都是鸡肉产品生产的龙头企业。鸡肉出口则主要以中外合资企业和国有企业为主，国有企业出口占比下降，集体企业、私营企业出口占比上升。

从地区分布上看，世界前三位的鸡肉生产和消费国家为美国、中国和巴西。美国为世界鸡肉第一大生产国。根据美国农业部数据统计，2017 年美国鸡肉生产量达 1859.60 万 t，占全球鸡肉生产量的 20.62%；中国鸡肉生产量达 1160.00 万 t，占全球鸡肉生产量的 12.86%；巴西鸡肉生产量达 1325.00 万 t，占全球鸡肉生产量的 14.69%。2017 年，美国、中国和巴西的鸡肉消费量分别为 1866.70 万 t、1205.00 万 t 和 1325.20 万 t，分别占全球鸡肉总消费量的 18.81%、12.15% 和 13.36%。2018 年，美国、巴西和中国的鸡肉生产量在全球鸡肉产量的占比分别为 21.18%、15.13% 和 12.28%。

近 5 年，我国鸡肉进口量维持在 40 万 t～50 万 t，而 2019 年上半年进口量已经接近 35 万 t，进口量大增。同时，我国肉鸡生产规模不断扩大，未来仍将继续朝着这个方向发展。自 2019 年开始，我国的鸡肉产量超过巴西，成为仅次于美国的世界第二大肉鸡生产国，但肉鸡产品出口在国际市场中所占的份额却很低。综观当前国际和国内形势，我国肉鸡产业同其他行业一样受到了来自各方面的挑战和冲击，正面临着前所未有的困境。为了更详细地了解差距，此次关于鸡的兽药残留限量标准比对主要围绕韩国、日本、欧盟、CAC、美国和我国展开。

1.1 鸡肌肉的兽药残留限量

1.1.1 中国与韩国

中国与韩国关于鸡肌肉兽药残留限量标准比对情况见表 1－1－1。该表显示，中国与韩国关于鸡肌肉涉及的兽药残留限量指标共有 98 项。其中，中国对阿苯达唑等 62 种兽药残留进行了限量规定，韩国对阿莫西林等 83 种兽药残留进行了限量规定；有 41 项指标两国相同，溴氰菊酯（Deltamethrin）、莫能菌素（Monensin）、沙拉沙星（Sarafloxacin）3 项指标中国严于韩国，阿维拉霉素（Avilamycin）、氟甲喹（Flumequine）、盐霉素（Salino-mycin）3 项指标韩国严于中国；有 15 项指标中国已制定而韩国未制定，36 项指标韩国已制定而中国未制定。

表 1－1－1　中国与韩国鸡肌肉兽药残留限量标准比对　　　　单位：μg/kg

序号	药品中文名称	药品英文名称	中国限量	韩国限量
1	阿苯达唑	Albendazole	100	100
2	氨基比林	Aminopyrine		10
3	阿莫西林	Amoxicillin	50	50
4	氨苄西林	Ampicillin	50	50
5	氨丙啉	Amprolium	500	500
6	安普霉素	Apramycin		200
7	氨苯胂酸	Arsanilic acid	500	
8	阿维拉霉素	Avilamycin	200	50●
9	杆菌肽	Bacitracin	500	500

续表

序号	药品中文名称	药品英文名称	中国限量	韩国限量
10	黄霉素	Bambermycin		30
11	青霉素	Benzylpenicillin	50	50
12	溴螨酯	Bromopropylate		10
13	头孢氨苄	Cefalexin		200
14	毒死蜱	Chlorpyrifos		10
15	金霉素	Chlortetracycline	200	200
16	氯羟吡啶	Clopidol	5000	5000
17	氯唑西林	Cloxacillin	300	300
18	黏菌素	Colistin	150	150
19	氟氯氰菊酯	Cyfluthrin		10
20	氯氰菊酯	Cypermethrin		50
21	赛庚啶	Cyproheptadine		10
22	环丙氨嗪	Cyromazine	50	50
23	达氟沙星	Danofloxacin	200	200
24	癸氧喹酯	Decoquinate	1000	1000
25	溴氰菊酯	Deltamethrin	30 ▲	50
26	敌菌净	Diaveridine		50
27	敌敌畏	Dichlorvos		50
28	地克珠利	Diclazuril	500	500
29	双氯西林	Dicloxacillin		300
30	二氟沙星	Difloxacin	300	300
31	双氢链霉素	Dihydrostreptmiycin	600	600
32	多西环素	Doxycycline	100	100
33	恩拉霉素	Enramycin		30
34	恩诺沙星	Enrofloxacin	100	100
35	红霉素	Erythromycin	100	100
36	芬苯达唑	Fenbendazole	50	50
37	仲丁威	Fenobucarb		10
38	倍硫磷	Fenthion	100	
39	氟苯尼考	Florfenicol	100	100
40	氟苯达唑	Flubendazole	200	200
41	氟甲喹	Flumequine	500	400 ●
42	氟雷拉纳	Fluralaner		60
43	氟胺氰菊酯	Fluvalinate	10	
44	氢溴酸谷氨酰胺镁盐	Glutamine hydrobromide magnesium salt	10	

序号	药品中文名称	药品英文名称	中国限量	韩国限量
45	愈创甘油醚	Guaifenesin		10
46	常山酮	Halofuginone	100	
47	匀霉素	Hygromycin		50
48	交沙霉素	Josamycin		40
49	卡那霉素	Kanamycin	100	100
50	吉他霉素	Kitasamycin	200	200
51	拉沙洛西	Lasalocid		20
52	左旋咪唑	Levamisole	10	10
53	林可霉素	Lincomycin	200	200
54	洛哌丁胺	Loperamide		10
55	马度米星铵	Maduramicin ammonium	240	
56	马度米星	Maduramycin		100
57	马拉硫磷	Malathion	4000	
58	甲苯咪唑	Mebendazole		60
59	乌洛托品	Methenamine		10
60	甲氧苄喹酯	Methylbenzoquate		10
61	莫能菌素	Monensin	10 ▲	50
62	海南霉素	Naracin		100
63	甲基盐霉素	Narasin	15	
64	新霉素	Neomycin	500	500
65	尼卡巴嗪	Nicarbazin	200	
66	新生霉素	Novobiocin		1000
67	制霉菌素	Nystatin		10
68	奥美普林	Ormetoprim		100
69	苯唑西林	Oxacillin	300	300
70	噁喹酸	Oxolinic acid	100	
71	土霉素	Oxytetracycline	200	200
72	巴龙霉素	Paromomycin		10
73	氯菊酯	Permethrin		100
74	非那西丁	Phenacetin		10
75	哌嗪	Piperazine		100
76	残杀威	Propoxur		10
77	氯苯胍	Robenidine	100	100
78	洛克沙胂	Roxarsone	500	
79	罗红霉素	Roxithromycin		10

续表

序号	药品中文名称	药品英文名称	中国限量	韩国限量
80	盐霉素	Salinomycin	600	100●
81	沙拉沙星	Sarafloxacin	10▲	30
82	赛杜霉素	Semduramicin	130	
83	大观霉素	Spectinomycin	500	500
84	螺旋霉素	Spiramycin	200	200
85	链霉素	Streptmnycin	600	600
86	磺胺二甲嘧啶	Sulfamethazine	100	
87	磺胺类	Sulfonamides	100	100
88	杀虫畏	tetrachlorvinphos		10
89	四环素	Tetracycline	200	200
90	胺菊酯	Tetramethrin		10
91	甲砜霉素	Thiamphenicol	50	50
92	泰妙菌素	Tiamulin	100	
93	替米考星	Tilmicosin	150	
94	托曲珠利	Toltrazuril	100	100
95	甲氧苄啶	Trimethoprim	50	50
96	泰乐菌素	Tylosin	100	100
97	维吉尼亚霉素	Virginiamycin	100	100
98	二硝托胺	Zoalene	3000	3000

注：▲表示兽药残留限量指标中国严于其他国家或 CAC；●表示兽药残留限量指标其他国家或 CAC 严于中国，以下相同。

1.1.2 中国与日本

中国与日本关于鸡肌肉兽药残留限量标准比对情况见表 1－1－2。该表显示，中国与日本关于鸡肌肉涉及的兽药残留限量指标共有 327 项。其中，中国对阿苯达唑等 60 种兽药残留进行了限量规定；日本对阿莫西林等 313 种兽药残留进行了限量规定；有 8 项指标两国相同，青霉素（Benzylpenicillin）、溴氰菊酯（Deltamethrin）等 14 项指标中国严于日本，氨苄西林（Ampicillin）、氨苯胂酸（Arsanilic acid）等 24 项指标日本严于中国；有 14 项指标中国已制定而日本未制定，267 项指标日本已制定而中国未制定。

表 1－1－2　中国与日本鸡肌肉兽药残留限量标准比对　　　　单位：μg/kg

序号	药品中文名称	药品英文名称	中国限量	日本限量
1	2,4－二氯苯氧乙酸	2,4－D		50
2	2,4－二氯苯氧丁酸	2,4－DB		50
3	乙酰甲胺磷	Acephate		10
4	啶虫脒	Acetamiprid		10

序号	药品中文名称	药品英文名称	中国限量	日本限量
5	S-甲基苯并[1,2,3]噻二唑-7-硫代羧酸酯	Acibenzolar-S-methyl		20
6	甲草胺	Alachlor		20
7	阿苯达唑	Albendazole	100	
8	烯丙菊酯	Allethrin		40
9	唑嘧菌胺	Ametoctradin		30
10	阿莫西林	Amoxicillin	50	50
11	氨苄西林	Ampicillin	50	30●
12	氨丙啉	Amprolium	500	
13	氨苯胂酸	Arsanilic acid	500	200●
14	阿特拉津	Atrazine		20
15	阿维拉霉素	Avilamycin	200	50●
16	嘧菌酯	Azoxystrobin		10
17	苯霜灵	Benalaxyl		500
18	恶虫威	Bendiocarb		50
19	苯菌灵	Benomyl		90
20	苯达松	Bentazone		50
21	苯并烯氟菌唑	Benzovindiflupyr		10
22	青霉素	Benzylpenicillin	50▲	5000
23	二环霉素	Bicozamycin		50
24	联苯肼酯	Bifenazate		10
25	联苯菊酯	Bifenthrin		50
26	生物苄呋菊酯	Bioresmethrin		500
27	联苯三唑醇	Bitertanol		10
28	联苯吡菌胺	Bixafen		20
29	啶酰菌胺	Boscalid		20
30	溴鼠灵	Brodifacoum		1
31	溴化物	Bromide		50000
32	溴苯腈	Bromoxynil		60
33	氟丙嘧草酯	Butafenacil		10
34	叔丁基-4-羟基苯甲醚	Butylhydroxyanisol		20
35	斑蝥黄	Canthaxanthin		10000
36	甲萘威	Carbaryl		200
37	多菌灵	Carbendazim		90
38	三唑酮草酯	Carfentrazone-ethyl		50
39	氯虫苯甲酰胺	Chlorantraniliprole		20

序号	药品中文名称	药品英文名称	中国限量	日本限量
40	氯丹	Chlordane		80
41	虫螨腈	Chlorfenapyr		10
42	氟啶脲	Chlorfluazuron		20
43	氯地孕酮	Chlormadinone		2
44	矮壮素	Chlormequat		50
45	百菌清	Chlorothalonil		10
46	毒死蜱	Chlorpyrifos		30
47	甲基毒死蜱	Chlorpyrifos – methyl		50
48	金霉素	Chlortetracycline	200	200
49	氯酞酸二甲酯	Chlorthal – dimethyl		50
50	烯草酮	Clethodim		200
51	炔草酸	Clodinafop – propargyl		50
52	四螨嗪	Clofentezine		50
53	氯羟吡啶	Clopidol	5000	300 ●
54	二氯吡啶酸	Clopyralid		100
55	解毒喹	Cloquintocet – mexyl		100
56	氯司替勃	Clostebol		0.5
57	噻虫胺	Clothianidin		20
58	氯唑西林	Cloxacillin	300	150 ●
59	黏菌素	Colistin	150	100 ●
60	溴氰虫酰胺	Cyantraniliprole		20
61	氟氯氰菊酯	Cyfluthrin		300
62	三氟氯氰菊酯	Cyhalothrin		20
63	氯氰菊酯	Cypermethrin		30
64	环唑醇	Cyproconazole		10
65	嘧菌环胺	Cyprodinil		10
66	环丙氨嗪	Cyromazine	50 ▲	200
67	达氟沙星	Danofloxacin	200	100 ●
68	滴滴涕	DDT		300
69	癸氧喹酯	Decoquinate	1000	
70	溴氰菊酯	Deltamethrin	30 ▲	500
71	丁醚脲	Diafenthiuron		20
72	敌菌净	Diaveridine		50
73	二嗪农	Diazinon		20
74	二丁基羟基甲苯	Dibutylhydroxytoluene		50

续表

序号	药品中文名称	药品英文名称	中国限量	日本限量
75	丁二酸二丁酯	Dibutylsuccinate		50
76	麦草畏	Dicamba		20
77	二氯异氰脲酸	Dichloroisocyanuric acid		800
78	敌敌畏	Dichlorvos		50
79	地克珠利	Diclazuril	500	
80	禾草灵	Diclofop – methyl		50
81	三氯杀螨醇	Dicofol		100
82	双十烷基二甲基氯化铵	Didecyldimethylammonium chloride		50
83	苯醚甲环唑	Difenoconazole		10
84	野燕枯	Difenzoquat		50
85	二氟沙星	Difloxacin	300	100●
86	敌灭灵	Diflubenzuron		50
87	双氢链霉素	Dihydrostreptmiycin	600	100●
88	二甲吩草胺	Dimethenamid		10
89	落长灵	Dimethipin		10
90	乐果	Dimethoate		50
91	烯酰吗啉	Dimethomorph		10
92	二硝托胺	Dinitolmide	3000	50●
93	呋虫胺	Dinotefuran		20
94	二苯胺	Diphenylamine		10
95	驱蝇啶	Dipropyl isocinchomeronate		4
96	敌草快	Diquat		10
97	乙拌磷	Disulfoton		20
98	二噻农	Dithianon		10
99	二嗪农	Dithiocarbamates		100
100	多西环素	Doxycycline	100	50●
101	甲氨基阿维菌素苯甲酸盐	Emamectin benzoate		0.5
102	硫丹	Endosulfan		100
103	安特灵	Endrin		50
104	恩拉霉素	Enramaycin		30
105	恩诺沙星	Enrofloxacin	100	100
106	氟环唑	Epoxiconazole		10
107	茵草敌	Eptc		50
108	红霉素	Erythromycin	100	40●
109	胺苯磺隆	Ethametsulfuron – methyl		20

续表

序号	药品中文名称	药品英文名称	中国限量	日本限量
110	乙烯利	Ethephon		100
111	乙氧酰胺苯甲酯	Ethopabate	500	
112	乙氧基喹啉	Ethoxyquin		100
113	1,2－二氯乙烷	Ethylene dichloride		100
114	醚菊酯	Etofenprox		20
115	乙螨唑	Etoxazole		10
116	氯唑灵	Etridiazole		100
117	恶唑菌酮	Famoxadone		10
118	非班太尔	Febantel		30
119	苯线磷	Fenamiphos		10
120	氯苯嘧啶醇	Fenarimol		20
121	芬苯达唑	Fenbendazole	50	30●
122	腈苯唑	Fenbuconazole		10
123	苯丁锡	Fenbutatin oxide		50
124	杀螟松	Fenitrothion		50
125	噁唑禾草灵	Fenoxaprop－ethyl		10
126	甲氰菊酯	Fenpropathrin		10
127	丁苯吗啉	Fenpropimorph		10
128	倍硫磷	Fenthion	100▲	200
129	三苯基氢氧化锡	Fentin		50
130	氰戊菊酯	Fenvalerate		10
131	氟虫腈	Fipronil		10
132	黄霉素	Flavophospholipol		50
133	氟啶虫酰胺	Flonicamid		100
134	氟苯尼考	Florfenicol	100▲	200
135	吡氟禾草隆	Fluazifop－butyl		40
136	氟苯达唑	Flubendazole	200▲	500
137	氟苯虫酰胺	Flubendiamide		10
138	氟氰菊酯	Flucythrinate		50
139	咯菌腈	Fludioxonil		10
140	氟砜灵	Fluensulfone		10
141	氟甲喹	Flumequine	500	
142	氟氯苯菊酯	Flumethrin		10
143	氟烯草酸	Flumiclorac－pentyl		10
144	氟吡菌胺	Fluopicolide		10

序号	药品中文名称	药品英文名称	中国限量	日本限量
145	氟吡菌酰胺	Fluopyram		500
146	氟嘧啶	Flupyrimin		30
147	氟喹唑	Fluquinconazole		20
148	氟雷拉纳	Fluralaner		70
149	氟草定	Fluroxypyr		50
150	氟硅唑	Flusilazole		200
151	氟酰胺	Flutolanil		50
152	粉唑醇	Flutriafol		50
153	氟胺氰菊酯	Fluvalinate	10	10
154	氟唑菌酰胺	Fluxapyroxad		20
155	草胺膦	Glufosinate		50
156	4,5 - 二甲酰胺咪唑	Glycalpyramide		100
157	草甘膦	Glyphosate		50
158	常山酮	Halofuginone	100 ▲	200
159	吡氟氯禾灵	Haloxyfop		10
160	六氯苯	Hexachlorobenzene		200
161	噻螨酮	Hexythiazox		50
162	磷化氢	Hydrogen phosphide		10
163	抑霉唑	Imazalil		20
164	铵基咪草啶酸	Imazamox - ammonium		10
165	甲咪唑烟酸	Imazapic		10
166	灭草烟	Imazapyr		10
167	咪草烟铵盐	Imazethapyr ammonium		100
168	吡虫啉	Imidacloprid		20
169	茚虫威	Indoxacarb		10
170	碘甲磺隆	Iodosulfuron - methyl		10
171	2 - [(7,8 - 二氟 - 2 - 甲基 - 3 - 喹啉基)氧基] - 6 - 氟 - A,A - 二甲基苯甲醇	Ipflufenoquin		10
172	异菌脲	Iprodione		500
173	异丙噻菌胺	Isofetamid		10
174	吡唑萘菌胺	Isopyrazam		10
175	异噁唑草酮	Isoxaflutole		10
176	交沙霉素	Josamycin		100
177	卡那霉素	Kanamycin	100	
178	吉他霉素	Kitasamycin	200	200

续表

序号	药品中文名称	药品英文名称	中国限量	日本限量
179	醚菌酯	Kresoxim – methyl		50
180	拉沙洛西	Lasalocid		100
181	左旋咪唑	Levamisole	10	10
182	林可霉素	Lincomycin	200	
183	林丹	Lindane		700
184	利谷隆	Linuron		50
185	虱螨脲	Lufenuron		10
186	马度米星	Maduramicin		100
187	马度米星铵	Maduramicin ammonium	240	
188	马拉硫磷	Malathion	4000	10 ●
189	2 – 甲基 – 4 – 氯苯氧基乙酸	Mcpa		50
190	甲苯咪唑	Mebendazole		50
191	2 – 甲基 – 4 – 氯戊氧基丙酸	Mecoprop		50
192	精甲霜灵	Mefenoxam		50
193	氯氟醚菌唑	Mefentrifluconazole		10
194	缩节胺	Mepiquat – chloride		50
195	甲磺胺磺隆	Mesosulfuron – methyl		10
196	氰氟虫腙	Metaflumizone		30
197	甲霜灵	Metalaxyl		50
198	甲胺磷	Methamidophos		10
199	杀扑磷	Methidathion		20
200	灭多威	Methomyl（Thiodicarb）		20
201	烯虫酯	Methoprene		100
202	甲氧滴滴涕	Methoxychlor		10
203	甲氧虫酰肼	Methoxyfenozide		10
204	苯菌酮	Metrafenone		10
205	嗪草酮	Metribuzin		400
206	米罗沙霉素	Mirosamycin		40
207	莫能菌素	Monensin	10 ▲	20
208	腈菌唑	Myclobutanil		10
209	萘夫西林	Nafcillin		5
210	二溴磷	Naled		50
211	甲基盐霉素	Narasin	15 ▲	500
212	新霉素	Neomycin	500	200 ●
213	尼卡巴嗪	Nicarbazin	200	

序号	药品中文名称	药品英文名称	中国限量	日本限量
214	硝碘酚腈	Nitroxynil		1000
215	诺氟沙星	Norfloxacin		20
216	诺孕美特	Norgestomet		0.1
217	诺西肽	Nosiheptide		30
218	氟酰脲	Novaluron		100
219	新生霉素	Novobiocin		500
220	氧氟沙星	Ofloxacin		50
221	氧乐果	Omethoate		50
222	苯唑西林	Oxacillin	300	30 ●
223	杀线威	Oxamyl		20
224	氟噻唑吡乙酮	Oxathiapiprolin		10
225	2－[3－(乙基磺酰基)－2－吡啶基]－5－[(三氟甲基)磺酰基]苯并[d]恶唑	Oxazosulfyl		10
226	奥芬达唑	Oxfendazole		30
227	噁喹酸	Oxolinic acid	100	
228	土霉素	Oxytetracycline	200	200
229	砜吸磷	Oxydemeton－methyl		20
230	乙氧氟草醚	Oxyfluorfen		10
231	百草枯	Paraquat		50
232	对硫磷	Parathion		50
233	戊菌唑	Penconazole		50
234	吡噻菌胺	Penthiopyrad		30
235	甲拌磷	Phorate		50
236	毒莠定	Picloram		50
237	啶氧菌酯	Picoxystrobin		10
238	杀鼠酮	Pindone		1
239	唑啉草酯	Pinoxaden		60
240	增效醚	Piperonyl butoxide		80
241	抗蚜威	Pirimicarb		100
242	甲基嘧啶磷	Pirimiphos－methyl		10
243	咪鲜胺	Prochloraz		50
244	丙溴磷	Profenofos		50
245	霜霉威	Propamocarb		10
246	敌稗	Propanil		10
247	克螨特	Propargite		100

续表

序号	药品中文名称	药品英文名称	中国限量	日本限量
248	丙环唑	Propiconazole		40
249	残杀威	Propoxur		100
250	氟磺隆	Prosulfuron		50
251	丙硫菌唑	Prothioconazol		10
252	吡唑醚菌酯	Pyraclostrobin		50
253	磺酰草吡唑	Pyrasulfotole		20
254	除虫菊酯	Pyrethrins		200
255	哒草特	Pyridate		200
256	乙胺嘧啶	Pyrimethamine		50
257	二氯喹啉酸	Quinclorac		50
258	喹氧灵	Quinoxyfen		10
259	五氯硝基苯	Quintozene		10
260	喹禾灵	Quizalofop – ethyl		20
261	糖草酯	Quizalofop – P – tefuryl		20
262	苄蚨菊酯	Resmethrin		100
263	洛克沙胂	Roxarsone	500	200●
264	盐霉素	Salinomycin	600	10●
265	沙拉沙星	Sarafloxacin	10▲	50
266	氟唑环菌胺	Sedaxane		10
267	赛杜霉素	Semduramicin	130▲	500
268	烯禾啶	Sethoxydim		100
269	氟硅菊酯	Silafluofen		100
270	西玛津	Simazine		20
271	大观霉素	Spectinomycin	500	200●
272	乙基多杀菌素	Spinetoram		10
273	多杀菌素	Spinosad		100
274	螺旋霉素	Spiramycin	200	
275	链霉素	Streptmnycin	600	100●
276	磺胺嘧啶	Sulfadiazine		100
277	磺胺二甲氧嗪	Sulfadimethoxine		50
278	磺胺二甲嘧啶	Sulfamethazine	100	
279	磺胺甲恶唑	Sulfamethoxazole		20
280	磺胺间甲氧嘧啶	Sulfamonomethoxine		100
281	磺胺喹恶啉	Sulfaquinoxaline		50
282	磺胺噻唑	Sulfathiazole		100

序号	药品中文名称	药品英文名称	中国限量	日本限量
283	磺胺类	Sulfonamides	100	50●
284	磺酰磺隆	Sulfosulfuron		5
285	氟啶虫胺腈	Sulfoxaflor		100
286	戊唑醇	Tebuconazole		50
287	虫酰肼	Tebufenozide		20
288	四氯硝基苯	Tecnazene		50
289	氟苯脲	Teflubenzuron		10
290	七氟菊酯	Tefluthrin		1
291	得杀草	Tepraloxydim		100
292	特丁磷	Terbufos		50
293	氟醚唑	Tetraconazole		20
294	四环素	Tetracycline	200	200
295	胺菊酯	Tetramethrin		10
296	噻菌灵	Thiabendazole		50
297	噻虫啉	Thiacloprid		20
298	噻虫嗪	Thiamethoxam		10
299	甲砜霉素	Thiamphenicol	50▲	100
300	噻呋酰胺	Thifluzamide		20
301	禾草丹	Thiobencarb		30
302	硫菌灵	Thiophanate		90
303	甲基硫菌灵	Thiophanate – methyl		90
304	噻酰菌胺	Tiadinil		10
305	泰妙菌素	Tiamulin	100	70●
306	替米考星	Tilmicosin	150▲	1000
307	3－苯基－5－（噻吩－2－基）－[1,2,4]噁二唑	Tioxazafen		20
308	托曲珠利	Toltrazuril	100	50●
309	四溴菊酯	Tralomethrin		100
310	三唑酮	Triadimefon		50
311	三唑醇	Triadimenol		50
312	野麦畏	Triallate		100
313	敌百虫	Trichlorfon		10
314	三氯吡氧乙酸	Triclopyr		100
315	十三吗啉	Tridemorph		50
316	肟菌酯	Trifloxystrobin		40
317	氟菌唑	Triflumizole		20

序号	药品中文名称	药品英文名称	中国限量	日本限量
318	杀铃脲	Triflumuron		10
319	甲氧苄啶	Trimethoprim	50 ▲	100
320	三甲胺盐酸盐	Trimethylamine hydrochloride		1000
321	灭菌唑	Triticonazole		50
322	泰乐菌素	Tylosin	100	50 ●
323	泰万菌素	Tylvalosin		40
324	乙烯菌核利	Vinclozolin		50
325	维吉尼亚霉素	Virginiamycin	100	
326	华法林	Warfarin		1
327	玉米赤霉醇	Zeranol		2

1.1.3　中国与欧盟

中国与欧盟关于鸡肌肉兽药残留限量标准比对情况见表 1－1－3。该表显示，中国与欧盟关于鸡肌肉涉及的兽药残留限量指标共有 62 项。其中，中国对阿苯达唑等 60 种兽药残留进行了限量规定，欧盟对青霉素等 20 种兽药残留进行了限量规定；有 13 项指标中国与欧盟相同，红霉素（Erythromycin）的指标中国严于欧盟，阿维拉霉素（Avilamycin）、氟苯达唑（Flubendazole）等 4 项指标欧盟严于中国；有 42 项指标中国已制定而欧盟未制定，2 项指标欧盟已制定而中国未制定。

表 1－1－3　中国与欧盟鸡肌肉兽药残留限量标准比对　　　　单位：μg/kg

序号	药品中文名称	药品英文名称	中国限量	欧盟限量
1	阿苯达唑	Albendazole	100	
2	阿莫西林	Amoxicillin	50	
3	氨苄西林	Ampicillin	50	
4	氨丙啉	Amprolium	500	
5	氨苯胂酸	Arsanilic acid	500	
6	阿维拉霉素	Avilamycin	200	50 ●
7	青霉素	Benzylpenicillin	50	50
8	金霉素	Chlortetracycline	200	
9	氯羟吡啶	Clopidol	5000	
10	氯唑西林	Cloxacillin	300	300
11	黏菌素	Colistin	150	150
12	环丙氨嗪	Cyromazine	50	
13	达氟沙星	Danofloxacin	200	200
14	癸氧喹酯	Decoquinate	1000	

序号	药品中文名称	药品英文名称	中国限量	欧盟限量
15	溴氰菊酯	Deltamethrin	30	
16	地克珠利	Diclazuril	500	
17	双氯西林	Dicloxacillin		300
18	二氟沙星	Difloxacin	300	300
19	双氢链霉素	Dihydrostreptmiycin	600	
20	二硝托胺	Dinitolmide	3000	
21	多西环素	Doxycycline	100	
22	恩诺沙星	Enrofloxacin	100	100
23	红霉素	Erythromycin	100▲	200
24	乙氧酰胺苯甲酯	Ethopabate	500	
25	芬苯达唑	Fenbendazole	50	
26	倍硫磷	Fenthion	100	
27	氟苯尼考	Florfenicol	100	100
28	氟苯达唑	Flubendazole	200	50●
29	氟甲喹	Flumequine	500	400●
30	氟胺氰菊酯	Fluvalinate	10	
31	常山酮	Halofuginone	100	
32	卡那霉素	Kanamycin	100	100
33	吉他霉素	Kitasamycin	200	
34	左旋咪唑	Levamisole	10	10
35	林可霉素	Lincomycin	200	
36	马度米星铵	Maduramicin ammonium	240	
37	马拉硫磷	Malathion	4000	
38	莫能菌素	Monensin	10	
39	甲基盐霉素	Narasin	15	
40	新霉素	Neomycin	500	500
41	尼卡巴嗪	Nicarbazin	200	
42	苯唑西林	Oxacillin	300	
43	噁喹酸	Oxolinic acid	100	100
44	土霉素	Oxytetracycline	200	
45	巴龙霉素	Paromomycin		500
46	洛克沙胂	Roxarsone	500	
47	盐霉素	Salinomycin	600	
48	沙拉沙星	Sarafloxacin	10	
49	赛杜霉素	Semduramicin	130	

续表

序号	药品中文名称	药品英文名称	中国限量	欧盟限量
50	大观霉素	Spectinomycin	500	
51	螺旋霉素	Spiramycin	200	
52	链霉素	Streptmnycin	600	
53	磺胺二甲嘧啶	Sulfamethazine	100	
54	磺胺类	Sulfonamides	100	
55	四环素	Tetracycline	200	
56	甲砜霉素	Thiamphenicol	50	
57	泰妙菌素	Tiamulin	100	
58	替米考星	Tilmicosin	150	75●
59	托曲珠利	Toltrazuril	100	100
60	甲氧苄啶	Trimethoprim	50	
61	泰乐菌素	Tylosin	100	100
62	维吉尼亚霉素	Virginiamycin	100	

1.1.4　中国与CAC

中国与CAC关于鸡肌肉兽药残留限量标准比对情况见表1-1-4。该表显示，中国与CAC关于鸡肌肉涉及的兽药残留限量指标共有60项。其中，中国对阿苯达唑等60种兽药残留进行了限量规定，CAC对阿维拉霉素等27种兽药残留进行了限量规定；有27项指标中国与CAC相同，33项指标中国已制定而CAC未制定。

表1-1-4　中国与CAC鸡肌肉兽药残留限量标准比对　　　　单位：μg/kg

序号	药品中文名称	药品英文名称	中国限量	CAC限量
1	阿苯达唑	Albendazole	100	100
2	阿莫西林	Amoxicillin	50	
3	氨苄西林	Ampicillin	50	
4	氨丙啉	Amprolium	500	
5	氨苯肿酸	Arsanilic acid	500	
6	阿维拉霉素	Avilamycin	200	200
7	青霉素	Benzylpenicillin	50	50
8	金霉素	Chlortetracycline	200	200
9	氯羟吡啶	Clopidol	5000	
10	氯唑西林	Cloxacillin	300	
11	黏菌素	Colistin	150	150
12	环丙氨嗪	Cyromazine	50	
13	达氟沙星	Danofloxacin	200	200

序号	药品中文名称	药品英文名称	中国限量	CAC限量
14	癸氧喹酯	Decoquinate	1000	
15	溴氰菊酯	Deltamethrin	30	30
16	地克珠利	Diclazuril	500	500
17	二氟沙星	Difloxacin	300	
18	双氢链霉素	Dihydrostreptmiycin	600	600
19	二硝托胺	Dinitolmide	3000	
20	多西环素	Doxycycline	100	
21	恩诺沙星	Enrofloxacin	100	
22	红霉素	Erythromycin	100	100
23	乙氧酰胺苯甲酯	Ethopabate	500	
24	芬苯达唑	Fenbendazole	50	
25	倍硫磷	Fenthion	100	
26	氟苯尼考	Florfenicol	100	
27	氟苯达唑	Flubendazole	200	200
28	氟甲喹	Flumequine	500	500
29	氟胺氰菊酯	Fluvalinate	10	
30	常山酮	Halofuginone	100	
31	卡那霉素	Kanamycin	100	
32	吉他霉素	Kitasamycin	200	
33	左旋咪唑	Levamisole	10	10
34	林可霉素	Lincomycin	200	200
35	马度米星铵	Maduramicin ammonium	240	
36	马拉硫磷	Malathion	4000	
37	莫能菌素	Monensin	10	10
38	甲基盐霉素	Narasin	15	15
39	新霉素	Neomycin	500	500
40	尼卡巴嗪	Nicarbazin	200	200
41	苯唑西林	Oxacillin	300	
42	噁喹酸	Oxolinic acid	100	
43	土霉素	Oxytetracycline	200	200
44	洛克沙胂	Roxarsone	500	
45	盐霉素	Salinomycin	600	
46	沙拉沙星	Sarafloxacin	10	10
47	赛杜霉素	Semduramicin	130	
48	大观霉素	Spectinomycin	500	500

序号	药品中文名称	药品英文名称	中国限量	CAC限量
49	螺旋霉素	Spiramycin	200	200
50	链霉素	Streptmnycin	600	600
51	磺胺二甲嘧啶	Sulfamethazine	100	100
52	磺胺类	Sulfonamides	100	
53	四环素	Tetracycline	200	200
54	甲砜霉素	Thiamphenicol	50	
55	泰妙菌素	Tiamulin	100	
56	替米考星	Tilmicosin	150	150
57	托曲珠利	Toltrazuril	100	
58	甲氧苄啶	Trimethoprim	50	
59	泰乐菌素	Tylosin	100	100
60	维吉尼亚霉素	Virginiamycin	100	

1.1.5　中国与美国

中国与美国关于鸡肌肉兽药残留限量标准比对情况见表1-1-5。该表显示，中国与美国关于鸡肌肉涉及的兽药残留限量指标共有71项。其中，中国对阿苯达唑等60种兽药残留进行了限量规定，美国对阿克洛胺等24种兽药残留进行了限量规定；有5项指标两国相同，金霉素（Chlortetracycline）、恩诺沙星（Enrofloxacin）、芬苯达唑（Fenbendazole）、新霉素（Neomycin）、尼卡巴嗪（Nicarbazin）、土霉素（Oxytetracycline）、四环素（Tetracycline）、泰乐菌素（Tylosin）8项指标中国严于美国；有47项指标中国已制定而美国未制定，11项指标美国已制定而中国未制定。

表1-1-5　中国与美国鸡肌肉兽药残留限量标准比对　　　　单位：μg/kg

序号	药品中文名称	药品英文名称	中国限量	美国限量
1	阿克洛胺	Aklomide		4500
2	阿苯达唑	Albendazole	100	
3	阿莫西林	Amoxicillin	50	
4	氨苄西林	Ampicillin	50	
5	氨丙啉	Amprolium	500	500
6	氨苯胂酸	Arsanilic acid	500	
7	砷	Arsenic		500
8	阿维拉霉素	Avilamycin	200	
9	青霉素	Benzylpenicillin	50	
10	丁喹酯	Buquinolate		100
11	头孢噻呋	Ceftiofur		100

续表

序号	药品中文名称	药品英文名称	中国限量	美国限量
12	金霉素	Chlortetracycline	200▲	2000
13	氯羟吡啶	Clopidol	5000	
14	氯舒隆	Clorsulon		100
15	氯唑西林	Cloxacillin	300	
16	黏菌素	Colistin	150	
17	环丙氨嗪	Cyromazine	50	
18	达氟沙星	Danofloxacin	200	
19	癸氧喹酯	Decoquinate	1000	1000
20	溴氰菊酯	Deltamethrin	30	
21	地克珠利	Diclazuril	500	500
22	二氟沙星	Difloxacin	300	
23	双氢链霉素	Dihydrostreptmiycin	600	
24	二硝托胺	Dinitolmide	3000	
25	多西环素	Doxycycline	100	
26	恩诺沙星	Enrofloxacin	100▲	300
27	红霉素	Erythromycin	100	
28	乙氧酰胺苯甲酯	Ethopabate	500	500
29	芬苯达唑	Fenbendazole	50▲	2000
30	芬前列林	Fenprostalene		10
31	倍硫磷	Fenthion	100	
32	氟苯尼考	Florfenicol	100	
33	氟苯达唑	Flubendazole	200	
34	氟甲喹	Flumequine	500	
35	氟胺氰菊酯	Fluvalinate	10	
36	常山酮	Halofuginone	100	
37	卡那霉素	Kanamycin	100	
38	吉他霉素	Kitasamycin	200	
39	左旋咪唑	Levamisole	10	
40	林可霉素	Lincomycin	200	
41	马度米星铵	Maduramicin ammonium	240	
42	马拉硫磷	Malathion	4000	
43	莫能菌素	Monensin	10	
44	莫西菌素	Moxidectin		50
45	甲基盐霉素	Narasin	15	
46	新霉素	Neomycin	500▲	1200

序号	药品中文名称	药品英文名称	中国限量	美国限量
47	尼卡巴嗪	Nicarbazin	200 ▲	4000
48	苯唑西林	Oxacillin	300	
49	噁喹酸	Oxolinic acid	100	
50	土霉素	Oxytetracycline	200 ▲	2000
51	吡利霉素	Pirlimycin		300
52	黄体酮	Progesterone		3
53	酒石酸噻吩嘧啶	Pyrantel tartrate		1000
54	洛克沙肿	Roxarsone	500	
55	盐霉素	Salinomycin	600	
56	沙拉沙星	Sarafloxacin	10	
57	赛杜霉素	Semduramicin	130	
58	大观霉素	Spectinomycin	500	
59	螺旋霉素	Spiramycin	200	
60	链霉素	Streptmnycin	600	
61	磺胺二甲嘧啶	Sulfamethazine	100	
62	磺胺类	Sulfonamides	100	
63	丙酸睾酮	Testosterone propionate		0.64
64	四环素	Tetracycline	200 ▲	2000
65	甲砜霉素	Thiamphenicol	50	
66	泰妙菌素	Tiamulin	100	
67	替米考星	Tilmicosin	150	
68	托曲珠利	Toltrazuril	100	
69	甲氧苄啶	Trimethoprim	50	
70	泰乐菌素	Tylosin	100 ▲	200
71	维吉尼亚霉素	Virginiamycin	100	100

1.2 鸡脂肪的兽药残留限量

1.2.1 中国与韩国

中国与韩国关于鸡脂肪兽药残留限量标准比对情况见表1-2-1。该表显示，中国与韩国关于鸡脂肪涉及的兽药残留限量指标共有68项。其中，中国对阿苯达唑等50种兽药残留进行了限量规定，韩国对阿莫西林等45种兽药残留进行了限量规定；有16项指标两国相同，氟苯尼考（Florfenicol）、甲基盐霉素（Narasin）、沙拉沙星（Sarafloxacin）3项指标中国严于韩国，溴氰菊酯（Deltamethrin）、多西环素（Doxycycline）等8项指标韩国严于中国；有23项指标中国已制定而韩国未制定，18项指标韩国已制定而中国尚未制定。

表1-2-1　中国与韩国鸡脂肪兽药残留限量标准比对　　　　单位：μg/kg

序号	药品中文名称	药品英文名称	中国限量	韩国限量
1	阿苯达唑	Albendazole	100	
2	阿莫西林	Amoxicillin	50	50
3	氨苄西林	Ampicillin	50	
4	氨丙啉	Amprolium		500
5	安普霉素	Apramycin		200
6	阿维拉霉素	Avilamycin	200	
7	杆菌肽	Bacitracin	500	500
8	毒死蜱	Chlorpyrifos		10
9	氯羟吡啶	Clopidol		5000
10	氯唑西林	Cloxacillin	300	300
11	黏菌素	Colistin	150	150
12	氟氯氰菊酯	Cyfluthrin		20
13	环丙氨嗪	Cyromazine	50	
14	达氟沙星	Danofloxacin		100
15	癸氧喹酯	Decoquinate		2000
16	溴氰菊酯	Deltamethrin	500	50●
17	敌菌净	Diaveridine		50
18	地克珠利	Diclazuril	1000	
19	双氯西林	Dicloxacillin		300
20	二氟沙星	Difloxacin	400	400
21	双氢链霉素	Dihydrostreptmiycin	600	
22	二硝托胺	Dinitolmide	2000	
23	多西环素	Doxycycline	300	100●
24	恩诺沙星	Enrofloxacin	100	100
25	红霉素	Erythromycin	100	100
26	芬苯达唑	Fenbendazole	50	
27	倍硫磷	Fenthion	100	
28	氟苯尼考	Florfenicol	200▲	750
29	氟甲喹	Flumequine	1000	300●
30	氟雷拉纳	Fluralaner		600
31	氟胺氰菊酯	Fluvalinate	10	
32	庆大霉素	Gentamicin		100
33	常山酮	Halofuginone	200	

续表

序号	药品中文名称	药品英文名称	中国限量	韩国限量
34	匀霉素	Hygromycin		50
35	交沙霉素	Josamycin		40
36	卡那霉素	Kanamycin	100	100
37	吉他霉素	Kitasamycin		200
38	拉沙洛西	Lasalocid	1200	20 ●
39	左旋咪唑	Levamisole	10	
40	林可霉素	Lincomycin	100	100
41	马度米星铵	Maduramicin ammonium	480	
42	马度米星	Maduramycin		400
43	马拉硫磷	Malathion	4000	
44	甲苯咪唑	Mebendazole		60
45	莫能菌素	Monensin	100	50 ●
46	甲基盐霉素	Narasin	50 ▲	500
47	新霉素	Neomycin	500	
48	尼卡巴嗪	Nicarbazin	200	200
49	苯唑西林	Oxacillin	300	
50	噁喹酸	Oxolinic acid	50	50
51	哌嗪	Piperazine		100
52	氯苯胍	Robenidine	200	200
53	盐霉素	Salinomycin	1200	400 ●
54	沙拉沙星	Sarafloxacin	20 ▲	500
55	赛杜霉素	Semduramicin		500
56	大观霉素	Spectinomycin	2000	500 ●
57	螺旋霉素	Spiramycin	300	
58	链霉素	Streptmnycin	600	
59	磺胺二甲嘧啶	Sulfamethazine	100	
60	磺胺类	Sulfonamides	100	
61	甲砜霉素	Thiamphenicol	50	
62	泰妙菌素	Tiamulin	100	100
63	替米考星	Tilmicosin	250	
64	托曲珠利	Toltrazuril	200	200 ●
65	甲氧苄啶	Trimethoprim	50	50
66	泰乐菌素	Tylosin	100	100
67	泰万菌素	Tylvalosin	50	
68	维吉尼亚霉素	Virginiamycin	400	200 ●

1.2.2 中国与日本

中国与日本关于鸡脂肪兽药残留限量标准比对情况见表1-2-2。该表显示，中国与日本关于鸡脂肪涉及的兽药残留限量指标共有333项。其中，中国对阿苯达唑等51种兽药残留进行了限量规定，日本对阿莫西林等324种兽药残留进行了限量规定；有28项指标两国相同，氟苯尼考（Florfenicol）、卡那霉素（Kanamycin）等6项指标中国严于日本，氨苄西林（Ampicillin）、多西环素（Doxycycline）、恩诺沙星（Enrofloxacin）等8项指标日本严于中国；有9项指标中国已制定而日本未制定，282项指标日本已制定而中国未制定。

表1-2-2　中国与日本鸡脂肪兽药残留标准比对　　　　单位：μg/kg

序号	药品中文名称	药品英文名称	中国限量	日本限量
1	2,4-二氯苯氧乙酸	2,4-D		50
2	2,4-二氯苯氧丁酸	2,4-DB		50
3	乙酰甲胺磷	Acephate		100
4	啶虫脒	Acetamiprid		10
5	S-甲基苯并[1,2,3]噻二唑-7-硫代羧酸酯	Acibenzolar-S-methyl		20
6	甲草胺	Alachlor		20
7	阿苯达唑	Albendazole	100	
8	艾氏剂和狄氏剂	Aldrin and dieldrin		200
9	烯丙菊酯	Allethrin		40
10	唑嘧菌胺	Ametoctradin		30
11	阿莫西林	Amoxicillin	50	50
12	氨苄西林	Ampicillin	50	20●
13	氨丙啉	Amprolium		30
14	安普霉素	Apramycin		500
15	阿特拉津	Atrazine		20
16	阿维拉霉素	Avilamycin	200	200
17	嘧菌酯	Azoxystrobin		10
18	杆菌肽	Bacitracin	500	500
19	苯霜灵	Benalaxyl		500
20	恶虫威	Bendiocarb		50
21	苯菌灵	Benomyl		90
22	苯达松	Bentazone		50
23	苯并烯氟菌唑	Benzovindiflupyr		10
24	青霉素	Benzylpenicillin		50
25	二环霉素	Bicozamycin		50
26	联苯肼酯	Bifenazate		10

续表

序号	药品中文名称	药品英文名称	中国限量	日本限量
27	联苯菊酯	Bifenthrin		50
28	生物苄呋菊酯	Bioresmethrin		500
29	联苯三唑醇	Bitertanol		50
30	联苯吡菌胺	Bixafen		50
31	啶酰菌胺	Boscalid		20
32	溴鼠灵	Brodifacoum		1
33	溴化物	Bromide		50000
34	溴螨酯	Bromopropylate		50
35	溴苯腈	Bromoxynil		50
36	氟丙嘧草酯	Butafenacil		10
37	叔丁基－4－羟基苯甲醚	Butylhydroxyanisol		50
38	斑蝥黄	Canthaxanthin		10000
39	甲萘威	Carbaryl		3000
40	多菌灵	Carbendazim		90
41	三唑酮草酯	Carfentrazone－ethyl		50
42	氯虫苯甲酰胺	Chlorantraniliprole		80
43	氯丹	Chlordane		500
44	虫螨腈	Chlorfenapyr		10
45	氟啶脲	Chlorfluazuron		200
46	氯地孕酮	Chlormadinone		2
47	矮壮素	Chlormequat		50
48	百菌清	Chlorothalonil		10
49	毒死蜱	Chlorpyrifos		10
50	甲基毒死蜱	Chlorpyrifos－methyl		200
51	金霉素	Chlortetracycline		200
52	氯酞酸二甲酯	Chlorthal－dimethyl		50
53	烯草酮	Clethodim		200
54	炔草酸	Clodinafop－propargyl		50
55	四螨嗪	Clofentezine		50
56	氯羟吡啶	Clopidol		5000
57	二氯吡啶酸	Clopyralid		100
58	解毒喹	Cloquintocet－mexyl		100
59	氯司替勃	Clostebol		0.5
60	噻虫胺	Clothianidin		20
61	氯唑西林	Cloxacillin	300	300

续表

序号	药品中文名称	药品英文名称	中国限量	日本限量
62	黏菌素	Colistin	150	150
63	溴氰虫酰胺	Cyantraniliprole		40
64	氟氯氰菊酯	Cyfluthrin		1000
65	三氟氯氰菊酯	Cyhalothrin		300
66	氯氰菊酯	Cypermethrin		100
67	环唑醇	Cyproconazole		10
68	嘧菌环胺	Cyprodinil		10
69	环丙氨嗪	Cyromazine	50	50
70	达氟沙星	Danofloxacin	100	100
71	滴滴涕	DDT		2000
72	癸氧喹酯	Decoquinate		2000
73	溴氰菊酯	Deltamethrin	500	500
74	丁醚脲	Diafenthiuron		20
75	敌菌净	Diaveridine		50
76	二嗪农	Diazinon		20
77	二丁基羟基甲苯	Dibutylhydroxytoluene		3000
78	丁二酸二丁酯	Dibutylsuccinate		50
79	麦草畏	Dicamba		40
80	二氯异氰脲酸	Dichloroisocyanuric acid		2000
81	敌敌畏	Dichlorvos		50
82	地克珠利	Diclazuril	1000	1000
83	禾草灵	Diclofop – methyl		50
84	双氯西林	Dicloxacillin		300
85	三氯杀螨醇	Dicofol		100
86	双十烷基二甲基氯化铵	Didecyldimethylammonium chloride		50
87	狄氏剂	Dieldrin		200
88	苯醚甲环唑	Difenoconazole		10
89	野燕枯	Difenzoquat		50
90	二氟沙星	Difloxacin	400	
91	敌灭灵	Diflubenzuron		50
92	双氢链霉素	Dihydrostreptmiycin	600	600
93	二甲吩草胺	Dimethenamid		10
94	落长灵	Dimethipin		10
95	乐果	Dimethoate		50
96	烯酰吗啉	Dimethomorph		10

续表

序号	药品中文名称	药品英文名称	中国限量	日本限量
97	二硝托胺	Dinitolmide	2000	2000
98	呋虫胺	Dinotefuran		20
99	二苯胺	Diphenylamine		10
100	驱蝇啶	Dipropyl isocinchomeronate		4
101	敌草快	Diquat		10
102	乙拌磷	Disulfoton		20
103	二噻农	Dithianon		10
104	二嗪农	Dithiocarbamates		30
105	多西环素	Doxycycline	300	50●
106	甲氨基阿维菌素苯甲酸盐	Emamectin benzoate		0.5
107	硫丹	Endosulfan		200
108	安特灵	Endrin		100
109	恩拉霉素	Enramaycin		30
110	恩诺沙星	Enrofloxacin	100	50●
111	氟环唑	Epoxiconazole		10
112	茵草敌	Eptc		50
113	红霉素	Erythromycin	100	100
114	胺苯磺隆	Ethametsulfuron - methyl		20
115	乙烯利	Ethephon		50
116	乙氧酰胺苯甲酯	Ethopabate		40
117	乙氧基喹啉	Ethoxyquin		7000
118	1,2 - 二氯乙烷	Ethylene dichloride		100
119	醚菊酯	Etofenprox		1000
120	乙螨唑	Etoxazole		200
121	氯唑灵	Etridiazole		100
122	恶唑菌酮	Famoxadone		10
123	非班太尔	Febantel		10
124	苯线磷	Fenamiphos		10
125	氯苯嘧啶醇	Fenarimol		20
126	芬苯达唑	Fenbendazole	50	
127	腈苯唑	Fenbuconazole		10
128	苯丁锡	Fenbutatin oxide		80
129	杀螟松	Fenitrothion		400
130	仲丁威	Fenobucarb		90
131	噁唑禾草灵	Fenoxaprop - ethyl		10

序号	药品中文名称	药品英文名称	中国限量	日本限量
132	甲氰菊酯	Fenpropathrin		10
133	丁苯吗啉	Fenpropimorph		10
134	倍硫磷	Fenthion	100	
135	羟基三苯基锡	Fentin		50
136	氰戊菊酯	Fenvalerate		10
137	氟虫腈	Fipronil		20
138	黄霉素	Flavophospholipol		50
139	氟啶虫酰胺	Flonicamid		50
140	氟苯尼考	Florfenicol	200▲	400
141	吡氟禾草隆	Fluazifop - butyl		40
142	氟苯达唑	Flubendazole		10
143	氟苯虫酰胺	Flubendiamide		50
144	氟氰菊酯	Flucythrinate		50
145	咯菌腈	Fludioxonil		50
146	氟砜灵	Fluensulfone		10
147	氟甲喹	Flumequine	1000	1000
148	氟氯苯菊酯	Flumethrin		600
149	氟烯草酸	Flumiclorac - pentyl		10
150	氟吡菌胺	Fluopicolide		10
151	氟吡菌酰胺	Fluopyram		500
152	氟嘧啶	Flupyrimin		40
153	氟喹唑	Fluquinconazole		20
154	氟雷拉纳	Fluralaner		700
155	氟草定	Fluroxypyr		50
156	氟硅唑	Flusilazole		200
157	氟酰胺	Flutolanil		50
158	粉唑醇	Flutriafol		50
159	氟胺氰菊酯	Fluvalinate	10	
160	氟唑菌酰胺	Fluxapyroxad		50
161	草铵膦	Glufosinate		50
162	4,5 - 二甲酰胺咪唑	Glycalpyramide		100
163	草甘膦	Glyphosate		50
164	常山酮	Halofuginone	200	10●
165	吡氟氯禾灵	Haloxyfop		10
166	七氯	Heptachlor		200

续表

序号	药品中文名称	药品英文名称	中国限量	日本限量
167	六氯苯	Hexachlorobenzene		600
168	噻螨酮	Hexythiazox		50
169	磷化氢	Hydrogen phosphide		10
170	抑霉唑	Imazalil		20
171	铵基咪草啶酸	Imazamox – ammonium		10
172	甲咪唑烟酸	Imazapic		10
173	灭草烟	Imazapyr		10
174	咪草烟铵盐	Imazethapyr ammonium		100
175	吡虫啉	Imidacloprid		20
176	茚虫威	Indoxacarb		10
177	碘甲磺隆	Iodosulfuron – methyl		10
178	2－[（7,8－二氟－2－甲基－3－喹啉基）氧基]－6－氟－A,A－二甲基苯甲醇	Ipflufenoquin		30
179	异菌脲	Iprodione		2000
180	异丙噻菌胺	Isofetamid		10
181	吡唑萘菌胺	Isopyrazam		10
182	异噁唑草酮	Isoxaflutole		10
183	卡那霉素	Kanamycin	100▲	300
184	醚菌酯	Kresoxim – methyl		50
185	拉沙洛西	Lasalocid	1200	1000●
186	左旋咪唑	Levamisole	10	10
187	林可霉素	Lincomycin	100▲	300
188	林丹	Lindane		100
189	利谷隆	Linuron		50
190	虱螨脲	Lufenuron		200
191	马度米星	Maduramicin		400
192	马度米星铵	Maduramicin ammonium	480	480
193	马拉硫磷	Malathion	4000	
194	2－甲基－4－氯苯氧基乙酸	Mcpa		50
195	2－甲基－4－氯戊氧基丙酸	Mecoprop		50
196	精甲霜灵	Mefenoxam		50
197	氯氟醚菌唑	Mefentrifluconazole		20
198	缩节胺	Mepiquat – chloride		50
199	甲磺胺磺隆	Mesosulfuron – methyl		10
200	氰氟虫腙	Metaflumizone		900

序号	药品中文名称	药品英文名称	中国限量	日本限量
201	甲霜灵	Metalaxyl		50
202	甲胺磷	Methamidophos		10
203	杀扑磷	Methidathion		20
204	灭多威	Methomyl（Thiodicarb）		20
205	烯虫酯	Methoprene		1000
206	甲氧滴滴涕	Methoxychlor		10
207	甲氧虫酰肼	Methoxyfenozide		20
208	苯菌酮	Metrafenone		10
209	嗪草酮	Metribuzin		700
210	米罗沙霉素	Mirosamycin		40
211	莫能菌素	Monensin	100	100
212	腈菌唑	Myclobutanil		10
213	萘夫西林	Nafcillin		5
214	二溴磷	Naled		50
215	甲基盐霉素	Narasin	50	50
216	新霉素	Neomycin	500	500
217	尼卡巴嗪	Nicarbazin	200	200
218	硝碘酚腈	Nitroxynil		1000
219	诺氟沙星	Norfloxacin		20
220	诺孕美特	Norgestomet		0.1
221	诺西肽	Nosiheptide		30
222	氟酰脲	Novaluron		500
223	氧氟沙星	Ofloxacin		50
224	氧乐果	Omethoate		50
225	奥美普林	Ormetoprim		100
226	苯唑西林	Oxacillin	300	
227	杀线威	Oxamyl		20
228	氟噻唑吡乙酮	Oxathiapiprolin		10
229	2－［3－（乙基磺酰基）－2－吡啶基］－5－［（三氟甲基）磺酰基］苯并［d］恶唑	Oxazosulfyl		20
230	奥芬达唑	Oxfendazole		10
231	恶喹酸	Oxolinic acid	50▲	100
232	土霉素	Oxytetracycline		200
233	砜吸磷	Oxydemeton－methyl		20
234	乙氧氟草醚	Oxyfluorfen		200

续表

序号	药品中文名称	药品英文名称	中国限量	日本限量
235	百草枯	Paraquat		50
236	对硫磷	Parathion		50
237	戊菌唑	Penconazole		50
238	吡噻菌胺	Penthiopyrad		30
239	氯菊酯	Permethrin		100
240	甲拌磷	Phorate		50
241	毒莠定	Picloram		50
242	啶氧菌酯	Picoxystrobin		10
243	杀鼠酮	Pindone		1
244	唑啉草酯	Pinoxaden		60
245	哌嗪	Piperazine		100
246	增效醚	Piperonyl butoxide		7000
247	抗蚜威	Pirimicarb		100
248	甲基嘧啶磷	Pirimiphos – methyl		100
249	咪鲜胺	Prochloraz		50
250	丙溴磷	Profenofos		50
251	霜霉威	Propamocarb		10
252	敌稗	Propanil		10
253	克螨特	Propargite		100
254	丙环唑	Propiconazole		40
255	残杀威	Propoxur		50
256	氟磺隆	Prosulfuron		50
257	丙硫菌唑	Prothioconazol		10
258	吡唑醚菌酯	Pyraclostrobin		50
259	磺酰草吡唑	Pyrasulfotole		20
260	除虫菊酯	Pyrethrins		200
261	哒草特	Pyridate		200
262	乙胺嘧啶	Pyrimethamine		50
263	二氯喹啉酸	Quinclorac		50
264	喹氧灵	Quinoxyfen		20
265	五氯硝基苯	Quintozene		100
266	喹禾灵	Quizalofop – ethyl		50
267	糖草酯	Quizalofop – P – tefuryl		50
268	苄呋菊酯	Resmethrin		100
269	氯苯胍	Robenidine	200	200

序号	药品中文名称	药品英文名称	中国限量	日本限量
270	洛克沙砷	Roxarsone		500
271	盐霉素	Salinomycin	1200	200 ●
272	沙拉沙星	Sarafloxacin	20	20
273	氟唑环菌胺	Sedaxane		10
274	赛杜霉素	Semduramicin		400
275	烯禾啶	Sethoxydim		100
276	氟硅菊酯	Silafluofen		1000
277	西玛津	Simazine		20
278	大观霉素	Spectinomycin	2000	2000
279	乙基多杀菌素	Spinetoram		10
280	多杀菌素	Spinosad		8000
281	螺旋霉素	Spiramycin	300	300
282	链霉素	Streptmnycin	600	600
283	磺胺嘧啶	Sulfadiazine		100
284	磺胺二甲氧嗪	Sulfadimethoxine		50
285	磺胺二甲嘧啶	Sulfamethazine	100	100
286	磺胺甲恶唑	Sulfamethoxazole		50
287	磺胺间甲氧嘧啶	Sulfamonomethoxine		100
288	磺胺喹恶啉	Sulfaquinoxaline		50
289	磺胺噻唑	Sulfathiazole		100
290	磺胺类	Sulfonamides	100	
291	磺酰磺隆	Sulfosulfuron		5
292	氟啶虫胺腈	Sulfoxaflor		30
293	戊唑醇	Tebuconazole		50
294	虫酰肼	Tebufenozide		20
295	四氯硝基苯	Tecnazene		50
296	氟苯脲	Teflubenzuron		10
297	七氟菊酯	Tefluthrin		1
298	得杀草	Tepraloxydim		100
299	特丁磷	Terbufos		50
300	氟醚唑	Tetraconazole		60
301	四环素	Tetracycline		200
302	噻菌灵	Thiabendazole		100
303	噻虫啉	Thiacloprid		20
304	噻虫嗪	Thiamethoxam		10

续表

序号	药品中文名称	药品英文名称	中国限量	日本限量
305	甲砜霉素	Thiamphenicol	50 ▲	200
306	噻呋酰胺	Thifluzamide		70
307	禾草丹	Thiobencarb		30
308	硫菌灵	Thiophanate		90
309	甲基硫菌灵	Thiophanate - methyl		90
310	噻酰菌胺	Tiadinil		10
311	泰妙菌素	Tiamulin	100	100
312	替米考星	Tilmicosin	250	70 ●
313	3 - 苯基 - 5 - (噻吩 - 2 - 基) - [1,2,4]噁二唑	Tioxazafen		20
314	托曲珠利	Toltrazuril	200 ▲	2000
315	氯氰菊酯	Tralomethrin		500
316	三唑酮	Triadimefon		70
317	三唑醇	Triadimenol		70
318	野麦畏	Triallate		200
319	敌百虫	Trichlorfon		50
320	三氯吡氧乙酸	Triclopyr		80
321	十三吗啉	Tridemorph		50
322	肟菌酯	Trifloxystrobin		40
323	氟菌唑	Triflumizole		20
324	杀铃脲	Triflumuron		100
325	甲氧苄啶	Trimethoprim	50	50
326	三甲胺盐酸盐	Trimethylamine hydrochloride		1000
327	灭菌唑	Triticonazole		50
328	泰乐菌素	Tylosin	100	100
329	泰万菌素	Tylvalosin	50	
330	乙烯菌核利	Vinclozolin		50
331	维吉尼亚霉素	Virginiamycin	400	200 ●
332	华法林	Warfarin		1
333	玉米赤霉醇	Zeranol		2

1.2.3　中国与欧盟

　　中国与欧盟关于鸡脂肪兽药残留限量标准比对情况见表1-2-3。该表显示，中国与欧盟关于鸡脂肪涉及的兽药残留限量指标共有54项。其中，中国对阿苯达唑等49种兽药残留进行了限量规定，欧盟对阿莫西林等31种兽药残留进行了限量规定；有20项指标中国与欧盟相同，红霉素（Erythromycin）的指标中国严于欧盟，阿维拉霉素（Avilamycin）、氟甲喹（Flumequine）等 5 项指标欧盟严于中国；有 23 项指标中国已制定而欧盟未制定，5 项指标欧盟已制定而中国未制定。

表 1-2-3　中国与欧盟鸡脂肪兽药残留限量标准比对　　　　单位：μg/kg

序号	药品中文名称	药品英文名称	中国限量	欧盟限量
1	阿苯达唑	Albendazole	100	
2	阿莫西林	Amoxicillin	50	50
3	氨苄西林	Ampicillin	50	50
4	阿维拉霉素	Avilamycin	200	100●
5	青霉素	Benzylpenicillin		50
6	氯唑西林	Cloxacillin	300	300
7	黏菌素	Colistin	150	150
8	环丙氨嗪	Cyromazine	50	
9	达氟沙星	Danofloxacin	100	100
10	溴氰菊酯	Deltamethrin	500	
11	地克珠利	Diclazuril	1000	
12	双氯西林	Dicloxacillin		300
13	二氟沙星	Difloxacin	400	400
14	双氢链霉素	Dihydrostreptmiycin	600	
15	二硝托胺	Dinitolmide	2000	
16	多西环素	Doxycycline	300	300
17	恩诺沙星	Enrofloxacin	100	100
18	红霉素	Erythromycin	100▲	200
19	芬苯达唑	Fenbendazole	50	
20	倍硫磷	Fenthion	100	
21	氟苯尼考	Florfenicol	200	200
22	氟苯达唑	Flubendazole		50
23	氟甲喹	Flumequine	1000	250●
24	氟胺氰菊酯	Fluvalinate	10	
25	常山酮	Halofuginone	200	
26	卡那霉素	Kanamycin	100	100
27	拉沙洛西	Lasalocid	1200	100●
28	左旋咪唑	Levamisole	10	10
29	马度米星铵	Maduramicin ammonium	480	
30	马拉硫磷	Malathion	4000	
31	莫能菌素	Monensin	100	
32	甲基盐霉素	Narasin	50	

续表

序号	药品中文名称	药品英文名称	中国限量	欧盟限量
33	新霉素	Neomycin	500	500
34	尼卡巴嗪	Nicarbazin	200	
35	苯唑西林	Oxacillin	300	300
36	噁喹酸	Oxolinic acid	50	50
37	苯氧甲基青霉素	Phenoxymethylpenicillin		25
38	辛硫磷	Phoxim		550
39	氯苯胍	Robenidine	200	
40	盐霉素	Salinomycin	1200	
41	沙拉沙星	Sarafloxacin	20	10●
42	大观霉素	Spectinomycin	2000	
43	螺旋霉素	Spiramycin	300	300
44	链霉素	Streptmnycin	600	
45	磺胺二甲嘧啶	Sulfamethazine	100	
46	磺胺类	Sulfonamides	100	
47	甲砜霉素	Thiamphenicol	50	50
48	泰妙菌素	Tiamulin	100	100
49	替米考星	Tilmicosin	250	75●
50	托曲珠利	Toltrazuril	200	200
51	甲氧苄啶	Trimethoprim	50	
52	泰乐菌素	Tylosin	100	100
53	泰万菌素	Tylvalosin	50	50
54	维吉尼亚霉素	Virginiamycin	400	

1.2.4　中国与CAC

中国与CAC关于鸡脂肪兽药残留限量标准比对情况见表1-2-4。该表显示，中国与CAC关于鸡脂肪涉及的兽药残留限量指标共有50项。其中，中国对阿苯达唑等50种兽药残留进行了限量规定，CAC对黏菌素等20种兽药残留进行了限量规定；有20项指标中国与CAC相同，30项指标中国已制定而CAC未制定。

表1-2-4　中国与CAC鸡脂肪兽药残留限量标准比对　　　　单位：μg/kg

序号	药品中文名称	药品英文名称	中国限量	CAC限量
1	阿苯达唑	Albendazole	100	100
2	阿莫西林	Amoxicillin	50	
3	氨苄西林	Ampicillin	50	
4	阿维拉霉素	Avilamycin	200	200

序号	药品中文名称	药品英文名称	中国限量	CAC限量
5	氯唑西林	Cloxacillin	300	
6	黏菌素	Colistin	150	150
7	环丙氨嗪	Cyromazine	50	
8	达氟沙星	Danofloxacin	100	100
9	溴氰菊酯	Deltamethrin	500	500
10	地克珠利	Diclazuril	1000	1000
11	二氟沙星	Difloxacin	400	
12	双氢链霉素	Dihydrostreptmiycin	600	
13	二硝托胺	Dinitolmide	2000	
14	多西环素	Doxycycline	300	
15	恩诺沙星	Enrofloxacin	100	
16	红霉素	Erythromycin	100	100
17	芬苯达唑	Fenbendazole	50	
18	倍硫磷	Fenthion	100	
19	氟苯尼考	Florfenicol	200	
20	氟甲喹	Flumequine	1000	1000
21	氟胺氰菊酯	Fluvalinate	10	
22	常山酮	Halofuginone	200	
23	卡那霉素	Kanamycin	100	
24	拉沙洛西	Lasalocid	1200	
25	左旋咪唑	Levamisole	10	10
26	林可霉素	Lincomycin	100	100
27	马度米星铵	Maduramicin ammonium	480	
28	马拉硫磷	Malathion	4000	
29	莫能菌素	Monensin	100	100
30	甲基盐霉素	Narasin	50	50
31	新霉素	Neomycin	500	500
32	尼卡巴嗪	Nicarbazin	200	200
33	苯唑西林	Oxacillin	300	
34	噁喹酸	Oxolinic acid	50	
35	氯苯胍	Robenidine	200	
36	盐霉素	Salinomycin	1200	
37	沙拉沙星	Sarafloxacin	20	20
38	大观霉素	Spectinomycin	2000	2000
39	螺旋霉素	Spiramycin	300	300

续表

序号	药品中文名称	药品英文名称	中国限量	CAC 限量
40	链霉素	Streptmnycin	600	
41	磺胺二甲嘧啶	Sulfamethazine	100	100
42	磺胺类	Sulfonamides	100	
43	甲砜霉素	Thiamphenicol	50	
44	泰妙菌素	Tiamulin	100	
45	替米考星	Tilmicosin	250	250
46	托曲珠利	Toltrazuril	200	
47	甲氧苄啶	Trimethoprim	50	
48	泰乐菌素	Tylosin	100	100
49	泰万菌素	Tylvalosin	50	
50	维吉尼亚霉素	Virginiamycin	400	

1.2.5　中国与美国

中国与美国关于鸡脂肪兽药残留限量标准比对情况见表 1 - 2 - 5。该表显示，中国与美国关于鸡脂肪涉及的兽药残留限量指标共有 54 项。其中，中国对阿苯达唑等 48 种兽药残留进行了限量规定，美国对丁喹酯等 12 种兽药残留进行了限量规定；有 3 项指标两国相同，二硝托胺（Dinitolmide）、甲基盐霉素（Narasin）、泰乐菌素（Tylosin）3 项指标中国严于美国；有 42 项指标中国已制定而美国未制定，6 项指标美国已制定而中国未制定。

表 1 - 2 - 5　中国与美国鸡脂肪兽药残留限量标准比对　　　单位：μg/kg

序号	药品中文名称	药品英文名称	中国限量	美国限量
1	阿苯达唑	Albendazole	100	
2	阿莫西林	Amoxicillin	50	
3	氨苄西林	Ampicillin	50	
4	阿维拉霉素	Avilamycin	200	
5	丁喹酯	Buquinolate		400
6	金霉素	Chlortetracycline		12000
7	氯唑西林	Cloxacillin	300	
8	黏菌素	Colistin	150	
9	环丙氨嗪	Cyromazine	50	
10	溴氰菊酯	Deltamethrin	500	
11	地克珠利	Diclazuril	1000	1000
12	二氟沙星	Difloxacin	400	
13	双氢链霉素	Dihydrostreptmiycin	600	
14	二硝托胺	Dinitolmide	2000 ▲	3000

序号	药品中文名称	药品英文名称	中国限量	美国限量
15	多西环素	Doxycycline	300	
16	恩诺沙星	Enrofloxacin	100	
17	红霉素	Erythromycin	100	
18	芬苯达唑	Fenbendazole	50	
19	芬前列林	Fenprostalene		40
20	倍硫磷	Fenthion	100	
21	氟苯尼考	Florfenicol	200	
22	氟甲喹	Flumequine	1000	
23	氟胺氰菊酯	Fluvalinate	10	
24	常山酮	Halofuginone	200	
25	卡那霉素	Kanamycin	100	
26	拉沙洛西	Lasalocid	1200	1200
27	马度米星铵	Maduramicin ammonium	480	
28	马拉硫磷	Malathion	4000	
29	莫能菌素	Monensin	100	
30	甲基盐霉素	Narasin	50▲	480
31	新霉素	Neomycin	500	
32	尼卡巴嗪	Nicarbazin	200	
33	苯唑西林	Oxacillin	300	
34	噁喹酸	Oxolinic acid	50	
35	土霉素	Oxytetracycline		12000
36	黄体酮	Progesterone	12	
37	氯苯胍	Robenidine	200	
38	盐霉素	Salinomycin	1200	
39	沙拉沙星	Sarafloxacin	20	
40	大观霉素	Spectinomycin	2000	
41	螺旋霉素	Spiramycin	300	
42	链霉素	Streptmnycin	600	
43	磺胺二甲嘧啶	Sulfamethazine	100	
44	磺胺类	Sulfonamides	100	
45	丙酸睾酮	Testosterone propionate		2.6
46	四环素	Tetracycline		12000
47	甲砜霉素	Thiamphenicol	50	
48	泰妙菌素	Tiamulin	100	
49	替米考星	Tilmicosin	250	

续表

序号	药品中文名称	药品英文名称	中国限量	美国限量
50	托曲珠利	Toltrazuril	200	
51	甲氧苄啶	Trimethoprim	50	
52	泰乐菌素	Tylosin	100 ▲	200
53	泰万菌素	Tylvalosin	50	
54	维吉尼亚霉素	Virginiamycin	400	400

1.3　鸡肝的兽药残留限量

1.3.1　中国与韩国

中国与韩国关于鸡肝兽药残留限量标准比对情况见表 1 - 3 - 1。该表显示，中国与韩国关于鸡肝涉及的兽药残留限量指标共有 78 项。其中，中国对阿苯达唑等 59 种兽药残留进行了限量规定，韩国对阿莫西林等 78 种兽药残留进行了限量规定；有 37 项指标两国相同，阿维拉霉素（Avilamycin）、氯羟吡啶（Clopidol）等 8 项指标中国严于韩国，常山酮（Halofuginone）、拉沙洛西（Lasalocid）等 14 项指标韩国严于中国；有 19 项指标韩国已制定而中国未制定。

表 1 - 3 - 1　中国与韩国鸡肝兽药残留限量标准比对　　　　单位：µg/kg

序号	药品中文名称	药品英文名称	中国限量	韩国限量
1	阿苯达唑	Albendazole	5000	5000
2	阿莫西林	Amoxicillin	50	50
3	氨苄西林	Ampicillin	50	50
4	氨丙啉	Amprolium	1000	1000
5	安普霉素	Apramycin		800
6	阿维拉霉素	Avilamycin	300 ▲	800
7	杆菌肽	Bacitracin	500	500
8	黄霉素	Bambermycin		30
9	青霉素	Benzylpenicillin	50	50
10	头孢氨苄	Cefalexin		200
11	毒死蜱	Chlorpyrifos		10
12	金霉素	Chlortetracycline	600	600
13	氯羟吡啶	Clopidol	15000 ▲	20000
14	氯唑西林	Cloxacillin	300	300
15	黏菌素	Colistin	150	150
16	氟氯氰菊酯	Cyfluthrin		80
17	达氟沙星	Danofloxacin	400	400
18	癸氧喹酯	Decoquinate	2000	2000

序号	药品中文名称	药品英文名称	中国限量	韩国限量
19	溴氰菊酯	Deltamethrin	50	50
20	地塞米松	Dexamethasone		1
21	敌菌净	Diaveridine		50
22	地克珠利	Diclazuril	3000	3000
23	双氯西林	Dicloxacillin		300
24	二氟沙星	Difloxacin	1900	1900
25	双氢链霉素	Dihydrostreptmiycin	600	600
26	二硝托胺	Dinitolmide	6000	600 ●
27	多西环素	Doxycycline	300	300
28	恩拉霉素	Enramycin		30
29	恩诺沙星	Enrofloxacin	200	200
30	红霉素	Erythromycin	100	100
31	乙氧酰胺苯甲酯	Ethopabate	1500	100 ●
32	非班太尔/奥芬达唑	Febantel/Oxfendazole		500
33	芬苯达唑	Fenbendazole	500 ▲	1500
34	氟苯尼考	Florfenicol	2500	2500
35	氟苯达唑	Flubendazole	500	500
36	氟甲喹	Flumequine	500 ▲	800
37	氟雷拉纳	Fluralaner		600
38	庆大霉素	Gentamicin		100
39	常山酮	Halofuginone	130	100 ●
40	匀霉素	Hygromycin		50
41	交沙霉素	Josamycin		40
42	卡那霉素	Kanamycin	600	600
43	吉他霉素	Kitasamycin	200	200
44	拉沙洛西	Lasalocid	400	200 ●
45	左旋咪唑	Levamisole	100	100
46	林可霉素	Lincomycin	500	500
47	马度米星铵	Maduramicin ammonium	720	500 ●
48	马度米星	Maduramycin		800
49	甲苯咪唑	Mebendazole		400
50	莫能菌素	Monensin	10 ▲	50
51	甲基盐霉素	Narasin	50 ▲	300
52	新霉素	Neomycin	5500	500 ●

续表

序号	药品中文名称	药品英文名称	中国限量	韩国限量
53	尼卡巴嗪	Nicarbazin	200 ▲	500
54	奥美普林	Ormetoprim		100
55	苯唑西林	Oxacillin	300	100 ●
56	噁喹酸	Oxolinic acid	150	100 ●
57	土霉素	Oxytetracycline	600	600
58	哌嗪	Piperazine		100
59	普鲁卡因青霉素	Procaine benzylpenicillin	50	50
60	氯苯胍	Robenidine	100	100
61	盐霉素	Salinomycin	1800	500 ●
62	沙拉沙星	Sarafloxacin	80	50 ●
63	赛杜霉素	Semduramicin	400	50 ●
64	生度米星	Semduramycin		500
65	大观霉素	Spectinomycin	2000	2000
66	螺旋霉素	Spiramycin	600	600
67	链霉素	Streptmnycin	600	600
68	磺胺二甲嘧啶	Sulfamethazine	100	100
69	磺胺类	Sulfonamides	100	100
70	四环素	Tetracycline	600	600
71	甲砜霉素	Thiamphenicol	50	50
72	泰妙菌素	Tiamulin	1000	200 ●
73	替米考星	Tilmicosin	2400	2400
74	托曲珠利	Toltrazuril	600	600
75	甲氧苄啶	Trimethoprim	50	50
76	泰乐菌素	Tylosin	100	50 ●
77	泰万菌素	Tylvalosin	50 ▲	100
78	维吉尼亚霉素	Virginiamycin	300	200 ●

1.3.2　中国与日本

中国与日本关于鸡肝兽药残留限量标准比对情况见表 1 - 3 - 2。该表显示，中国与日本关于鸡肝涉及的兽药残留限量指标共有 324 项。其中，中国对阿苯达唑等 56 种兽药残留进行了限量规定，日本对阿莫西林等 316 种兽药残留进行了限量规定；有 30 项指标两国相同，氯羟吡啶（Clopidol）、氟苯尼考（Florfenicol）等 6 项指标中国严于日本，氨丙啉（Amprolium）、二硝托胺（Dinitolmide）等 12 项指标日本严于中国；有 8 项指标中国已制定而日本未制定，268 项指标日本已制定而中国未制定。

表 1 - 3 - 2　中国与日本鸡肝兽药残留限量标准比对　　　　单位：μg/kg

序号	药品中文名称	药品英文名称	中国限量	日本限量
1	2,4 - 二氯苯氧乙酸	2,4 - D		700
2	2,4 - 二氯苯氧丁酸	2,4 - DB		50
3	乙酰甲胺磷	Acephate		10
4	啶虫脒	Acetamiprid		50
5	S - 甲基苯并[1,2,3]噻二唑 - 7 - 硫代羧酸酯	Acibenzolar - S - methyl		20
6	甲草胺	Alachlor		20
7	阿苯达唑	Albendazole	5000	
8	烯丙菊酯	Allethrin		40
9	唑嘧菌胺	Ametoctradin		30
10	阿莫西林	Amoxicillin	50	50
11	氨苄西林	Ampicillin	50	30●
12	氨丙啉	Amprolium	1000	30●
13	安普霉素	Apramycin		500
14	阿特拉津	Atrazine		20
15	阿维拉霉素	Avilamycin	300	300
16	嘧菌酯	Azoxystrobin		10
17	杆菌肽	Bacitracin	500	500
18	苯霜灵	Benalaxyl		500
19	恶虫威	Bendiocarb		50
20	苯菌灵	Benomyl		100
21	苯达松	Bentazone		50
22	苯并烯氟菌唑	Benzovindiflupyr		10
23	青霉素	Benzylpenicillin	50	50
24	二环霉素	Bicozamycin		50
25	联苯肼酯	Bifenazate		10
26	联苯菊酯	Bifenthrin		50
27	生物苄呋菊酯	Bioresmethrin		500
28	联苯三唑醇	Bitertanol		10
29	联苯吡菌胺	Bixafen		50
30	啶酰菌胺	Boscalid		20
31	溴鼠灵	Brodifacoum		1
32	溴化物	Bromide		50000
33	溴螨酯	Bromopropylate		50
34	溴苯腈	Bromoxynil		100
35	氟丙嘧草酯	Butafenacil		20

续表

序号	药品中文名称	药品英文名称	中国限量	日本限量
36	叔丁基-4-羟基苯甲醚	Butylhydroxyanisol		20
37	斑蝥黄	Canthaxanthin		10000
38	甲萘威	Carbaryl		10
39	多菌灵	Carbendazim		100
40	三唑酮草酯	Carfentrazone-ethyl		50
41	氯虫苯甲酰胺	Chlorantraniliprole		70
42	氯丹	Chlordane		80
43	虫螨腈	Chlorfenapyr		10
44	氟啶脲	Chlorfluazuron		20
45	氯地孕酮	Chlormadinone		2
46	矮壮素	Chlormequat		100
47	百菌清	Chlorothalonil		10
48	毒死蜱	Chlorpyrifos		10
49	甲基毒死蜱	Chlorpyrifos-methyl		50
50	氯酞酸二甲酯	Chlorthal-dimethyl		50
51	烯草酮	Clethodim		200
52	炔草酸	Clodinafop-propargyl		50
53	四螨嗪	Clofentezine		50
54	氯羟吡啶	Clopidol	15000▲	20000
55	二氯吡啶酸	Clopyralid		100
56	解毒喹	Cloquintocet-mexyl		100
57	氯司替勃	Clostebol		0.5
58	噻虫胺	Clothianidin		100
59	氯唑西林	Cloxacillin	300	300
60	黏菌素	Colistin	150	150
61	溴氰虫酰胺	Cyantraniliprole		200
62	氟氯氰菊酯	Cyfluthrin		100
63	三氟氯氰菊酯	Cyhalothrin		20
64	氯氰菊酯	Cypermethrin		50
65	环唑醇	Cyproconazole		10
66	嘧菌环胺	Cyprodinil		10
67	环丙氨嗪	Cyromazine		100
68	达氟沙星	Danofloxacin	400	400
69	滴滴涕	DDT		2000
70	癸氧喹酯	Decoquinate	2000	100●

序号	药品中文名称	药品英文名称	中国限量	日本限量
71	溴氰菊酯	Deltamethrin	50	50
72	丁醚脲	Diafenthiuron		20
73	敌菌净	Diaveridine		50
74	二嗪农	Diazinon		20
75	二丁基羟基甲苯	Dibutylhydroxytoluene		200
76	丁二酸二丁酯	Dibutylsuccinate		100
77	麦草畏	Dicamba		70
78	二氯异氰脲酸	Dichloroisocyanuric acid		800
79	敌敌畏	Dichlorvos		50
80	地克珠利	Diclazuril	3000	3000
81	禾草灵	Diclofop－methyl		50
82	双氯西林	Dicloxacillin		300
83	三氯杀螨醇	Dicofol		50
84	双十烷基二甲基氯化铵	Didecyldimethylammonium chloride		50
85	苯醚甲环唑	Difenoconazole		10
86	野燕枯	Difenzoquat		50
87	二氟沙星	Difloxacin	1900	
88	敌灭灵	Diflubenzuron		50
89	双氢链霉素	Dihydrostreptmiycin	600	600
90	二甲吩草胺	Dimethenamid		10
91	落长灵	Dimethipin		10
92	乐果	Dimethoate		50
93	烯酰吗啉	Dimethomorph		10
94	二硝托胺	Dinitolmide	6000	100 ●
95	呋虫胺	Dinotefuran		20
96	二苯胺	Diphenylamine		10
97	驱蝇啶	Dipropyl isocinchomeronate		4
98	敌草快	Diquat		10
99	乙拌磷	Disulfoton		20
100	二噻农	Dithianon		10
101	二嗪农	Dithiocarbamates		100
102	多西环素	Doxycycline	300	50 ●
103	甲氨基阿维菌素苯甲酸盐	Emamectin benzoate		0.5
104	硫丹	Endosulfan		100
105	安特灵	Endrin		50

续表

序号	药品中文名称	药品英文名称	中国限量	日本限量
106	恩拉霉素	Enramaycin		30
107	恩诺沙星	Enrofloxacin	200	100●
108	氟环唑	Epoxiconazole		10
109	茵草敌	Eptc		50
110	红霉素	Erythromycin	100	100
111	胺苯磺隆	Ethametsulfuron – methyl		20
112	乙烯利	Ethephon		200
113	乙氧酰胺苯甲酯	Ethopabate	1500	40●
114	乙氧基喹啉	Ethoxyquin		4000
115	1,2 – 二氯乙烷	Ethylene dichloride		100
116	醚菊酯	Etofenprox		70
117	乙螨唑	Etoxazole		40
118	氯唑灵	Etridiazole		100
119	恶唑菌酮	Famoxadone		10
120	非班太尔	Febantel		2000
121	苯线磷	Fenamiphos		10
122	氯苯嘧啶醇	Fenarimol		20
123	芬苯达唑	Fenbendazole	500	
124	腈苯唑	Fenbuconazole		10
125	苯丁锡	Fenbutatin oxide		50
126	杀螟松	Fenitrothion		50
127	仲丁威	Fenobucarb		10
128	噁唑禾草灵	Fenoxaprop – ethyl		100
129	甲氰菊酯	Fenpropathrin		10
130	丁苯吗啉	Fenpropimorph		10
131	羟基三苯基锡	Fentin		50
132	氰戊菊酯	Fenvalerate		10
133	氟虫腈	Fipronil		20
134	黄霉素	Flavophospholipol		50
135	氟啶虫酰胺	Flonicamid		100
136	氟苯尼考	Florfenicol	2500▲	3000
137	吡氟禾草隆	Fluazifop – butyl		100
138	氟苯达唑	Flubendazole	500	500
139	氟苯虫酰胺	Flubendiamide		20
140	氟氰菊酯	Flucythrinate		50

序号	药品中文名称	药品英文名称	中国限量	日本限量
141	咯菌腈	Fludioxonil		50
142	氟砜灵	Fluensulfone		10
143	氟甲喹	Flumequine	500	500
144	氟氯苯菊酯	Flumethrin		10
145	氟烯草酸	Flumiclorac – pentyl		10
146	氟吡菌胺	Fluopicolide		10
147	氟吡菌酰胺	Fluopyram		2000
148	氟嘧啶	Flupyrimin		100
149	氟喹唑	Fluquinconazole		20
150	氟雷拉纳	Fluralaner		700
151	氟草定	Fluroxypyr		50
152	氟硅唑	Flusilazole		200
153	氟酰胺	Flutolanil		50
154	粉唑醇	Flutriafol		50
155	氟唑菌酰胺	Fluxapyroxad		20
156	草胺膦	Glufosinate		100
157	4,5 – 二甲酰胺咪唑	Glycalpyramide		100
158	草甘膦	Glyphosate		500
159	常山酮	Halofuginone	130 ▲	400
160	吡氟氯禾灵	Haloxyfop		50
161	六氯苯	Hexachlorobenzene		600
162	噻螨酮	Hexythiazox		50
163	磷化氢	Hydrogen phosphide		10
164	抑霉唑	Imazalil		20
165	铵基咪草啶酸	Imazamox-ammonium		10
166	甲咪唑烟酸	Imazapic		10
167	灭草烟	Imazapyr		10
168	咪草烟铵盐	Imazethapyr ammonium		100
169	吡虫啉	Imidacloprid		50
170	茚虫威	Indoxacarb		10
171	碘甲磺隆	Iodosulfuron – methyl		10
172	2 – [(7,8 – 二氟 – 2 – 甲基 – 3 – 喹啉基)氧基] – 6 – 氟 – A,A – 二甲基苯甲醇	Ipflufenoquin		10
173	异菌脲	Iprodione		3000
174	异丙噻菌胺	Isofetamid		10

续表

序号	药品中文名称	药品英文名称	中国限量	日本限量
175	吡唑萘菌胺	Isopyrazam		10
176	异噁唑草酮	Isoxaflutole		200
177	卡那霉素	Kanamycin	600 ▲	13000
178	吉他霉素	Kitasamycin	200	
179	拉沙洛西	Lasalocid	400	400
180	左旋咪唑	Levamisole	100	100
181	林可霉素	Lincomycin	500	500
182	林丹	Lindane		10
183	利谷隆	Linuron		50
184	虱螨脲	Lufenuron		30
185	马度米星	Maduramicin		800
186	马度米星铵	Maduramicin ammonium	720	
187	2-甲基-4-氯苯氧基乙酸	Mcpa		50
188	2-甲基-4-氯戊氧基丙酸	Mecoprop		50
189	精甲霜灵	Mefenoxam		100
190	氯氟醚菌唑	Mefentrifluconazole		10
191	缩节胺	Mepiquat-chloride		50
192	甲磺胺磺隆	Mesosulfuron-methyl		10
193	氰氟虫腙	Metaflumizone		80
194	甲霜	Metalaxyl		100
195	甲胺磷	Methamidophos		10
196	杀扑磷	Methidathion		20
197	灭多威	Methomyl（Thiodicarb）		20
198	烯虫酯	Methoprene		100
199	甲氧滴滴涕	Methoxychlor		10
200	甲氧虫酰肼	Methoxyfenozide		10
201	苯菌酮	Metrafenone		10
202	嗪草酮嗪草酮	Metribuzin		400
203	米罗沙霉素	Mirosamycin		40
204	莫能菌素	Monensin	10	10
205	腈菌唑	Myclobutanil		10
206	萘夫西林	Nafcillin		5
207	二溴磷	Naled		50
208	甲基盐霉素	Narasin	50	50
209	新霉素	Neomycin	5500	500 ●

续表

序号	药品中文名称	药品英文名称	中国限量	日本限量
210	尼卡巴嗪	Nicarbazin	200	200
211	硝碘酚腈	Nitroxynil		1000
212	诺氟沙星	Norfloxacin		20
213	诺孕美特	Norgestomet		0.1
214	诺西肽	Nosiheptide		30
215	氟酰脲	Novaluron		100
216	氧氟沙星	Ofloxacin		50
217	氧乐果	Omethoate		50
218	奥美普林	Ormetoprim		100
219	苯唑西林	Oxacillin	300	
220	杀线威	Oxamyl		20
221	氟噻唑吡乙酮	Oxathiapiprolin		10
222	2－[3－（乙基磺酰基）－2－吡啶基]－5－[（三氟甲基)磺酰基]苯并[d]恶唑	Oxazosulfyl		50
223	奥芬达唑	Oxfendazole		2000
224	恶喹酸	Oxolinic acid	150	40●
225	砜吸磷	Oxydemeton－methyl		20
226	乙氧氟草醚	Oxyfluorfen		10
227	百草枯	Paraquat		50
228	对硫磷	Parathion		50
229	戊菌唑	Penconazole		50
230	吡噻菌胺	Penthiopyrad		30
231	氯菊酯	Permethrin		100
232	甲拌磷	Phorate		50
233	毒莠定	Picloram		100
234	啶氧菌酯	Picoxystrobin		10
235	杀鼠酮	Pindone		1
236	唑啉草酯	Pinoxaden		60
237	哌嗪	Piperazine		80
238	增效醚	Piperonyl butoxide		10000
239	抗蚜威	Pirimicarb		100
240	甲基嘧啶磷	Pirimiphos－methyl		10
241	普鲁卡因青霉素	Procaine benzylpenicillin	50	50
242	咪鲜胺	Prochloraz		200
243	丙溴磷	Profenofos		50

续表

序号	药品中文名称	药品英文名称	中国限量	日本限量
244	霜霉威	Propamocarb		10
245	敌稗	Propanil		10
246	克螨特	Propargite		100
247	丙环唑	Propiconazole		40
248	残杀威	Propoxur		50
249	氟磺隆	Prosulfuron		50
250	丙硫菌唑	Prothioconazol		100
251	吡唑醚菌酯	Pyraclostrobin		50
252	磺酰草吡唑	Pyrasulfotole		20
253	除虫菊酯	Pyrethrins		200
254	哒草特	Pyridate		200
255	乙胺嘧啶	Pyrimethamine		50
256	二氯喹啉酸	Quinclorac		50
257	喹氧灵	Quinoxyfen		10
258	五氯硝基苯	Quintozene		100
259	喹禾灵	Quizalofop – ethyl		50
260	糖草酯	Quizalofop – P – tefuryl		50
261	苄呋菊酯	Resmethrin		100
262	氯苯胍	Robenidine	100	100
263	洛克沙砷	Roxarsone		2000
264	盐霉素	Salinomycin	1800	200 ●
265	沙拉沙星	Sarafloxacin	80	80
266	氟唑环菌胺	Sedaxane		10
267	赛杜霉素	Semduramicin	400 ▲	600
268	烯禾啶	Sethoxydim		200
269	氟硅菊酯	Silafluofen		500
270	西玛津	Simazine		20
271	大观霉素	Spectinomycin	2000	2000
272	乙基多杀菌素	Spinetoram		10
273	多杀菌素	Spinosad		1000
274	螺旋霉素	Spiramycin	600	600
275	链霉素	Streptmnycin	600	600
276	磺胺嘧啶	Sulfadiazine		100
277	磺胺二甲氧嗪	Sulfadimethoxine		50
278	磺胺二甲嘧啶	Sulfamethazine	100	100

序号	药品中文名称	药品英文名称	中国限量	日本限量
279	磺胺甲恶唑	Sulfamethoxazole		20
280	磺胺间甲氧嘧啶	Sulfamonomethoxine		100
281	磺胺喹恶啉	Sulfaquinoxaline		50
282	磺胺噻唑	Sulfathiazole		100
283	磺胺类	Sulfonamides	100	
284	磺酰磺隆	Sulfosulfuron		5
285	氟啶虫胺腈	Sulfoxaflor		300
286	戊唑醇	Tebuconazole		50
287	四氯硝基苯	Tecnazene		50
288	氟苯脲	Teflubenzuron		10
289	七氟菊酯	Tefluthrin		1
290	得杀草	Tepraloxydim		300
291	特丁磷	Terbufos		50
292	氟醚唑	Tetraconazole		30
293	噻菌灵	Thiabendazole		100
294	噻虫啉	Thiacloprid		20
295	噻虫嗪	Thiamethoxam		10
296	甲砜霉素	Thiamphenicol	50	50
297	噻呋酰胺	Thifluzamide		30
298	禾草丹	Thiobencarb		30
299	硫菌灵	Thiophanate		100
300	甲基硫菌灵	Thiophanate – methyl		100
301	噻酰菌胺	Tiadinil		10
302	泰妙菌素	Tiamulin	1000	1000
303	替米考星	Tilmicosin	2400	1000●
304	3－苯基－5－（噻吩－2－基）－［1,2,4］恶二唑	Tioxazafen		20
305	托曲珠利	Toltrazuril	600▲	4000
306	四溴菊酯	Tralomethrin		50
307	三唑酮	Triadimefon		60
308	三唑醇	Triadimenol		60
309	野麦畏	Triallate		200
310	敌百虫	Trichlorfon		10
311	三氯吡氧乙酸	Triclopyr		80
312	十三吗啉	Tridemorph		50
313	肟菌酯	Trifloxystrobin		40

续表

序号	药品中文名称	药品英文名称	中国限量	日本限量
314	氟菌唑	Triflumizole		50
315	杀铃脲	Triflumuron		10
316	甲氧苄啶	Trimethoprim	50	50
317	三甲胺盐酸盐	Trimethylamine hydrochloride		2000
318	灭菌唑	Triticonazole		50
319	泰乐菌素	Tylosin	100	100
320	泰万菌素	Tylvalosin	50	
321	乙烯菌核利	Vinclozolin		50
322	维吉尼亚霉素	Virginiamycin	300	200●
323	华法林	Warfarin		1
324	玉米赤霉醇	Zeranol		2

1.3.3 中国与欧盟

中国与欧盟关于鸡肝兽药残留限量标准比对情况见表1-3-3。该表显示，中国与欧盟关于鸡肝涉及的兽药残留限量指标共有60项。其中，中国对阿苯达唑等56种兽药残留进行了限量规定，欧盟对阿莫西林等33种兽药残留进行了限量规定；有21项指标中国与欧盟相同，红霉素（Erythromycin）、氟甲喹（Flumequine）、沙拉沙星（Sarafloxacin）3项指标中国严于欧盟，氟苯达唑（Flubendazole）、新霉素（Neomycin）等5项指标欧盟严于中国；有27项指标中国已制定而欧盟未制定，4项指标欧盟已制定而中国未制定。

表1-3-3 中国与欧盟鸡肝兽药残留限量标准比对 单位：μg/kg

序号	药品中文名称	药品英文名称	中国限量	欧盟限量
1	阿苯达唑	Albendazole	5000	
2	阿莫西林	Amoxicillin	50	50
3	氨苄西林	Ampicillin	50	50
4	氨丙啉	Amprolium	1000	
5	阿维拉霉素	Avilamycin	300	300
6	青霉素	Benzylpenicillin	50	50
7	金霉素	Chlortetracycline	600	
8	氯羟吡啶	Clopidol	15000	
9	氯唑西林	Cloxacillin	300	300
10	黏菌素	Colistin	150	150
11	达氟沙星	Danofloxacin	400	400
12	溴氰菊酯	Deltamethrin	50	
13	地克珠利	Diclazuril	3000	

序号	药品中文名称	药品英文名称	中国限量	欧盟限量
14	双氯西林	Dicloxacillin		300
15	二氟沙星	Difloxacin	1900	1900
16	双氢链霉素	Dihydrostreptmiycin	600	
17	二硝托胺	Dinitolmide	6000	
18	多西环素	Doxycycline	300	300
19	恩诺沙星	Enrofloxacin	200	200
20	红霉素	Erythromycin	100▲	200
21	乙氧酰胺苯甲酯	Ethopabate	1500	
22	芬苯达唑	Fenbendazole	500	
23	氟苯尼考	Florfenicol	2500	2500
24	氟苯达唑	Flubendazole	500	400●
25	氟甲喹	Flumequine	500▲	800
26	常山酮	Halofuginone	130	
27	卡那霉素	Kanamycin	600	600
28	吉他霉素	Kitasamycin	200	
29	拉沙洛西	Lasalocid	400	100●
30	左旋咪唑	Levamisole	100	100
31	林可霉素	Lincomycin	500	
32	马度米星铵	Maduramicin ammonium	720	
33	莫能菌素	Monensin	10	
34	甲基盐霉素	Narasin	50	
35	新霉素	Neomycin	5500	500●
36	尼卡巴嗪	Nicarbazin	200	
37	苯唑西林	Oxacillin	300	300
38	噁喹酸	Oxolinic acid	150	150
39	土霉素	Oxytetracycline	600	
40	巴龙霉素	Paromomycin		1500
41	苯氧甲基青霉素	Phenoxymethylpenicillin		25
42	辛硫磷	Phoxim		50
43	普鲁卡因青霉素	Procaine benzylpenicillin	50	50
44	盐霉素	Salinomycin	1800	
45	沙拉沙星	Sarafloxacin	80▲	100
46	赛杜霉素	Semduramicin	400	
47	大观霉素	Spectinomycin	2000	
48	螺旋霉素	Spiramycin	600	400●

续表

序号	药品中文名称	药品英文名称	中国限量	欧盟限量
49	链霉素	Streptmnycin	600	
50	磺胺二甲嘧啶	Sulfamethazine	100	
51	磺胺类	Sulfonamides	100	
52	四环素	Tetracycline	600	
53	甲砜霉素	Thiamphenicol	50	50
54	泰妙菌素	Tiamulin	1000	1000
55	替米考星	Tilmicosin	2400	1000 ●
56	托曲珠利	Toltrazuril	600	600
57	甲氧苄啶	Trimethoprim	50	
58	泰乐菌素	Tylosin	100	100
59	泰万菌素	Tylvalosin	50	50
60	维吉尼亚霉素	Virginiamycin	300	

1.3.4   中国与 CAC

中国与 CAC 关于鸡肝兽药残留限量标准比对情况见表 1-3-4。该表显示，中国与 CAC 关于鸡肝涉及的兽药残留限量指标共有 56 项。其中，中国对阿苯达唑等 56 种兽药残留进行了限量规定，CAC 对阿维拉霉素等 28 种兽药残留进行了限量规定；有 27 项指标中国与 CAC 相同，新霉素（Neomycin）的指标 CAC 严于中国，28 项指标中国已制定而 CAC 未制定。

表 1-3-4   中国与 CAC 鸡肝兽药残留限量标准比对   单位：μg/kg

序号	药品中文名称	药品英文名称	中国限量	CAC 限量
1	阿苯达唑	Albendazole	5000	5000
2	阿莫西林	Amoxicillin	50	
3	氨苄西林	Ampicillin	50	
4	氨丙啉	Amprolium	1000	
5	阿维拉霉素	Avilamycin	300	300
6	青霉素	Benzylpenicillin	50	50
7	金霉素	Chlortetracycline	600	600
8	氯羟吡啶	Clopidol	15000	
9	氯唑西林	Cloxacillin	300	
10	黏菌素	Colistin	150	150
11	达氟沙星	Danofloxacin	400	400
12	溴氰菊酯	Deltamethrin	50	50
13	地克珠利	Diclazuril	3000	3000

序号	药品中文名称	药品英文名称	中国限量	CAC 限量
14	二氟沙星	Difloxacin	1900	
15	双氢链霉素	Dihydrostreptmiycin	600	600
16	二硝托胺	Dinitolmide	6000	
17	多西环素	Doxycycline	300	
18	恩诺沙星	Enrofloxacin	200	
19	红霉素	Erythromycin	100	100
20	乙氧酰胺苯甲酯	Ethopabate	1500	
21	芬苯达唑	Fenbendazole	500	
22	氟苯尼考	Florfenicol	2500	
23	氟苯达唑	Flubendazole	500	500
24	氟甲喹	Flumequine	500	500
25	常山酮	Halofuginone	130	
26	卡那霉素	Kanamycin	600	
27	吉他霉素	Kitasamycin	200	
28	拉沙洛西	Lasalocid	400	
29	左旋咪唑	Levamisole	100	100
30	林可霉素	Lincomycin	500	500
31	马度米星铵	Maduramicin ammonium	720	
32	莫能菌素	Monensin	10	10
33	甲基盐霉素	Narasin	50	50
34	新霉素	Neomycin	5500	500●
35	尼卡巴嗪	Nicarbazin	200	200
36	苯唑西林	Oxacillin	300	
37	噁喹酸	Oxolinic acid	150	
38	土霉素	Oxytetracycline	600	600
39	普鲁卡因青霉素	Procaine benzylpenicillin	50	50
40	盐霉素	Salinomycin	1800	
41	沙拉沙星	Sarafloxacin	80	80
42	赛杜霉素	Semduramicin	400	
43	大观霉素	Spectinomycin	2000	2000
44	螺旋霉素	Spiramycin	600	600
45	链霉素	Streptmnycin	600	600
46	磺胺二甲嘧啶	Sulfamethazine	100	100
47	磺胺类	Sulfonamides	100	
48	四环素	Tetracycline	600	600

续表

序号	药品中文名称	药品英文名称	中国限量	CAC 限量
49	甲砜霉素	Thiamphenicol	50	
50	泰妙菌素	Tiamulin	1000	
51	替米考星	Tilmicosin	2400	2400
52	托曲珠利	Toltrazuril	600	
53	甲氧苄啶	Trimethoprim	50	
54	泰乐菌素	Tylosin	100	100
55	泰万菌素	Tylvalosin	50	
56	维吉尼亚霉素	Virginiamycin	300	

1.3.5　中国与美国

中国与美国关于鸡肝兽药残留限量标准比对情况见表 1-3-5。该表显示，中国与美国关于鸡肝涉及的兽药残留限量指标共有 66 项。其中，中国对阿苯达唑等 56 种兽药残留进行了限量规定，美国对阿克洛胺等 22 种兽药残留进行了限量规定；有 6 项指标两国相同，芬苯达唑（Fenbendazole）、尼卡巴嗪（Nicarbazin）、泰乐菌素（Tylosin）3 项指标中国严于美国，阿苯达唑（Albendazole）、新霉素（Neomycin）、泰妙菌素（Tiamulin）3 项指标美国严于中国；有 44 项指标中国已制定而美国未制定，10 项指标美国已制定而中国未制定。

表 1-3-5　中国与美国鸡肝兽药残留限量标准比对　　　　单位：μg/kg

序号	药品中文名称	药品英文名称	中国限量	美国限量
1	阿克洛胺	Aklomide		4500
2	阿苯达唑	Albendazole	5000	200 ●
3	阿莫西林	Amoxicillin	50	
4	氨苄西林	Ampicillin	50	
5	氨丙啉	Amprolium	1000	1000
6	阿维拉霉素	Avilamycin	300	
7	青霉素	Benzylpenicillin	50	
8	丁喹酯	Buquinolate		400
9	卡巴氧	Carbadox		30000
10	头孢噻呋	Ceftiofur		2000
11	金霉素	Chlortetracycline	600	
12	氯羟吡啶	Clopidol	15000	15000
13	氯唑西林	Cloxacillin	300	
14	黏菌素	Colistin	150	
15	达氟沙星	Danofloxacin	400	

序号	药品中文名称	药品英文名称	中国限量	美国限量
16	溴氰菊酯	Deltamethrin	50	
17	地克珠利	Diclazuril	3000	3000
18	二氟沙星	Difloxacin	1900	
19	双氢链霉素	Dihydrostreptmiycin	600	
20	二硝托胺	Dinitolmide	6000	
21	多西环素	Doxycycline	300	
22	恩诺沙星	Enrofloxacin	200	
23	红霉素	Erythromycin	100	
24	乙氧酰胺苯甲酯	Ethopabate	1500	1500
25	芬苯达唑	Fenbendazole	500▲	6000
26	芬前列林	Fenprostalene		20
27	氟苯尼考	Florfenicol	2500	
28	氟苯达唑	Flubendazole	500	
29	氟甲喹	Flumequine	500	
30	常山酮	Halofuginone	130	130
31	卡那霉素	Kanamycin	600	
32	吉他霉素	Kitasamycin	200	
33	拉沙洛西	Lasalocid	400	400
34	左旋咪唑	Levamisole	100	
35	林可霉素	Lincomycin	500	
36	马度米星铵	Maduramicin ammonium	720	
37	莫能菌素	Monensin	10	
38	莫西菌素	Moxidectin		200
39	甲基盐霉素	Narasin	50	
40	新霉素	Neomycin	5500	3600●
41	尼卡巴嗪	Nicarbazin	200▲	4000
42	苯唑西林	Oxacillin	300	
43	噁喹酸	Oxolinic acid	150	
44	土霉素	Oxytetracycline	600	
45	吡利霉素	Pirlimycin		500
46	普鲁卡因青霉素	Procaine benzylpenicillin	50	
47	黄体酮	Progesterone		6
48	酒石酸噻吩嘧啶	Pyrantel tartrate		10000
49	盐霉素	Salinomycin	1800	
50	沙拉沙星	Sarafloxacin	80	

续表

序号	药品中文名称	药品英文名称	中国限量	美国限量
51	赛杜霉素	Semduramicin	400	
52	大观霉素	Spectinomycin	2000	
53	螺旋霉素	Spiramycin	600	
54	链霉素	Streptmnycin	600	
55	磺胺二甲嘧啶	Sulfamethazine	100	
56	磺胺类	Sulfonamides	100	
57	丙酸睾酮	Testosterone propionate		1.3
58	四环素	Tetracycline	600	
59	甲砜霉素	Thiamphenicol	50	
60	泰妙菌素	Tiamulin	1000	600●
61	替米考星	Tilmicosin	2400	
62	托曲珠利	Toltrazuril	600	
63	甲氧苄啶	Trimethoprim	50	
64	泰乐菌素	Tylosin	100▲	200
65	泰万菌素	Tylvalosin	50	
66	维吉尼亚霉素	Virginiamycin	300	

1.4　鸡肾的兽药残留限量

1.4.1　中国与韩国

中国与韩国关于鸡肾兽药残留限量标准比对情况见表 1 - 4 - 1。该表显示，中国与韩国关于鸡肾涉及的兽药残留限量指标共有 64 项。其中，中国对氨丙啉等 40 种兽药残留进行了限量规定，韩国对黏菌素等 59 种兽药残留进行了限量规定；有 28 项指标两国相同，氯羟吡啶（Clopidol）、莫能菌素（Monensin）、甲基盐霉素（Narasin）、新霉素（Neomycin）4 项指标中国严于韩国，沙拉沙星（Sarafloxacin）、氟甲喹（Flumequine）、维吉尼亚霉素（Virginiamycin）3 项指标韩国严于中国；有 5 项指标中国已制定而韩国未制定，24 项指标韩国已制定而中国未制定。

表 1 - 4 - 1　中国与韩国鸡肾兽药残留限量标准比对　　　　单位：μg/kg

序号	药品中文名称	药品英文名称	中国限量	韩国限量
1	阿苯达唑	Albendazole		5000
2	阿莫西林	Amoxicillin	50	50
3	氨苄西林	Ampicillin		50
4	氨丙啉	Amprolium	1000	1000
5	安普霉素	Apramycin		800
6	阿维拉霉素	Avilamycin	200	

序号	药品中文名称	药品英文名称	中国限量	韩国限量
7	杆菌肽	Bacitracin	500	500
8	黄霉素	Bambermycin		30
9	青霉素	Benzylpenicillin		50
10	金霉素	Chlortetracycline	1200	1200
11	氯羟吡啶	Clopidol	15000▲	20000
12	氯唑西林	Cloxacillin		300
13	黏菌素	Colistin	200	200
14	达氟沙星	Danofloxacin		400
15	癸氧喹酯	Decoquinate	2000	2000
16	溴氰菊酯	Deltamethrin	50	50
17	地塞米松	Dexamethasone		1
18	敌菌净	Diaveridine		50
19	双氯西林	Dicloxacillin		300
20	双氢链霉素	Dihydrostreptmiycin	1000	1000
21	二硝托胺	Dinitolmide	6000	
22	多西环素	Doxycycline	600	600
23	恩诺沙星	Enrofloxacin	300	300
24	红霉素	Erythromycin	100	100
25	乙氧酰胺苯甲酯	Ethopabate	1500	
26	非班太尔	Febantel	50	50
27	芬苯达唑	Fenbendazole	50	50
28	氟苯尼考	Florfenicol		200
29	氟甲喹	Flumequine	3000	1000●
30	氟雷拉纳	Fluralaner		400
31	庆大霉素	Gentamicin		100
32	匀霉素	Hygromycin		50
33	交沙霉素	Josamycin		40
34	卡那霉素	Kanamycin	2500	2500
35	吉他霉素	Kitasamycin	200	200
36	拉沙洛西	Lasalocid		20
37	左旋咪唑	Levamisole	10	10
38	林可霉素	Lincomycin	500	500
39	马度米星	Maduramycin		1000

续表

序号	药品中文名称	药品英文名称	中国限量	韩国限量
40	甲苯咪唑	Mebendazole		60
41	莫能菌素	Monensin	10 ▲	50
42	甲基盐霉素	Narasin	15 ▲	300
43	新霉素	Neomycin	9000 ▲	10000
44	尼卡巴嗪	Nycarbazine		200
45	奥美普林	Ormetoprim		100
46	奥芬达唑	Oxfendazole	50	50
47	噁喹酸	Oxolinic acid	150	
48	土霉素	Oxytetracycline	1200	1200
49	哌嗪	Piperazine		100
50	氯苯胍	Robenidine	100	100
51	盐霉素	Salinomycin		500
52	沙拉沙星	Sarafloxacin	80	50 ●
53	赛杜霉素	Semduramicin		200
54	大观霉素	Spectinomycin	5000	5000
55	螺旋霉素	Spiramycin	800	800
56	链霉素	Streptmnycin	1000	1000
57	磺胺类药	Sulfa Drugs		100
58	四环素	Tetracycline	1200	1200
59	甲砜霉素	Thiamphenicol	50	50
60	替米考星	Tilmicosin	600	600
61	托曲珠利	Toltrazuril	400	400
62	甲氧苄啶	Trimethoprim	50	50
63	泰乐菌素	Tylosin	100	
64	维吉尼亚霉素	Virginiamycin	400	200 ●

1.4.2　中国与日本

中国与日本关于鸡肾兽药残留限量标准比对情况见表 1－4－2。该表显示，中国与日本关于鸡肾涉及的兽药残留限量指标共有 316 项。其中，中国对氨丙啉等 39 种兽药残留进行了限量规定，日本对阿维拉霉素等 316 种兽药残留进行了限量规定；有 22 项指标两国相同，氯羟吡啶（Clopidol）、卡那霉素（Kanamycin）等 5 项指标中国严于日本，氨丙啉（Amprolium）、金霉素（Chlortetracycline）等 12 项指标日本严于中国；有 277 项指标日本已制定而中国未制定。

表1-4-2　中国与日本鸡肾兽药残留限量标准比对　　单位：μg/kg

序号	药品中文名称	药品英文名称	中国限量	日本限量
1	2,4-二氯苯氧乙酸	2,4-D		700
2	2,4-二氯苯氧丁酸	2,4-DB		50
3	乙酰甲胺磷	Acephate		10
4	啶虫脒	Acetamiprid		50
5	S-甲基苯并[1,2,3]噻二唑-7-硫代羧酸酯	Acibenzolar-S-methyl		20
6	甲草胺	Alachlor		20
7	烯丙菊酯	Allethrin		40
8	唑嘧菌胺	Ametoctradin		30
9	阿莫西林	Amoxicyllin		50
10	氨苄西林	Ampicillin		20
11	氨丙啉	Amprolium	1000	30●
12	安普霉素	Apramycin		2000
13	阿特拉津	Atrazine		20
14	阿维拉霉素	Avilamycin	200	200
15	嘧菌酯	Azoxystrobin		10
16	杆菌肽	Bacitracin	500	500
17	苯霜灵	Benalaxyl		500
18	恶虫威	Bendiocarb		50
19	苯菌灵	Benomyl		90
20	苯达松	Bentazone		50
21	苯并烯氟菌唑	Benzovindiflupyr		10
22	青霉素	Benzylpencillin		50
23	二环霉素	Bicozamycin		50
24	生物苄呋菊酯	Bioresmethrin		500
25	联苯三唑醇	Bitertanol		10
26	联苯吡菌胺	Bixafen		50
27	啶酰菌胺	Boscalid		20
28	溴鼠灵	Brodifacoum		1
29	溴化物	Bromide		50000
30	溴螨酯	Bromopropylate		50
31	溴苯腈	Bromoxynil		100
32	氟丙嘧草酯	Butafenacil		20
33	叔丁基-4-羟基苯甲醚	Butylhydroxyanisol		20
34	斑蝥黄	Canthaxanthin		10000
35	甲萘威	Carbaryl		10

续表

序号	药品中文名称	药品英文名称	中国限量	日本限量
36	多菌灵	Carbendazim		90
37	三唑酮草酯	Carfentrazone - ethyl		50
38	氯虫苯甲酰胺	Chlorantraniliprole		70
39	氯丹	Chlordane		80
40	虫螨腈	Chlorfenapyr		10
41	氟啶脲	Chlorfluazuron		20
42	氯地孕酮	Chlormadinone		2
43	矮壮素	Chlormequat		100
44	百菌清	Chlorothalonil		10
45	毒死蜱	Chlorpyrifos		10
46	甲基毒死蜱	Chlorpyrifos - methyl		50
47	金霉素	Chlortetracycline	1200	1000 ●
48	氯酞酸二甲酯	Chlorthal - dimethyl		50
49	烯草酮	Clethodim		200
50	炔草酸	Clodinafop - propargyl		50
51	四螨嗪	Clofentezine		50
52	氯羟吡啶	Clopidol	15000 ▲	20000
53	二氯吡啶酸	Clopyralid		200
54	解毒喹	Cloquintocet - mexyl		100
55	氯司替勃	Clostebol		0.5
56	噻虫胺	Clothianidin		100
57	氯唑西林	Cloxacillin	300	300
58	黏菌素	Colistin	200	200
59	溴氰虫酰胺	Cyantraniliprole		200
60	氟氯氰菊酯	Cyfluthrin		100
61	三氟氯氰菊酯	Cyhalothrin		20
62	氯氰菊酯	Cypermethrin		50
63	环唑醇	Cyproconazole		10
64	嘧菌环胺	Cyprodinil		10
65	环丙氨嗪	Cyromazine		100
66	达氟沙星	Danofloxacin	400	400
67	滴滴涕	DDT		2000
68	癸氧喹酯	Decoquinate	2000	100 ●
69	溴氰菊酯	Deltamethrin	50	50
70	丁醚脲	Diafenthiuron		20

序号	药品中文名称	药品英文名称	中国限量	日本限量
71	敌菌净	Diaveridine		50
72	二嗪农	Diazinon		20
73	二丁基羟基甲苯	Dibutylhydroxytoluene		100
74	丁二酸二丁酯	Dibutylsuccinate		50
75	麦草畏	Dicamba		70
76	二氯异氰脲酸	Dichloroisocyanuric acid		800
77	敌敌畏	Dichlorvos		50
78	地克珠利	Diclazuril	2000	2000
79	禾草灵	Diclofop-methyl		50
80	双氯西林	Dicloxacillin		300
81	三氯杀螨醇	Dicofol		50
82	双十烷基二甲基氯化铵	Didecyldimethylammonium chloride		50
83	苯醚甲环唑	Difenoconazole		10
84	野燕枯	Difenzoquat		50
85	敌灭灵	Diflubenzuron		50
86	二甲吩草胺	Dimethenamid		10
87	落长灵	Dimethipin		10
88	乐果	Dimethoate		50
89	烯酰吗啉	Dimethomorph		10
90	二硝托胺	Dinitolmide	6000	6000
91	呋虫胺	Dinotefuran		20
92	二苯胺	Diphenylamine		10
93	驱蝇啶	Dipropyl isocinchomeronate		4
94	敌草快	Diquat		10
95	乙拌磷	Disulfoton		20
96	二噻农	Dithianon		10
97	二嗪农	Dithiocarbamates		100
98	多西环素	Doxycycline	600	50●
99	甲氨基阿维菌素苯甲酸盐	Emamectin benzoate		0.5
100	硫丹	Endosulfan		100
101	安特灵	Endrin		50
102	恩拉霉素	Enramaycin		30
103	恩诺沙星	Enrofloxacin	300	100●
104	氟环唑	Epoxiconazole		10
105	茵草敌	Eptc		50

序号	药品中文名称	药品英文名称	中国限量	日本限量
106	红霉素	Erythromycin	100	100
107	胺苯磺隆	Ethametsulfuron - methyl		20
108	乙烯利	Ethephon		200
109	乙氧酰胺苯甲酯	Ethopabate	1500	40●
110	乙氧基喹啉	Ethoxyquin		7000
111	1,2 - 二氯乙烷	Ethylene dichloride		100
112	醚菊酯	Etofenprox		70
113	乙螨唑	Etoxazole		10
114	氯唑灵	Etridiazole		100
115	恶唑菌酮	Famoxadone		10
116	非班太尔	Febantel		10
117	苯线磷	Fenamiphos		10
118	氯苯嘧啶醇	Fenarimol		20
119	芬苯达唑	Fenbendazole	50	10●
120	腈苯唑	Fenbuconazole		10
121	苯丁锡	Fenbutatin oxide		50
122	仲丁威	Fenobucarb		10
123	噁唑禾草灵	Fenoxaprop - ethyl		100
124	甲氰菊酯	Fenpropathrin		10
125	丁苯吗啉	Fenpropimorph		10
126	羟基三苯基锡	Fentin		50
127	氰戊菊酯	Fenvalerate		10
128	杀螟松	Fenitrothion		50
129	氟虫腈	Fipronil		20
130	黄霉素	Flavophospholipol		50
131	氟啶虫酰胺	Flonicamid		100
132	氟苯尼考	Florfenicol		1000
133	吡氟禾草隆	Fluazifop - butyl		100
134	氟苯达唑	Flubendazole		400
135	氟苯虫酰胺	Flubendiamide		20
136	氟氰菊酯	Flucythrinate		50
137	咯菌腈	Fludioxonil		50
138	氟砜灵	Fluensulfone		10
139	氟甲喹	Flumequine	3000	3000
140	氟氯苯菊酯	Flumethrin		10

序号	药品中文名称	药品英文名称	中国限量	日本限量
141	氟烯草酸	Flumiclorac – pentyl		10
142	氟吡菌胺	Fluopicolide		10
143	氟吡菌酰胺	Fluopyram		2000
144	氟嘧啶	Flupyrimin		100
145	氟喹唑	Fluquinconazole		20
146	氟雷拉纳	Fluralaner		400
147	氟草定	Fluroxypyr		50
148	氟硅唑	Flusilazole		200
149	氟酰胺	Flutolanil		50
150	粉唑醇	Flutriafol		50
151	氟唑菌酰胺	Fluxapyroxad		20
152	草胺膦	Glufosinate		500
153	4,5 – 二甲酰胺咪唑	Glycalpyramide		100
154	草甘膦	Glyphosate		500
155	常山酮	Halofuginone		1000
156	吡氟氯禾灵	Haloxyfop		50
157	六氯苯	Hexachlorobenzene		600
158	噻螨酮	Hexythiazox		50
159	磷化氢	Hydrogen phosphide		10
160	抑霉唑	Imazalil		20
161	铵基咪草啶酸	Imazamox – ammonium		10
162	灭草烟	Imazapyr		10
163	咪草烟铵盐	Imazethapyr ammonium		100
164	吡虫啉	Imidacloprid		50
165	茚虫威	Indoxacarb		10
166	碘甲磺隆	Iodosulfuron – methyl		10
167	2 – [(7,8 – 二氟 – 2 – 甲基 – 3 – 喹啉基)氧基] – 6 – 氟 – A,A – 二甲基苯甲醇	Ipflufenoquin		10
168	异菌脲	Iprodione		500
169	异丙噻菌胺	Isofetamid		10
170	吡唑萘菌胺	Isopyrazam		10
171	异噁唑草酮	Isoxaflutole		200
172	卡那霉素	Kanamycin	2500 ▲	25000
173	拉沙洛西	Lasalocid		400
174	左旋咪唑	Levamisole	10	10

续表

序号	药品中文名称	药品英文名称	中国限量	日本限量
175	林可霉素	Lincomycin	500	500
176	林丹	Lindane		10
177	利谷隆	Linuron		50
178	虱螨脲	Lufenuron		20
179	马度米星	Maduramicin		1000
180	2－甲基－4－氯苯氧基乙酸	Mcpa		50
181	2－甲基－4－氯戊氧基丙酸	Mecoprop		50
182	精甲霜灵	Mefenoxam		100
183	氯氟醚菌唑	Mefentrifluconazole		10
184	缩节胺	Mepiquat－chloride		50
185	甲磺胺磺隆	Mesosulfuron－methyl		10
186	氰氟虫腙	Metaflumizone		80
187	甲霜灵	Metalaxyl		100
188	甲胺磷	Methamidophos		10
189	杀扑磷	Methidathion		20
190	灭多威	Methomyl（Thiodicarb）		20
191	烯虫酯	Methoprene		100
192	甲氧滴滴涕	Methoxychlor		10
193	甲氧虫酰肼	Methoxyfenozide		10
194	苯菌酮	Metrafenone		10
195	嗪草酮	Metribuzin		400
196	米罗沙霉素	Mirosamycin		40
197	莫能菌素	Monensin	10	10
198	腈菌唑	Myclobutanil		10
199	萘夫西林	Nafcillin		5
200	二溴磷	Naled		50
201	甲基盐霉素	Narasin	15 ▲	20
202	新霉素	Neomycin	9000 ▲	10000
203	尼卡巴嗪	Nicarbazin	200	200
204	硝碘酚腈	Nitroxynil		1000
205	诺氟沙星	Norfloxacin		20
206	诺孕美特	Norgestomet		0.1
207	诺西肽	Nosiheptide		30
208	氟酰脲	Novaluron		100
209	氧氟沙星	Ofloxacin		50

序号	药品中文名称	药品英文名称	中国限量	日本限量
210	氧乐果	Omethoate		50
211	奥美普林	Ormetoprim		100
212	杀线威	Oxamyl		20
213	氟噻唑吡乙酮	Oxathiapiprolin		10
214	2－［3－（乙基磺酰基）－2－吡啶基］－5－［（三氟甲基）磺酰基］苯并［d］恶唑	Oxazosulfyl		50
215	奥芬达唑	Oxfendazole		10
216	噁喹酸	Oxolinic acid	150	40●
217	土霉素	Oxytetracycline	1200	1000●
218	砜吸磷	Oxydemeton－methyl		20
219	乙氧氟草醚	Oxyfluorfen		10
220	百草枯	Paraquat		50
221	对硫磷	Parathion		50
222	戊菌唑	Penconazole		50
223	吡噻菌胺	Penthiopyrad		30
224	氯菊酯	Permethrin		100
225	甲拌磷	Phorate		50
226	毒莠定	Picloram		100
227	啶氧菌酯	Picoxystrobin		10
228	杀鼠酮	Pindone		1
229	唑啉草酯	Pinoxaden		60
230	哌嗪	Piperazine		600
231	增效醚	Piperonyl butoxide		10000
232	抗蚜威	Pirimicarb		100
233	甲基嘧啶磷	Pirimiphos－methyl		10
234	咪鲜胺	Prochloraz		200
235	丙溴磷	Profenofos		50
236	霜霉威	Propamocarb		10
237	敌稗	Propanil		10
238	克螨特	Propargite		100
239	丙环唑	Propiconazole		40
240	残杀威	Propoxur		50
241	氟磺隆	Prosulfuron		50
242	丙硫菌唑	Prothioconazol		100
243	吡唑醚菌酯	Pyraclostrobin		50

续表

序号	药品中文名称	药品英文名称	中国限量	日本限量
244	磺酰草吡唑	Pyrasulfotole		20
245	除虫菊酯	Pyrethrins		200
246	哒草特	Pyridate		200
247	乙胺嘧啶	Pyrimethamine		50
248	二氯喹啉酸	Quinclorac		50
249	喹氧灵	Quinoxyfen		10
250	五氯硝基苯	Quintozene		100
251	喹禾灵	Quizalofop – ethyl		50
252	糖草酯	Quizalofop – P – tefuryl		50
253	苄蚨菊酯	Resmethrin		100
254	氯苯胍	Robenidine	100	100
255	洛克沙砷	Roxarsone		2000
256	盐霉素	Salinomycin		40
257	沙拉沙星	Sarafloxacin	80	80
258	氟唑环菌胺	Sedaxane		10
259	赛杜霉素	Semduramicin		200
260	烯禾啶	Sethoxydim		200
261	氟硅菊酯	Silafluofen		100
262	西玛津	Simazine		20
263	大观霉素	Spectinomycin	5000	5000
264	乙基多杀菌素	Spinetoram		10
265	多杀菌素	Spinosad		700
266	螺旋霉素	Spiramycin	800	800
267	链霉素和双氢链霉素	Streptmnycin and dihydrostreptmiycin	1000	1000
268	磺胺嘧啶	Sulfadiazine		100
269	磺胺二甲氧嗪	Sulfadimethoxine		50
270	磺胺二甲嘧啶	Sulfamethazine		100
271	磺胺甲噁唑	Sulfamethoxazole		20
272	磺胺间甲氧嘧啶	Sulfamonomethoxine		100
273	磺胺喹噁啉	Sulfaquinoxaline		50
274	磺胺噻唑	Sulfathiazole		100
275	磺酰磺隆	Sulfosulfuron		5
276	氟啶虫胺腈	Sulfoxaflor		300
277	戊唑醇	Tebuconazole		50
278	四氯硝基苯	Tecnazene		50

序号	药品中文名称	药品英文名称	中国限量	日本限量
279	氟苯脲	Teflubenzuron		10
280	七氟菊酯	Tefluthrin		1
281	得杀草	Tepraloxydim		300
282	特丁磷	Terbufos		50
283	氟醚唑	Tetraconazole		20
284	四环素	Tetracycline	1200	1000●
285	噻菌灵	Thiabendazole		100
286	噻虫啉	Thiacloprid		20
287	噻虫嗪	Thiamethoxam		10
288	甲砜霉素	Thiamphenicol	50	50
289	噻呋酰胺	Thifluzamide		30
290	禾草丹	Thiobencarb		30
291	硫菌灵	Thiophanate		90
292	甲基硫菌灵	Thiophanate－methyl		90
293	噻酰菌胺	Tiadinil		10
294	泰妙菌素	Tiamulin		100
295	替米考星	Tilmicosin	600	250●
296	3－苯基－5－（噻吩－2－基）－[1,2,4]噁二唑	Tioxazafen		20
297	托曲珠利	Toltrazuril	400▲	4000
298	四溴菊酯	Tralomethrin		50
299	三唑酮	Triadimefon		60
300	三唑醇	Triadimenol		60
301	野麦畏	Triallate		200
302	敌百虫	Trichlorfon		10
303	三氯吡氧乙酸	Triclopyr		80
304	十三吗啉	Tridemorph		50
305	肟菌酯	Trifloxystrobin		40
306	氟菌唑	Triflumizole		50
307	杀铃脲	Triflumuron		10
308	甲氧苄啶	Trimethoprim	50	50
309	三甲胺盐酸盐	Trimethylamine hydrochloride		1000
310	灭菌唑	Triticonazole		50
311	泰乐菌素	Tylosin	100	100
312	泰万菌素	Tylvalosin		40
313	乙烯菌核利	Vinclozolin		50

续表

序号	药品中文名称	药品英文名称	中国限量	日本限量
314	维吉尼亚霉素	Virginiamycin	400	200●
315	华法林	Warfarin		1
316	玉米赤霉醇	Zeranol		2

1.4.3　中国与欧盟

中国与欧盟关于鸡肾兽药残留限量标准比对情况见表 1 - 4 - 3。该表显示，中国与欧盟关于鸡肾涉及的兽药残留限量指标共有 47 项。其中，中国对氨丙啉等 37 种兽药残留进行了限量规定，欧盟对阿维拉霉素等 35 种兽药残留进行了限量规定；有 17 项指标中国与欧盟相同，红霉素（Erythromycin）、林可霉素（Lincomycin）2 项指标中国严于欧盟，金霉素（Chlortetracycline）、氟甲喹（Flumequine）等 6 项指标欧盟严于中国；有 12 项指标中国已制定而欧盟未制定，10 项指标欧盟已制定而中国未制定。

表 1 - 4 - 3　中国与欧盟鸡肾兽药残留限量标准比对　　　　单位：μg/kg

序号	药品中文名称	药品英文名称	中国限量	欧盟限量
1	阿莫西林	Amoxicillin	50	50
2	氨苄西林	Ampicillin		50
3	氨丙啉	Amprolium	1000	
4	阿维拉霉素	Avilamycin	200	200
5	青霉素	Benzylpenicillin		50
6	金霉素	Chlortetracycline	1200	600●
7	氯羟吡啶	Clopidol	15000	
8	氯唑西林	Cloxacillin	300	300
9	黏菌素	Colistin	200	200
10	达氟沙星	Danofloxacin	400	400
11	溴氰菊酯	Deltamethrin	50	
12	双氯西林	Dicloxacillin		300
13	二氟沙星	Difloxacin	600	600
14	双氢链霉素	Dihydrostreptmiycin	1000	
15	二硝托胺	Dinitolmide	6000	
16	多西环素	Doxycycline	600	600
17	恩诺沙星	Enrofloxacin	300	300
18	红霉素	Erythromycin	100▲	200
19	乙氧酰胺苯甲酯	Ethopabate	1500	
20	氟苯尼考	Florfenicol		750
21	氟苯达唑	Flubendazole		300

序号	药品中文名称	药品英文名称	中国限量	欧盟限量
22	氟甲喹	Flumequine	3000	1000●
23	卡那霉素	Kanamycin	2500	2500
24	拉沙洛西	Lasalocid		50
25	左旋咪唑	Levamisole	10	10
26	林可霉素	Lincomycin	500▲	1500
27	莫能菌素	Monensin	10	
28	甲基盐霉素	Narasin	15	
29	新霉素	Neomycin	9000	5000●
30	尼卡巴嗪	Nicarbazin	200	
31	苯唑西林	Oxacillin	300	300
32	噁喹酸	Oxolinic acid	150	150
33	土霉素	Oxytetracycline	1200	600●
34	巴龙霉素	Paromomycin		1500
35	苯氧甲基青霉素	Phenoxymethylpenicillin		25
36	辛硫磷	Phoxim		30
37	沙拉沙星	Sarafloxacin	80	
38	大观霉素	Spectinomycin	5000	5000
39	螺旋霉素	Spiramycin	800	
40	链霉素	Streptmnycin	1000	
41	磺胺类	Sulfonamides		100
42	四环素	Tetracycline	1200	600●
43	甲砜霉素	Thiamphenicol	50	50
44	替米考星	Tilmicosin	600	250●
45	托曲珠利	Toltrazuril	400	400
46	甲氧苄啶	Trimethoprim	50	50
47	泰乐菌素	Tylosin	100	100

1.4.4 中国与CAC

中国与CAC关于鸡肾兽药残留限量标准比对情况见表1-4-4。该表显示，中国与CAC关于鸡肾涉及的兽药残留限量指标共有32项。其中，中国对氨丙啉等29种兽药残留进行了限量规定，CAC对黏菌素等25种兽药残留进行了限量规定；有21项指标中国与CAC相同，新霉素（Neomycin）的指标中国严于CAC；有7项指标中国已制定而CAC未制定，3项指标CAC已制定而中国未制定。

表 1-4-4　中国与 CAC 鸡肾兽药残留限量标准比对　　　单位：μg/kg

序号	药品中文名称	药品英文名称	中国限量	CAC 限量
1	氨丙啉	Amprolium	1000	
2	阿维拉霉素	Avilamycin	200	
3	阿维拉霉素（抗菌剂）	Avilamycin（Antimicrobial agent）	200	200
4	青霉素	Benzylpenicillin		50
5	金霉素	Chlortetracycline	1200	1200
6	氯羟吡啶	Clopidol	15000	
7	黏菌素	Colistin	200	200
8	达氟沙星	Danofloxacin	400	400
9	溴氰菊酯	Deltamethrin	50	50
10	地克珠利	Diclazuril	2000	2000
11	双氢链霉素	Dihydrostreptmiycin	1000	1000
12	二硝托胺	Dinitolmide	6000	
13	红霉素	Erythromycin	100	100
14	乙氧酰胺苯甲酯	Ethopabate	1500	
15	氟甲喹	Flumequine	3000	3000
16	左旋咪唑	Levamisole	10	10
17	林可霉素	Lincomycin	500	500
18	莫能菌素	Monensin	10	10
19	甲基盐霉素	Narasin	15	15
20	新霉素	Neomycin	9000▲	10000
21	尼卡巴嗪	Nicarbazin	200	200
22	噁喹酸	Oxolinic acid	150	
23	土霉素	Oxytetracycline	1200	1200
24	普鲁卡因青霉素	Procaine benzylpenicillin		50
25	沙拉沙星	Sarafloxacin	80	80
26	大观霉素	Spectinomycin	5000	5000
27	螺旋霉素	Spiramycin	800	
28	链霉素	Streptmnycin	1000	1000
29	四环素	Tetracycline	1200	1200
30	替米考星	Tilmicosin	600	600
31	四溴菊酯	Tralomethrin		50
32	泰乐菌素	Tylosin	100	100

1.4.5 中国与美国

中国与美国关于鸡肾兽药残留限量标准比对情况见表1-4-5。该表显示，中国与美国关于鸡肾涉及的兽药残留限量指标共有32项。其中，中国对氨丙啉等23种兽药残留进行了限量规定，美国对乙氧酰胺苯甲酯等19种兽药残留进行了限量规定；有8项指标两国相同，尼卡巴嗪（Nicarbazin）、泰乐菌素（Tylosin）2项指标中国严于美国；有13项指标中国已制定而美国未制定，9项指标美国已制定而中国未制定。

表1-4-5 中国与美国鸡肾兽药残留限量标准比对 单位：μg/kg

序号	药品中文名称	药品英文名称	中国限量	美国限量
1	氨丙啉	Amprolium	1000	1000
2	安普霉素	Apramycin		100
3	阿维拉霉素	Avilamycin	200	
4	丁喹酯	Buquinolate		400
5	头孢噻呋	Ceftiofur		8000
6	金霉素	Chlortetracycline	1200	1200
7	氯羟吡啶	Clopidol	15000	15000
8	氯舒隆	Clorsulon		1000
9	黏菌素	Colistin	200	
10	溴氰菊酯	Deltamethrin	50	
11	双氢链霉素	Dihydrostreptmiycin	1000	1000
12	二硝托胺	Dinitolmide	6000	
13	红霉素	Erythromycin	100	
14	乙氧酰胺苯甲酯	Ethopabate	1500	1500
15	芬前列林	Fenprostalene		30
16	氟甲喹	Flumequine	3000	
17	莫能菌素	Monensin	10	
18	甲基盐霉素	Narasin	15	
19	尼卡巴嗪	Nicarbazin	200▲	4000
20	噁喹酸	Oxolinic acid	150	
21	土霉素	Oxytetracycline	1200	1200
22	黄体酮	Progesterone		9
23	酒石酸噻吩嘧啶	Pyrantel tartrate		10000
24	沙拉沙星	Sarafloxacin	80	
25	大观霉素	Spectinomycin	5000	
26	螺旋霉素	Spiramycin	800	
27	链霉素	Streptmnycin	1000	1000
28	丙酸睾酮	Testosterone propionate		1.9

续表

序号	药品中文名称	药品英文名称	中国限量	美国限量
29	四环素	Tetracycline	1200	1200
30	替米考星	Tilmicosin	600	
31	泰乐菌素	Tylosin	100 ▲	200
32	维吉尼亚霉素	Virginiamycin		400

1.5　鸡蛋的兽药残留限量

1.5.1　中国与韩国

中国与韩国关于鸡蛋兽药残留限量标准比对情况见表 1 – 5 – 1。该表显示，中国与韩国关于鸡蛋涉及的兽药残留限量指标共有 33 项。其中，中国对氨丙啉等 13 种兽药残留进行了限量规定，韩国对氯氰菊酯等 28 种兽药残留进行了限量规定；有 8 项指标两国相同；有 5 项指标中国已制定而韩国未制定，20 项指标韩国已制定而中国未制定。

表 1 – 5 – 1　中国与韩国鸡蛋兽药残留限量标准比对　　　　单位：μg/kg

序号	药品中文名称	药品英文名称	中国限量	韩国限量
1	氨丙啉	Amprolium	4000	4000
2	氨苯胂酸	Arsanilic acid	500	
3	黄霉素	Bambermycin		20
4	毒死蜱	Chlorpyrifos		10
5	金霉素	Chlortetracycline	400	400
6	黏菌素	Colistin	300	300
7	氯氰菊酯	Cypermethrin		50
8	环丙氨嗪	Cyromazine		200
9	溴氰菊酯	Deltamethrin	30	
10	地塞米松	Dexamethasone		0.1
11	敌敌畏	Dichlorvos		10
12	仲丁威	Fenobucarb		10
13	氟苯达唑	Flubendazole		400
14	氟雷拉纳	Fluralaner		1300
15	匀霉素	Hygromycin		50
16	卡那霉素	Kanamycin		500
17	吉他霉素	Kitasamycin		200
18	拉沙洛西	Lasalocid		50
19	林可霉素	Lincomycin	50	50
20	土霉素	Oxytetracycline	400	400

序号	药品中文名称	药品英文名称	中国限量	韩国限量
21	奥苯达唑	Oxybendazole		30
22	氯菊酯	Permethrin		100
23	非那西丁	Phenacetin		10
24	哌嗪	Piperazine	2000	2000
25	残杀威	Propoxur		10
26	洛克沙肿	Roxarsone	500	
27	沙拉沙星	Sarafloxacin		30
28	大观霉素	Spectinomycin	2000	
29	四环素	Tetracycline	400	400
30	泰妙菌素	Tiamulin	1000	
31	敌百虫	Trichlorfone		10
32	甲氧苄啶	Trimethoprim		20
33	泰乐菌素	Tylosin	300	200

1.5.2 中国与日本

中国与日本关于鸡蛋兽药残留限量标准比对情况见表 1 – 5 – 2。该表显示，中国与日本关于鸡蛋涉及的兽药残留限量指标共有 277 项。其中，中国对啶虫脒等 16 种兽药残留进行了限量规定，日本对氨丙啉等 275 种兽药残留进行了限量规定；有 12 项指标两国相同，氨丙啉（Amprolium）的指标中国严于日本，泰妙菌素（Tiamulin）的指标日本严于中国；有 2 项指标中国已制定而日本未制定，261 项指标日本已制定而中国未制定。

表 1 – 5 – 2　中国与日本鸡蛋兽药残留限量标准比对　　　　单位：μg/kg

序号	药品中文名称	药品英文名称	中国限量	日本限量
1	2,4 – 二氯苯氧乙酸	2,4 – D		10
2	2,4 – 二氯苯氧丁酸	2,4 – DB		50
3	乙酰甲胺磷	Acephate		10
4	啶虫脒	Acetamiprid		10
5	S – 甲基苯并[1,2,3]噻二唑 – 7 – 硫代羧酸酯	Acibenzolar – S – methyl		20
6	甲草胺	Alachlor		20
7	艾氏剂和狄氏剂	Aldrin and dieldrin		100
8	烯丙菊酯	Allethrin		50
9	唑嘧菌胺	Ametoctradin		30
10	氨苄西林	Ampicillin		10
11	氨丙啉	Amprolium	4000 ▲	5000

续表

序号	药品中文名称	药品英文名称	中国限量	日本限量
12	氨苯胂酸	Arsanilic acid	500	500
13	阿特拉津	Atrazine		20
14	嘧菌酯	Azoxystrobin		10
15	杆菌肽	Bacitracin	500	500
16	苯霜灵	Benalaxyl		50
17	恶虫威	Bendiocarb		50
18	苯菌灵	Benomyl		90
19	苯达松	Bentazone		50
20	苯并烯氟菌唑	Benzovindiflupyr		10
21	联苯肼酯	Bifenazate		10
22	联苯菊酯	Bifenthrin		10
23	生物苄呋菊酯	Bioresmethrin		50
24	联苯三唑醇	Bitertanol		10
25	联苯吡菌胺	Bixafen		50
26	啶酰菌胺	Boscalid		20
27	溴鼠灵	Brodifacoum		1
28	溴化物	Bromide		50000
29	溴螨酯	Bromopropylate		80
30	溴苯腈	Bromoxynil		40
31	氟丙嘧草酯	Butafenacil		10
32	叔丁基-4-羟基苯甲醚	Butylhydroxyanisol		60
33	斑蝥黄	Canthaxanthin		25000
34	甲萘威	Carbaryl		50
35	多菌灵	Carbendazim		90
36	三唑酮草酯	Carfentrazone-ethyl		50
37	氯虫苯甲酰胺	Chlorantraniliprole		200
38	氯丹	Chlordane		20
39	虫螨腈	Chlorfenapyr		10
40	氟啶脲	Chlorfluazuron		20
41	氯地孕酮	Chlormadinone		2
42	矮壮素	Chlormequat		100
43	百菌清	Chlorothalonil		10
44	毒死蜱	Chlorpyrifos		10
45	甲基毒死蜱	Chlorpyrifos-methyl		50
46	金霉素	Chlortetracycline	400	400

序号	药品中文名称	药品英文名称	中国限量	日本限量
47	氯酞酸二甲酯	Chlorthal – dimethyl		50
48	烯草酮	Clethodim		50
49	炔草酸	Clodinafop – propargyl		50
50	四螨嗪	Clofentezine		50
51	二氯吡啶酸	Clopyralid		80
52	解草酯	Cloquintocet – mexyl		100
53	氯司替勃	Clostebol		0.5
54	噻虫胺	Clothianidin		20
55	黏菌素	Colistin	300	300
56	溴氰虫酰胺	Cyantraniliprole		200
57	氟氯氰菊酯	Cyfluthrin		50
58	三氟氯氰菊酯	Cyhalothrin		20
59	氯氰菊酯	Cypermethrin		50
60	环唑醇	Cyproconazole		10
61	嘧菌环胺	Cyprodinil		10
62	环丙氨嗪	Cyromazine		300
63	滴滴涕	DDT		100
64	溴氰菊酯	Deltamethrin	30	30
65	丁醚脲	Diafenthiuron		20
66	二嗪农	Diazinon		20
67	二丁基羟基甲苯	Dibutylhydroxytoluene		600
68	丁二酸二丁酯	Dibutylsuccinate		100
69	麦草畏	Dicamba		10
70	二氯异氰脲酸	Dichloroisocyanuric acid		800
71	敌敌畏	Dichlorvos		50
72	禾草灵	Diclofop – methyl		50
73	三氯杀螨醇	Dicofol		50
74	双十烷基二甲基氯化铵	Didecyldimethylammonium chloride		50
75	狄氏剂	Dieldrin		100
76	苯醚甲环唑	Difenoconazole		30
77	敌灭灵	Diflubenzuron		50
78	二甲吩草胺	Dimethenamid		10
79	落长灵	Dimethipin		10
80	乐果	Dimethoate		50
81	烯酰吗啉	Dimethomorph		10

序号	药品中文名称	药品英文名称	中国限量	日本限量
82	呋虫胺	Dinotefuran		20
83	二苯胺	Diphenylamine		50
84	驱蝇啶	Dipropyl isocinchomeronate		4
85	敌草快	Diquat		10
86	乙拌磷	Disulfoton		20
87	二噻农	Dithianon		10
88	二嗪农	Dithiocarbamates		50
89	甲氨基阿维菌素苯甲酸盐	Emamectin benzoate		0.5
90	硫丹	Endosulfan		80
91	安特灵	Endrin		5
92	氟环唑	Epoxiconazole		10
93	茵草敌	Eptc		10
94	红霉素	Erythromycin	50	50
95	乙胺嘧磺隆 - 甲基	Ethametsulfuron - methyl		20
96	乙烯利	Ethephon		200
97	乙氧基喹啉	Ethoxyquin		1000
98	1,2 - 二氯乙烷	Ethylene dichloride		100
99	醚菊酯	Etofenprox		400
100	乙螨唑	Etoxazole		200
101	氯唑灵	Etridiazole		50
102	恶唑菌酮	Famoxadone		10
103	苯线磷	Fenamiphos		10
104	氯苯嘧啶醇	Fenarimol		20
105	腈苯唑	Fenbuconazole		10
106	苯丁锡	Fenbutatin oxide		50
107	杀螟松	Fenitrothion		50
108	仲丁威	Fenobucarb		20
109	噁唑禾草灵	Fenoxaprop - ethyl		20
110	甲氰菊酯	Fenpropathrin		10
111	丁苯吗啉	Fenpropimorph		10
112	羟基三苯基锡	Fentin		50
113	氰戊菊酯	Fenvalerate		10
114	氟虫腈	Fipronil		20
115	黄霉素	Flavophospholipol		50
116	氟啶虫酰胺	Flonicamid		200

序号	药品中文名称	药品英文名称	中国限量	日本限量
117	吡氟禾草隆	Fluazifop - butyl		40
118	氟苯达唑	Flubendazole		400
119	氟苯虫酰胺	Flubendiamide		10
120	氟氰菊酯	Flucythrinate		50
121	咯菌腈	Fludioxonil		10
122	氟砜灵	Fluensulfone		10
123	氟氯苯菊酯	Flumethrin		30
124	氟烯草酸	Flumiclorac - pentyl		10
125	氟吡菌胺	Fluopicolide		10
126	氟吡菌酰胺	Fluopyram		1000
127	氟吡呋喃酮	Flupyradifurone		10
128	氟嘧啶	Flupyrimin		40
129	氟喹唑	Fluquinconazole		20
130	氟雷拉纳	Fluralaner		1000
131	氟草定	Fluroxypyr		30
132	氟硅唑	Flusilazole		100
133	氟酰胺	Flutolanil		50
134	粉唑醇	Flutriafol		50
135	氟唑菌酰胺	Fluxapyroxad		20
136	草胺膦	Glufosinate		50
137	4,5 - 二甲酰胺咪唑	Glycalpyramide		30
138	草甘膦	Glyphosate		50
139	吡氟氯禾灵	Haloxyfop		10
140	七氯	Heptachlor		50
141	六氯苯	Hexachlorobenzene		500
142	噻螨酮	Hexythiazox		50
143	磷化氢	Hydrogen phosphide		10
144	抑霉唑	Imazalil		20
145	铵基咪草啶酸	Imazamox - ammonium		10
146	甲咪唑烟酸	Imazapic		10
147	灭草烟	Imazapyr		10
148	咪草烟铵盐	Imazethapyr ammonium		100
149	吡虫啉	Imidacloprid		20
150	茚虫威	Indoxacarb		10
151	碘甲磺隆	Iodosulfuron - methyl		10

续表

序号	药品中文名称	药品英文名称	中国限量	日本限量
152	2-[(7,8-二氟-2-甲基-3-喹啉基)氧基]-6-氟-A,A-二甲基苯甲醇	Ipflufenoquin		10
153	异菌脲	Iprodione		800
154	丙胺磷	Isofenphos		20
155	异丙噻菌胺	Isofetamid		10
156	吡唑萘菌胺	Isopyrazam		10
157	异噁唑草酮	Isoxaflutole		10
158	卡那霉素	Kanamycin		200
159	拉沙洛西	Lasalocid		200
160	林可霉素	Lincomycin	50	
161	林丹	Lindane		10
162	利谷隆	Linuron		50
163	虱螨脲	Lufenuron		300
164	2-甲基-4-氯苯氧基乙酸	Mcpa		50
165	2-甲基-4-氯戊氧基丙酸	Mecoprop		50
166	精甲霜灵	Mefenoxam		50
167	氯氟醚菌唑	Mefentrifluconazole		10
168	缩节胺	Mepiquat-chloride		50
169	甲磺胺磺隆	Mesosulfuron-methyl		10
170	氰氟虫腙	Metaflumizone		200
171	甲霜灵	Metalaxyl		50
172	甲胺磷	Methamidophos		10
173	杀扑磷杀扑磷	Methidathion		20
174	灭多威	Methomyl (Thiodicarb)		20
175	烯虫酯	Methoprene		50
176	甲氧滴滴涕	Methoxychlor		10
177	甲氧虫酰肼	Methoxyfenozide		10
178	苯菌酮	Metrafenone		10
179	嗪草酮	Metribuzin		30
180	腈菌唑	Myclobutanil		10
181	萘夫西林	Nafcillin		5
182	二溴磷	Naled		50
183	新霉素	Neomycin	500	500
184	诺孕美特	Norgestomet		0.1
185	氟酰脲	Novaluron		100

序号	药品中文名称	药品英文名称	中国限量	日本限量
186	氧乐果	Omethoate		50
187	杀线威	Oxamyl		20
188	氟噻唑吡乙酮	Oxathiapiprolin		10
189	2－[3－(乙基磺酰基)－2－吡啶基]－5－[(三氟甲基)磺酰基]苯并[d]恶唑	Oxazosulfyl		10
190	土霉素	Oxytetracycline	400	400
191	砜吸磷	Oxydemeton－methyl		20
192	乙氧氟草醚	Oxyfluorfen		30
193	百草枯	Paraquat		10
194	对硫磷	Parathion		50
195	甲基对硫磷	Parathion－methyl		50
196	戊菌唑	Penconazole		50
197	吡噻菌胺	Penthiopyrad		30
198	氯菊酯	Permethrin		100
199	甲拌磷	Phorate		50
200	毒莠定	Picloram		50
201	啶氧菌酯	Picoxystrobin		10
202	杀鼠酮	Pindone		1
203	唑啉草酯	Pinoxaden		60
204	哌嗪	Piperazine	2000	
205	增效醚	Piperonyl butoxide		1000
206	抗蚜威	Pirimicarb		50
207	甲基嘧啶磷	Pirimiphos－methyl		10
208	咪鲜胺	Prochloraz		100
209	丙溴磷	Profenofos		20
210	霜霉威	Propamocarb		10
211	敌稗	Propanil		10
212	克螨特	Propargite		100
213	丙环唑	Propiconazole		40
214	残杀威	Propoxur		50
215	氟磺隆	Prosulfuron		50
216	丙硫菌唑	Prothioconazol		6
217	吡唑醚菌酯	Pyraclostrobin		50
218	磺酰草吡唑	Pyrasulfotole		20
219	除虫菊酯	Pyrethrins		100

序号	药品中文名称	药品英文名称	中国限量	日本限量
220	哒草特	Pyridate		200
221	二氯喹啉酸	Quinclorac		50
222	喹氧灵	Quinoxyfen		10
223	五氯硝基苯	Quintozene		30
224	喹禾灵	Quizalofop – ethyl		20
225	糖草酯	Quizalofop – P – tefuryl		20
226	苄蚨菊酯	Resmethrin		100
227	洛克沙肿	Roxarsone	500	500
228	氟唑环菌胺	Sedaxane		10
229	烯禾啶	Sethoxydim		300
230	氟硅菊酯	Silafluofen		1000
231	西玛津	Simazine		20
232	大观霉素	Spectinomycin	2000	2000
233	乙基多杀菌素	Spinetoram		10
234	多杀菌素	Spinosad		500
235	磺胺嘧啶	Sulfadiazine		20
236	磺胺二甲氧嗪	Sulfadimethoxine		1000
237	磺胺二甲嘧啶	Sulfamethazine		10
238	磺胺喹恶啉	Sulfaquinoxaline		10
239	磺酰磺隆	Sulfosulfuron		5
240	氟啶虫胺腈	Sulfoxaflor		100
241	戊唑醇	Tebuconazole		50
242	虫酰肼	Tebufenozide		20
243	四氯硝基苯	Tecnazene		50
244	氟苯脲	Teflubenzuron		10
245	七氟菊酯	Tefluthrin		1
246	得杀草	Tepraloxydim		100
247	特丁磷	Terbufos		10
248	氟醚唑	Tetraconazole		20
249	四环素	Tetracycline	400	400
250	噻菌灵	Thiabendazole		100
251	噻虫啉	Thiacloprid		20
252	噻虫嗪	Thiamethoxam		10

序号	药品中文名称	药品英文名称	中国限量	日本限量
253	噻呋酰胺	Thifluzamide		40
254	禾草丹	Thiobencarb		30
255	硫菌灵	Thiophanate		90
256	甲基硫菌灵	Thiophanate – methyl		90
257	噻酰菌胺	Tiadinil		10
258	泰妙菌素	Tiamulin	1000	200 ●
259	3－苯基－5－(噻吩－2－基)－[1,2,4]噁二唑	Tioxazafen		20
260	四溴菊酯	Tralomethrin		30
261	三唑酮	Triadimefon		50
262	三唑醇	Triadimenol		50
263	杀铃脲	Triasulfuron		50
264	敌百虫	Trichlorfon		4
265	三氯吡氧乙酸	Triclopyr		50
266	十三吗啉	Tridemorph		50
267	肟菌酯	Trifloxystrobin		40
268	氟菌唑	Triflumizole		20
269	杀铃脲	Triflumuron		10
270	甲氧苄啶	Trimethoprim		20
271	三甲胺盐酸盐	Trimethylamine hydrochloride		1000
272	灭菌唑	Triticonazole		50
273	泰乐菌素	Tylosin	300	300
274	乙烯菌核利	Vinclozolin		50
275	维吉尼亚霉素	Virginiamycin		100
276	华法林	Warfarin		1
277	玉米赤霉醇	Zeranol		2

1.5.3　中国与欧盟

中国与欧盟关于鸡蛋兽药残留限量标准比对情况见表1－5－3。该表显示，中国与欧盟关于鸡蛋涉及的兽药残留限量指标共有18项。其中，中国对氨丙啉等15种兽药残留进行了限量规定，欧盟对红霉素等13种兽药残留进行了限量规定；有4项指标中国与欧盟相同，红霉素（Erythromycin）的指标中国严于欧盟，金霉素（Chlortetracycline）、土霉素（Oxytetracycline）、四环素（Tetracycline）、泰妙菌素（Tiamulin）、泰乐菌素（Tylosin）5项指标欧盟严于中国；有5项指标中国已制定而欧盟未制定，3项指标欧盟已制定而中国未制定。

表1-5-3　中国与欧盟鸡蛋兽药残留限量标准比对　　　　单位：μg/kg

序号	药品中文名称	药品英文名称	中国限量	欧盟限量
1	氨丙啉	Amprolium	4000	
2	氨苯胂酸	Arsanilic acid	500	
3	金霉素	Chlortetracycline	400	200●
4	黏菌素	Colistin	300	300
5	溴氰菊酯	Deltamethrin	30	
6	红霉素	Erythromycin	50▲	150
7	氟苯达唑	Flubendazole		400
8	拉沙洛西	Lasalocid		150
9	林可霉素	Lincomycin	50	50
10	新霉素	Neomycin	500	500
11	土霉素	Oxytetracycline	400	200●
12	辛硫磷	Phoxim		60
13	哌嗪	Piperazine	2000	2000
14	洛克沙胂	Roxarsone	500	
15	大观霉素	Spectinomycin	2000	
16	四环素	Tetracycline	400	200●
17	泰妙菌素	Tiamulin	1000	100●
18	泰乐菌素	Tylosin	300	200●

1.5.4　中国与CAC

中国与CAC关于鸡蛋兽药残留限量标准比对情况见表1-5-4。该表显示，中国与CAC关于鸡蛋涉及的兽药残留限量指标共有12项。其中，中国对氨丙啉等12种兽药残留进行了限量规定，CAC对黏菌素等5种兽药残留进行了限量规定；有7项指标中国已制定而CAC未制定。

表1-5-4　中国与CAC鸡蛋兽药残留限量标准比对　　　　单位：μg/kg

序号	药品中文名称	药品英文名称	中国限量	CAC限量
1	氨丙啉	Amprolium	4000	
2	氨苯胂酸	Arsanilic acid	500	
3	黏菌素	Colistin	300	300
4	溴氰菊酯	Deltamethrin	30	
5	红霉素	Erythromycin	50	50
6	林可霉素	Lincomycin	50	
7	新霉素	Neomycin	500	500

续表

序号	药品中文名称	药品英文名称	中国限量	CAC 限量
8	哌嗪	Piperazine	2000	
9	洛克沙肿	Roxarsone	500	
10	大观霉素	Spectinomycin	2000	2000
11	泰妙菌素	Tiamulin	1000	
12	泰乐菌素	Tylosin	300	300

1.5.5 中国与美国

中国与美国关于鸡蛋兽药残留限量标准比对情况见表 1－5－5。该表显示，中国与美国关于鸡蛋涉及的兽药残留限量指标共有 19 项。其中，中国对氨丙啉等 13 种兽药残留进行了限量规定，美国对新霉素等 8 种兽药残留进行了限量规定；新霉素（Neomycin）、盐酸氯苯胍（Robenidine hydrochloride）2 项指标中国严于美国；有 11 项指标中国已制定而美国未制定，6 项指标美国已制定而中国未制定。

表 1－5－5　中国与美国鸡蛋兽药残留限量标准比对　　　　单位：μg/kg

序号	药品中文名称	药品英文名称	中国限量	美国限量
1	阿克洛胺	Aklomide		3000
2	氨丙啉	Amprolium	4000	
3	氨苯肿酸	Arsanilic acid	500	
4	丁喹酯	Buquinolate		400
5	黏菌素	Colistin	300	
6	溴氰菊酯	Deltamethrin	30	
7	地克珠利	Diclazuril		1000
8	红霉素	Erythromycin	50	
9	拉沙洛西	Lasalocid		1200
10	林可霉素	Lincomycin	50	
11	新霉素	Neomycin	500 ▲	7200
12	尼卡巴嗪	Nicarbazin		4000
13	哌嗪	Piperazine	2000	
14	盐酸氯苯胍	Robenidine hydrochloride	100 ▲	200
15	洛克沙肿	Roxarsone	500	
16	大观霉素	Spectinomycin	2000	
17	泰妙菌素	Tiamulin	1000	
18	泰乐菌素	Tylosin	300	
19	维吉尼亚霉素	Virginiamycin		400

1.6　鸡皮的兽药残留限量

1.6.1　中国与欧盟

中国与欧盟关于鸡皮兽药残留限量标准比对情况见表 1-6-1。该表显示，中国与欧盟关于鸡皮涉及的兽药残留限量指标共有 30 项。其中，中国对多西环素等 25 种兽药残留进行了限量规定，欧盟对二氟沙星等 15 种兽药残留进行了限量规定；有 6 项指标中国与欧盟相同，泰万菌素（Tylvalosin）的指标中国严于欧盟，氟甲喹（Flumequine）、拉沙洛西（Lasalocid）、替米考星（Tilmicosin）3 项指标欧盟严于中国；有 15 项指标中国已制定而欧盟未制定，5 项指标欧盟已制定而中国未制定。

表 1-6-1　中国与欧盟鸡皮兽药残留限量标准比对　　　　单位：μg/kg

序号	药品中文名称	药品英文名称	中国限量	欧盟限量
1	阿维拉霉素	Avilamycin	200	
2	黏菌素	Colistin	150	
3	溴氰菊酯	Deltamethrin	500	
4	地克珠利	Diclazuril	1000	
5	二氟沙星	Difloxacin	400	400
6	多西环素	Doxycycline	300	300
7	恩诺沙星	Enrofloxacin	100	100
8	芬苯达唑	Fenbendazole	50	
9	氟苯尼考	Florfenicol	200	200
10	氟苯达唑	Flubendazole		50
11	氟甲喹	Flumequine	1000	250 ●
12	常山酮	Halofuginone	200	
13	卡那霉素	Kanamycin	100	
14	拉沙洛西	Lasalocid	1200	100 ●
15	马度米星铵	Maduramicin ammonium	480	
16	甲基盐霉素	Narasin	50	
17	尼卡巴嗪	Nicarbazin	200	
18	苯氧甲基青霉素	Phenoxymethylpenicillin		25
19	辛硫磷	Phoxim		550
20	氯苯胍	Robenidine	200	
21	盐霉素	Salinomycin	1200	
22	沙拉沙星	Sarafloxacin		10
23	螺旋霉素	Spiramycin		300
24	甲砜霉素	Thiamphenicol	50	
25	泰妙菌素	Tiamulin	100	100

序号	药品中文名称	药品英文名称	中国限量	欧盟限量
26	替米考星	Tilmicosin	250	200●
27	托曲珠利	Toltrazuril	200	200
28	甲氧苄啶	Trimethoprim	50	
29	泰万菌素	Tylvalosin	50▲	75
30	维吉尼亚霉素	Virginiamycin	400	

1.6.2　中国与CAC

中国与CAC关于鸡皮兽药残留限量标准比对情况见表1-6-2。该表显示，中国与CAC关于鸡皮涉及的兽药残留限量指标共有25项。其中，中国对阿维拉霉素（Avil-amycin）、黏菌素（Colistin）等25种兽药残留进行了限量规定，CAC对地克珠利（Di-clazuril）、替米考星（Tilmicosin）2种兽药残留进行了限量规定且这2项指标与中国相同。

表1-6-2　中国与CAC鸡皮兽药残留限量标准比对　　　　单位：μg/kg

序号	药品中文名称	药品英文名称	中国限量	CAC限量
1	阿维拉霉素	Avilamycin	200	
2	黏菌素	Colistin	150	
3	溴氰菊酯	Deltamethrin	500	
4	地克珠利	Diclazuril	1000	1000
5	二氟沙星	Difloxacin	400	
6	多西环素	Doxycycline	300	
7	恩诺沙星	Enrofloxacin	100	
8	芬苯达唑	Fenbendazole	50	
9	氟苯尼考	Florfenicol	200	
10	氟甲喹	Flumequine	1000	
11	常山酮	Halofuginone	200	
12	卡那霉素	Kanamycin	100	
13	拉沙洛西	Lasalocid	1200	
14	马度米星铵	Maduramicin ammonium	480	
15	甲基盐霉素	Narasin	50	
16	尼卡巴嗪	Nicarbazin	200	
17	氯苯胍	Robenidine	200	
18	盐霉素	Salinomycin	1200	
19	甲砜霉素	Thiamphenicol	50	
20	泰妙菌素	Tiamulin	100	

续表

序号	药品中文名称	药品英文名称	中国限量	CAC限量
21	替米考星	Tilmicosin	250	250
22	托曲珠利	Toltrazuril	200	
23	甲氧苄啶	Trimethoprim	50	
24	泰万菌素	Tylvalosin	50	
25	维吉尼亚霉素	Virginiamycin	400	

1.6.3 中国与美国

中国与美国关于鸡皮兽药残留限量标准比对情况见表1-6-3。该表显示，中国与美国关于鸡皮涉及的兽药残留限量指标共有29项。其中，中国对阿维拉霉素（Avilamycin）、黏菌素（Colistin）等25种兽药残留限量进行了规定，美国对地克珠利（Diclazuril）等7种兽药残留限量进行了规定；有2项指标两国相同，尼卡巴嗪（Nicarbazin）的指标中国严于美国；有22项指标中国已制定而美国未制定，4项指标美国已制定而中国未制定。

表1-6-3 中国与美国鸡皮兽药残留限量标准比对　　　　单位：μg/kg

序号	药品中文名称	药品英文名称	中国限量	美国限量
1	阿克洛胺	Aklomide		3000
2	阿维拉霉素	Avilamycin	200	
3	丁喹酯	Buquinolate		400
4	黏菌素	Colistin	150	
5	溴氰菊酯	Deltamethrin	500	
6	地克珠利	Diclazuril	1000	1000
7	二氟沙星	Difloxacin	400	
8	多西环素	Doxycycline	300	
9	恩诺沙星	Enrofloxacin	100	
10	芬苯达唑	Fenbendazole	50	
11	氟苯尼考	Florfenicol	200	
12	氟甲喹	Flumequine	1000	
13	常山酮	Halofuginone	200	
14	卡那霉素	Kanamycin	100	
15	拉沙洛西	Lasalocid	1200	1200
16	马度米星铵	Maduramicin ammonium	480	
17	甲基盐霉素	Narasin	50	
18	新霉素	Neomycin		7200
19	尼卡巴嗪	Nicarbazin	200 ▲	4000

续表

序号	药品中文名称	药品英文名称	中国限量	美国限量
20	氯苯胍	Robenidine	200	
21	盐酸氯苯胍	Robenidine hydrochloride		200
22	盐霉素	Salinomycin	1200	
23	甲砜霉素	Thiamphenicol	50	
24	泰妙菌素	Tiamulin	100	
25	替米考星	Tilmicosin	250	
26	托曲珠利	Toltrazuril	200	
27	甲氧苄啶	Trimethoprim	50	
28	泰万菌素	Tylvalosin	50	
29	维吉尼亚霉素	Virginiamycin	400	

1.7　鸡副产品的兽药残留限量

1.7.1　中国与韩国

中国与韩国关于鸡副产品兽药残留限量标准比对情况见表 1-7-1。该表显示，中国与韩国关于鸡副产品涉及的兽药残留限量指标共有 58 项。其中，中国对氨苯胂酸（Arsanilic Acid）、洛克沙胂（Roxarsone）2 种兽药残留进行了限量规定，韩国对啶虫脒（Acetamiprid）等 56 种兽药残留进行了限量规定；洛克沙胂（Roxarsone）、氨苯胂酸（Arsanilic Acid）2 项指标中国已制定而韩国未制定，56 项指标韩国已制定而中国未制定。

表 1-7-1　中国与韩国鸡副产品兽药残留限量标准比对　　　单位：μg/kg

序号	药品中文名称	药品英文名称	中国限量	韩国限量
1	啶虫脒	Acetamiprid		50
2	氨苯胂酸	Arsanilic acid	500	
3	嘧菌酯	Azoxystrobin		10
4	恶虫威	Bendiocarb		50
5	苯达松	Bentazone		70
6	苯并烯氟菌唑	Benzovindiflupyr		10
7	联苯肼酯	Bifenazate		10
8	联苯菊酯	Bifenthrin		50
9	联苯三唑醇	Bitertanol		10
10	啶酰菌胺	Boscalid		20
11	毒死蜱	Chlorpyrifos		10
12	甲基毒死蜱	Chlorpyrifos - methyl		50
13	四螨嗪	Clofentezine		50

续表

序号	药品中文名称	药品英文名称	中国限量	韩国限量
14	噻虫胺	Clothianidin		100
15	溴氰虫酰胺	Cyantraniliprole		150
16	环唑醇	Cyproconazole		10
17	嘧菌环胺	Cyprodinil		10
18	二嗪农	Diazinon		20
19	落长灵	Dimethipin		10
20	乐果	Dimethoate		50
21	烯酰吗啉	Dimethomorph		10
22	敌草快	Diquat		50
23	硫丹	Endosulfan		30
24	咪唑菌酮	Fenamidone		10
25	腈苯唑	Fenbuconazole		50
26	甲氰菊酯	Fenpropathrin		10
27	氰戊菊酯	Fenvalerate		10
28	氟虫腈	Fipronil		20
29	丙炔氟草胺	Flumioxazin		20
30	氟吡菌胺	Fluopicolide		10
31	粉唑醇	Flutriafol		30
32	氟唑菌酰胺	Fluxapyroxad		20
33	草甘膦	Glyphosate		500
34	吡虫啉	Imidacloprid		50
35	吡唑萘菌胺	Isopyrazam		10
36	林丹	Lindane		5
37	虱螨脲	Lufenuron		20
38	甲胺磷	Methamidophos		10
39	杀扑磷	Methidathion		20
40	甲氧虫酰肼	Methoxyfenozide		10
41	苯菌酮	Metrafenone		10
42	腈菌唑	Myclobutanil		100
43	氟噻唑吡乙酮	Oxathiapiprolin		10
44	二甲戊灵	Pendimethalin		10
45	吡噻菌胺	Penthiopyrad		30
46	啶氧菌酯	Picoxystrobin		10
47	抗蚜威	Pirimicarb		10
48	甲基嘧啶磷	Pirimiphos – methyl		10

续表

序号	药品中文名称	药品英文名称	中国限量	韩国限量
49	丙溴磷	Profenofos		50
50	霜霉威	Propamocarb		10
51	吡唑醚菌酯	Pyraclostrobin		50
52	喹氧灵	Quinoxyfen		10
53	洛克沙胂	Roxarsone	500	
54	苯嘧磺草胺	Saflufenacil		10
55	氟唑环菌胺	Sedaxane		10
56	氟啶虫胺腈	Sulfoxaflor		300
57	戊唑醇	Tebuconazole		50
58	三氟苯嘧啶	Triflumezopyrim		10

1.7.2 中国与美国

中国与美国关于鸡副产品兽药残留限量标准比对情况见表1-7-2。该表显示，中国与美国关于鸡副产品涉及的兽药残留限量指标共有3项。其中，中国对氨苯胂酸（Arsanilic acid）、洛克沙胂（Roxarsone）进行了残留限量规定，美国对砷（Arsenic）进行了残留限量规定。

表1-7-2　中国与美国鸡副产品兽药残留限量标准比对　　单位：μg/kg

序号	药品中文名称	药品英文名称	中国限量	美国限量
1	氨苯胂酸	Arsanilic acid	500	
2	洛克沙胂	Roxarsone	500	
3	砷	Arsenic		2000

另外，关于家禽可食下水，仅中国对吉他霉素的残留限量进行了规定，限量值为200μg/kg，韩国、日本、CAC、美国和欧盟均未对家禽可食下水的兽药残留限量进行规定。

第2章　鸭的兽药残留限量标准比对

我国鸭行业在二十世纪八十年代初尚处于启蒙阶段，部分企业是由鸡行业转型而来的，地方鸭业生产仅限于供应鲜活市场，具备工厂化养殖和加工条件的企业每年的最大宰杀量也仅达到百万只左右。随着国民消费习惯的改变以及国际市场对鸭产品需求量的增加，二十一世纪初国内鸭业得到快速发展，市场容量逐渐增大。由于我国经济的不断增长和人民生活水平的不断提高，养鸭业呈现持续发展的态势，鸭的饲养总量以每年10%～15%的速度递增，包括私人作坊、小加工厂的鸭加工企业应运而生，很多原来具有鸡加工技术的企业纷纷向鸭业生产转型。

我国鸭肉产量位于猪肉、鸡肉之后，是第三大肉类产业，为保障优质动物性蛋白质的有效供给作出了巨大贡献。二十世纪八十年代以来是我国水禽产业的快速发展期，饲养量平均每年以5%～8%的速度增长，其中以鸭产业为主体。近年来，鸭产量一直位居世界第一的水平。从全球肉鸭出栏量情况来看，2019年之前，全球肉鸭出栏量基本保持稳定，随着2019年非洲猪瘟暴发，全球猪肉消费大幅下降，禽肉作为良好的替代品，消费需求大幅上涨，使全球肉鸭出栏量大幅上涨。随着猪瘟被控制，猪肉需求量开始回升，加上2021年全球多地暴发禽流感疫情，使肉鸭出栏量有所下降。据资料显示，2021年全球肉鸭出栏量约为60.6亿只，同比下降8.5%。从出栏量地区分布来看，亚洲是全球肉鸭出栏量最大的地区，2021年出栏量占比达85%；其中我国肉鸭出栏量占比达68%，为全球肉鸭出栏量最高的国家。

截至2017年，据水禽产业数据显示，我国肉鸭自2011年达到产量最高峰约40亿只之后，近些年来肉鸭出栏量维持在30亿只左右，蛋鸭产量约1亿只。2017年上半年，商品代白羽肉鸭供应量为16.32亿只。2017年，联合国粮食及农业组织（FAO）数据显示，中国鸭养殖量占全球的74.2%，鹅养殖量占93.2%。下游羽绒行业受产业福利影响，中国目前已成为世界上最大的羽绒及制品的生产国、出口国及消费国之一，占据世界羽绒70%～80%的市场份额，主要出口欧洲、美国、日本等国家。随着我国消费能力逐渐增强，加之户外冰雪运动的发展，羽绒需求增加，坐拥丰富、优质资源的羽绒业前景非常可观。

目前，我国肉鸭区域性逐渐形成，主要围绕粮食主产区、主要消费市场展开布局并延伸。2016年，山东鸭出栏量达到12亿只，江苏、四川、广东达到3亿只～5亿只，河南、湖南、福建、江西、安徽达到1亿只～2亿只，河北、内蒙古、浙江、湖北、广西、重庆达到0.5亿只～1亿只，以上15个省、自治区、直辖市肉鸭年出栏量约占全国的90%。

近年来，全国各地先后涌现出一批实力强、辐射范围广、带动能力大、具有较强生命力和竞争力的龙头企业，如山东六和、河南华英、内蒙古塞飞亚、北京金星鸭业等，这些龙头企业大都形成了完整的产业链条。这些企业的快速发展，对于加强我国水禽的产业化进程也起到了积极的促进作用。同时，由于它们的辐射带动作用，也有效地带动了区域经济的快速发展，对调整农业产业结构、促进农民增收起到了良好的效果。

我国作为世界水禽生产大国，在养鸭方面具有得天独厚的水域、地理资源等优势，利用江、河、湖泊和鱼塘等水面放养及散养形式仍然是肉鸭业发展的主要方式。目前，我国已推出了3000多家农业产业化重点龙头企业，但鸭加工业只有河南华英、山东乐港等少数几家。由于食品加工业关系到国计民生，"十四五"期间鸭产业仍是我国重点发展的产业，加之国家对该产业在规范、整顿的基础上给予了鼓励、扶持和政策倾斜，所以从行业发展趋势来看，鸭产业发展前景广阔，是农业领域的朝阳产业。

2.1 鸭肌肉的兽药残留限量

2.1.1 中国与韩国

中国与韩国关于鸭肌肉兽药残留限量标准比对情况见表2-1-1。该表显示，中国与韩国关于鸭肌肉涉及的兽药残留限量指标共有59项。其中，中国对阿苯达唑等31种兽药残留进行了限量规定，韩国对阿莫西林等49种兽药残留进行了限量规定；有20项指标两国相同，红霉素（Erythromycin）的指标韩国严于中国；有10项指标中国已制定而韩国未制定，28项指标韩国已制定而中国未制定。

表2-1-1　中国与韩国鸭肌肉兽药残留标准比对　　　　　单位：μg/kg

序号	药品中文名称	药品英文名称	中国限量	韩国限量
1	阿苯达唑	Albendazole	100	100
2	阿莫西林	Amoxicillin	50	50
3	阿维拉霉素	Avilamycin		50
4	青霉素	Benzylpenicillin	50	
5	金霉素	Chlortetracycline	200	200
6	氯唑西林	Cloxacillin	300	300
7	黏菌素	Colistin		150
8	氟氯氰菊酯	Cyfluthrin		10
9	氯氰菊酯	Cypermethrin		50
10	环丙氨嗪	Cyromazine	50	50
11	达氟沙星	Danofloxacin	200	200
12	癸氧喹酯	Decoquinate		1000
13	溴氰菊酯	Deltamethrin		50
14	地克珠利	Diclazuril	500	500
15	双氯西林	Dicloxacillin		300
16	二氟沙星	Difloxacin	300	300
17	双氢链霉素	Dihydrostreptmiycin		600
18	多西环素	Doxycycline	100	100

序号	药品中文名称	药品英文名称	中国限量	韩国限量
19	恩诺沙星	Enrofloxacin	100	100
20	红霉素	Erythromycin	200	100●
21	芬苯达唑	Fenbendazole	50	
22	倍硫磷	Fenthion	100	
23	氟苯尼考	Florfenicol		100
24	氟苯达唑	Flubendazole	200	
25	氟甲喹	Flumequine		400
26	庆大霉素	Gentamicin		100
27	匀霉素	Hygromycin		50
28	交沙霉素	Josamycin		40
29	卡那霉素	Kanamycin	100	100
30	吉他霉素	kitasamycin	200	200
31	拉沙洛西	Lasalocid		20
32	左旋咪唑	Levamisole	10	10
33	林可霉素	Lincomycin	200	200
34	马度米星	Maduramycin		100
35	马拉硫磷	Malathion	4000	
36	甲苯咪唑	Mebendazole		60
37	莫能菌素	Monensin		50
38	甲基盐霉素	Narasin		100
39	新霉素	Neomycin	500	
40	新生霉素	Novobiocin		1000
41	尼卡巴嗪	Nycarbazine		200
42	苯唑西林	Oxacillin	300	
43	土霉素	Oxytetracycline	200	200
44	哌嗪	Piperazine		100
45	残杀威	Propoxur		10
46	氯苯胍	Robenidine	100	100
47	盐霉素	Salinomycin		100
48	沙拉沙星	Sarafloxacin		30
49	赛杜霉素	Semduramicin		100
50	链霉素	Streptmnycin		600
51	磺胺二甲嘧啶	Sulfamethazine	100	
52	磺胺类	Sulfonamides	100	
53	四环素	Tetracycline	200	200

序号	药品中文名称	药品英文名称	中国限量	韩国限量
54	甲砜霉素	Thiamphenicol	50	
55	泰妙菌素	Tiamulin	100	100
56	敌百虫	Trichlorfone		10
57	甲氧苄啶	Trimethoprim	50	50
58	泰乐菌素	Tylosin		100
59	维吉尼亚霉素	Virginiamycin	100	100

2.1.2　中国与欧盟

中国与欧盟关于鸭肌肉兽药残留限量标准比对情况见表2-1-2。该表显示，中国与欧盟关于鸭肌肉涉及的兽药残留限量指标共有37项。其中，中国对阿苯达唑等29种兽药残留进行了限量规定，欧盟对阿维拉霉素等24种兽药残留进行了限量规定；有11项指标中国与欧盟相同，金霉素（Chlortetracycline）、氟苯达唑（氟苯达唑）等5项指标欧盟严于中国；有13项指标中国已制定而欧盟未制定，8项指标欧盟已制定而中国未制定。

表2-1-2　中国与欧盟鸭肌肉兽药残留标准比对　　　　单位：μg/kg

序号	药品中文名称	药品英文名称	中国限量	欧盟限量
1	阿苯达唑	Albendazole	100	
2	阿莫西林	Amoxicillin	50	
3	阿维拉霉素	Avilamycin		50
4	青霉素	Benzylpenicillin	50	50
5	金霉素	Chlortetracycline	200	100●
6	氯唑西林	Cloxacillin	300	300
7	黏菌素	Colistin		150
8	环丙氨嗪	Cyromazine	50	
9	达氟沙星	Danofloxacin	200	200
10	地克珠利	Diclazuril	500	
11	二氟沙星	Difloxacin	300	300
12	多西环素	Doxycycline	100	
13	恩诺沙星	Enrofloxacin	100	100
14	红霉素	Erythromycin	200	200
15	芬苯达唑	Fenbendazole	50	
16	倍硫磷	Fenthion	100	
17	氟苯达唑	Flubendazole	200	50●
18	氟甲喹	Flumequine		400
19	卡那霉素	Kanamycin	100	100

续表

序号	药品中文名称	药品英文名称	中国限量	欧盟限量
20	吉他霉素	Kitasamycin	200	
21	拉沙洛西	Lasalocid		20
22	左旋咪唑	Levamisole	10	10
23	林可霉素	Lincomycin	200	100 ●
24	马拉硫磷	Malathion	4000	
25	新霉素	Neomycin	500	500
26	苯唑西林	Oxacillin	300	300
27	土霉素	Oxytetracycline	200	100 ●
28	巴龙霉素	Paromomycin		500
29	苯氧甲基青霉素	Phenoxymethylpenicillin		25
30	大观霉素	Spectinomycin		300
31	磺胺二甲嘧啶	Sulfamethazine	100	
32	磺胺类	Sulfonamides	100	
33	四环素	Tetracycline	200	100 ●
34	甲砜霉素	Thiamphenicol	50	50
35	甲氧苄啶	Trimethoprim	50	
36	泰乐菌素	Tylosin		100
37	维吉尼亚霉素	virginiamycin	100	

2.1.3　中国与日本

中国与日本关于鸭肌肉兽药残留限量标准比对情况见表 2 - 1 - 3。该表显示，中国与日本关于鸭肌肉涉及的兽药残留限量指标共有 306 项。其中，中国对阿苯达唑等 36 种兽药残留进行了限量规定，日本对阿莫西林等 290 种兽药残留进行了限量规定；有 14 项指标两国相同，环丙氨嗪（Cyromazine）、芬苯达唑（Fenbendazole）等 4 项指标中国严于日本，恩诺沙星（Enrofloxacin）、红霉素（Erythromycin）2 项指标日本严于中国。

表 2 - 1 - 3　中国与日本鸭肌肉兽药残留标准比对　　　　单位：μg/kg

序号	药品中文名称	药品英文名称	中国限量	日本限量
1	2,4 - 二氯苯氧乙酸	2,4 - D		50
2	2,4 - 二氯苯氧丁酸	2,4 - DB		50
3	乙酰甲胺磷	Acephate		10
4	啶虫脒	Acetamiprid		10
5	S - 甲基苯并[1,2,3]噻二唑 - 7 - 硫代羧酸酯	Acibenzolar - S - methyl		20
6	甲草胺	Alachlor		20
7	阿苯达唑	Albendazole	100	

序号	药品中文名称	药品英文名称	中国限量	日本限量
8	唑嘧菌胺	Ametoctradin		30
9	阿莫西林	Amoxicillin	50	50
10	氨苄西林	Ampicillin	50	50
11	氨丙啉	Amprolium		500
12	阿特拉津	Atrazine		20
13	阿维拉霉素	Avilamycin		200
14	嘧菌酯	Azoxystrobin		10
15	杆菌肽	Bacitracin	500	500
16	苯霜灵	Benalaxyl		500
17	恶虫威	Bendiocarb		50
18	苯菌灵	Benomyl		90
19	苯达松	Bentazone		50
20	苯并烯氟菌唑	Benzovindiflupyr		10
21	青霉素	Benzylpenicillin	50	
22	倍他米松	Betamethasone		不得检出
23	联苯肼酯	Bifenazate		10
24	联苯菊酯	Bifenthrin		50
25	生物苄呋菊酯	Bioresmethrin		500
26	联苯三唑醇	Bitertanol		10
27	联苯吡菌胺	Bixafen		20
28	啶酰菌胺	Boscalid		20
29	溴鼠灵	Brodifacoum		1
30	溴化物	Bromide		50000
31	溴螨酯	Bromopropylate		50
32	溴苯腈	Bromoxynil		60
33	溴替唑仑	Brotizolam		不得检出
34	氟丙嘧草酯	Butafenacil		10
35	斑蝥黄	Canthaxanthin		100
36	多菌灵	Carbendazim		90
37	三唑酮草酯	Carfentrazone – ethyl		50
38	氯虫苯甲酰胺	Chlorantraniliprole		20
39	氯丹	Chlordane		80
40	虫螨腈	Chlorfenapyr		10
41	氟啶脲	Chlorfluazuron		20
42	氯地孕酮	Chlormadinone		2

序号	药品中文名称	药品英文名称	中国限量	日本限量
43	矮壮素	Chlormequat		50
44	百菌清	Chlorothalonil		10
45	毒死蜱	Chlorpyrifos		10
46	甲基毒死蜱	Chlorpyrifos – methyl		300
47	金霉素	Chlortetracycline	200	200
48	氯酞酸二甲酯	Chlorthal – dimethyl		50
49	克伦特罗	Clenbuterol		不得检出
50	烯草酮	Clethodim		200
51	炔草酸	Clodinafop – propargyl		50
52	四螨嗪	Clofentezine		50
53	氯羟吡啶	Clopidol		5000
54	二氯吡啶酸	Clopyralid		100
55	解毒喹	Cloquintocet – mexyl		100
56	氯司替勃	Clostebol		0.5
57	噻虫胺	Clothianidin		20
58	氯唑西林	Cloxacillin	300	300
59	黏菌素	Colistin		150
60	溴氰虫酰胺	Cyantraniliprole		20
61	氟氯氰菊酯	Cyfluthrin		200
62	三氟氯氰菊酯	Cyhalothrin		20
63	氯氰菊酯	Cypermethrin		50
64	环唑醇	Cyproconazole		10
65	嘧菌环胺	Cyprodinil		10
66	环丙氨嗪	Cyromazine	50 ▲	100
67	达氟沙星	Danofloxacin	200	
68	滴滴涕	DDT		300
69	溴氰菊酯	Deltamethrin		100
70	地塞米松	Dexamethasone		不得检出
71	丁醚脲	Diafenthiuron		20
72	二丁基羟基甲苯	Dibutylhydroxytoluene		50
73	麦草畏	Dicamba		20
74	敌敌畏	Dichlorvos		50
75	地克珠利	Diclazuril	500	500
76	禾草灵	Diclofop – methyl		50
77	双氯西林	Dicloxacillin		300

序号	药品中文名称	药品英文名称	中国限量	日本限量
78	三氯杀螨醇	Dicofol		100
79	苯醚甲环唑	Difenoconazole		10
80	野燕枯	Difenzoquat		50
81	二氟沙星	Difloxacin	300	
82	敌灭灵	Diflubenzuron		50
83	双氢链霉素	Dihydrostreptmiycin		500
84	二甲吩草胺	Dimethenamid		10
85	落长灵	Dimethipin		10
86	乐果	Dimethoate		50
87	烯酰吗啉	Dimethomorph		10
88	二硝托胺	Dinitolmide		3000
89	呋虫胺	Dinotefuran		20
90	二苯胺	Diphenylamine		10
91	驱蝇啶	Dipropyl isocinchomeronate		4
92	敌草快	Diquat		10
93	乙拌磷	Disulfoton		20
94	二噻农	Dithianon		10
95	二嗪农	Dithiocarbamates		100
96	多西环素	Doxycycline	100	
97	甲氨基阿维菌素苯甲酸盐	Emamectin benzoate		0.5
98	硫丹	Endosulfan		100
99	安特灵	Endrin		50
100	恩诺沙星	Enrofloxacin	100	50●
101	氟环唑	Epoxiconazole		10
102	茵草敌	Eptc		50
103	红霉素	Erythromycin	200	100●
104	胺苯磺隆	Ethametsulfuron – methyl		20
105	乙烯利	Ethephon		100
106	乙氧酰胺苯甲酯	Ethopabate		5000
107	乙氧基喹啉	Ethoxyquin		100
108	1,2 – 二氯乙烷	Ethylene dichloride		100
109	醚菊酯	Etofenprox		20
110	乙螨唑	Etoxazole		10
111	氯唑灵	Etridiazole		100
112	恶唑菌酮	Famoxadone		10

续表

序号	药品中文名称	药品英文名称	中国限量	日本限量
113	非班太尔	Febantel		2000
114	苯线磷	Fenamiphos		10
115	氯苯嘧啶醇	Fenarimol		20
116	芬苯达唑	Fenbendazole	50 ▲	2000
117	腈苯唑	Fenbuconazole		10
118	苯丁锡	Fenbutatin oxide		80
119	杀螟松	Fenitrothion		50
120	噁唑禾草灵	Fenoxaprop – ethyl		10
121	甲氰菊酯	Fenpropathrin		10
122	丁苯吗啉	Fenpropimorph		10
123	倍硫磷	Fenthion	100	
124	羟基三苯基锡	Fentin		50
125	氰戊菊酯	Fenvalerate		10
126	氟虫腈	Fipronil		10
127	氟啶虫酰胺	Flonicamid		100
128	氟苯尼考	Florfenicol	100	
129	吡氟禾草隆	Fluazifop – butyl		40
130	氟苯达唑	Flubendazole	200	200
131	氟苯虫酰胺	Flubendiamide		10
132	氟氰菊酯	Flucythrinate		50
133	咯菌腈	Fludioxonil		10
134	氟砜灵	Fluensulfone		10
135	氟烯草酸	Flumiclorac – pentyl		10
136	氟吡菌胺	Fluopicolide		10
137	氟吡菌酰胺	Fluopyram		500
138	氟嘧啶	Flupyrimin		30
139	氟喹唑	Fluquinconazole		20
140	氟草定	Fluroxypyr		50
141	氟硅唑	Flusilazole		200
142	氟酰胺	Flutolanil		50
143	粉唑醇	Flutriafol		50
144	氟胺氰菊酯	Fluvalinate	10	
145	氟唑菌酰胺	Fluxapyroxad		20
146	草胺膦	Glufosinate		50
147	4,5 – 二甲酰胺咪唑	Glycalpyramide		30

序号	药品中文名称	药品英文名称	中国限量	日本限量
148	草甘膦	Glyphosate		50
149	常山酮	Halofuginone		50
150	吡氟氯禾灵	Haloxyfop		10
151	六氯苯	Hexachlorobenzene		200
152	噻螨酮	Hexythiazox		50
153	磷化氢	Hydrogen phosphide		10
154	抑霉唑	Imazalil		20
155	铵基咪草啶酸	Imazamox – ammonium		10
156	甲咪唑烟酸	Imazapic		10
157	灭草烟	Imazapyr		10
158	咪草烟铵盐	Imazethapyr ammonium		100
159	吡虫啉	Imidacloprid		20
160	茚虫威	Indoxacarb		10
161	碘甲磺隆	Iodosulfuron – methyl		10
162	2 – [(7,8 – 二氟 – 2 – 甲基 – 3 – 喹啉基）氧基] – 6 – 氟 – A,A – 二甲基苯甲醇	Ipflufenoquin		10
163	异菌脲	Iprodione		500
164	异丙噻菌胺	Isofetamid		10
165	吡唑萘菌胺	Isopyrazam		10
166	异噁唑草酮	Isoxaflutole		10
167	卡那霉素	Kanamycin	100	
168	吉他霉素	Kitasamycin	200	
169	醚菌酯	Kresoxim – methyl		50
170	拉沙洛西	Lasalocid		100
171	左旋咪唑	Levamisole	10	10
172	林可霉素	Lincomycin	200	
173	林丹	Lindane		700
174	利谷隆	Linuron		50
175	虱螨脲	Lufenuron		10
176	马度米星	Maduramicin		100
177	马拉硫磷	Malathion	4000	
178	2 – 甲基 – 4 – 氯苯氧基乙酸	Mcpa		50
179	2 – 甲基 – 4 – 氯戊氧基丙酸	Mecoprop		50
180	精甲霜灵	Mefenoxam		50
181	氯氟醚菌唑	Mefentrifluconazole		10

续表

序号	药品中文名称	药品英文名称	中国限量	日本限量
182	醋酸美伦孕酮	Melengestrol acetate		不得检出
183	缩节胺	Mepiquat – chloride		50
184	甲磺胺磺隆	Mesosulfuron – methyl		10
185	氰氟虫腙	Metaflumizone		30
186	甲霜灵	Metalaxyl		50
187	甲胺磷	Methamidophos		10
188	杀扑磷	Methidathion		20
189	灭多威	Methomyl（Thiodicarb）		20
190	烯虫酯	Methoprene		100
191	甲氧滴滴涕	Methoxychlor		10
192	甲氧虫酰肼	Methoxyfenozide		10
193	嗪草酮	Metribuzin		400
194	莫能菌素	Monensin		10
195	腈菌唑	Myclobutanil		10
196	萘夫西林	Nafcillin		5
197	二溴磷	Naled		50
198	甲基盐霉素	Narasin		20
199	新霉素	Neomycin	500	500
200	尼卡巴嗪	Nicarbazin		500
201	硝苯砷酸	Nitarsone		500
202	硝碘酚腈	Nitroxynil		1000
203	诺孕美特	Norgestomet		0.1
204	氟酰脲	Novaluron		100
205	氧乐果	Omethoate		50
206	奥美普林	Ormetoprim		100
207	苯唑西林	Oxacillin	300	
208	杀线威	Oxamyl		20
209	氟噻唑吡乙酮	Oxathiapiprolin		10
210	2 –［3 –（乙基磺酰基）– 2 – 吡啶基］– 5 –［（三氟甲基)磺酰基］苯并［d］恶唑	Oxazosulfyl		10
211	奥芬达唑	Oxfendazole		2000
212	砜吸磷	Oxydemeton – methyl		20
213	乙氧氟草醚	Oxyfluorfen		10
214	土霉素	Oxytetracycline	200	200
215	百草枯	Paraquat		50

序号	药品中文名称	药品英文名称	中国限量	日本限量
216	对硫磷	Parathion		50
217	戊菌唑	Penconazole		50
218	吡噻菌胺	Penthiopyrad		30
219	氯菊酯	Permethrin		100
220	甲拌磷	Phorate		50
221	毒莠定	Picloram		50
222	啶氧菌酯	Picoxystrobin		10
223	杀鼠酮	Pindone		1
224	唑啉草酯	Pinoxaden		60
225	增效醚	Piperonyl butoxide		3000
226	抗蚜威	Pirimicarb		100
227	甲基嘧啶磷	Pirimiphos – methyl		10
228	普鲁卡因青霉素	Procaine benzylpenicillin	50	
229	咪鲜胺	Prochloraz		50
230	丙溴磷	Profenofos		50
231	霜霉威	Propamocarb		10
232	敌稗	Propanil		10
233	克螨特	Propargite		100
234	丙环唑	Propiconazole		40
235	残杀威	Propoxur		50
236	氟磺隆	Prosulfuron		50
237	丙硫菌唑	Prothioconazol		10
238	吡唑醚菌酯	Pyraclostrobin		50
239	磺酰草吡唑	Pyrasulfotole		20
240	除虫菊酯	Pyrethrins		200
241	哒草特	Pyridate		200
242	二氯喹啉酸	Quinclorac		50
243	喹氧灵	Quinoxyfen		10
244	五氯硝基苯	Quintozene		10
245	喹禾灵	Quizalofop – ethyl		20
246	糖草酯	Quizalofop – P – tefuryl		20
247	苄蚨菊酯	Resmethrin		100
248	氯苯胍	Robenidine	100 ▲	1000
249	洛克沙肿	Roxarsone		500
250	盐霉素	Salinomycin		20

序号	药品中文名称	药品英文名称	中国限量	日本限量
251	沙拉沙星	Sarafloxacin		10
252	氟唑环菌胺	Sedaxane		10
253	烯禾啶	Sethoxydim		100
254	氟硅菊酯	Silafluofen		100
255	西玛津	Simazine		20
256	大观霉素	Spectinomycin		500
257	乙基多杀菌素	Spinetoram		10
258	多杀菌素	Spinosad		100
259	链霉素	Streptmnycin		500
260	磺胺嘧啶	Sulfadiazine		100
261	磺胺二甲氧嗪	Sulfadimethoxine		100
262	磺胺二甲嘧啶	Sulfamethazine	100	100
263	磺胺喹恶啉	Sulfaquinoxaline		100
264	磺胺噻唑	Sulfathiazole		100
265	磺胺类	Sulfonamides	100	
266	磺酰磺隆	Sulfosulfuron		5
267	氟啶虫胺腈	Sulfoxaflor		100
268	戊唑醇	Tebuconazole		50
269	虫酰肼	Tebufenozide		20
270	四氯硝基苯	Tecnazene		50
271	氟苯脲	Teflubenzuron		10
272	七氟菊酯	Tefluthrin		1
273	得杀草	Tepraloxydim		100
274	特丁磷	Terbufos		50
275	氟醚唑	Tetraconazole		20
276	四环素	Tetracycline	200	200
277	噻菌灵	Thiabendazole		50
278	噻虫啉	Thiacloprid		20
279	噻虫嗪	Thiamethoxam		10
280	甲砜霉素	Thiamphenicol	50	
281	噻呋酰胺	Thifluzamide		20
282	禾草丹	Thiobencarb		30
283	硫菌灵	Thiophanate		90
284	甲基硫菌灵	Thiophanate – methyl		90
285	噻酰菌胺	Tiadinil		10

序号	药品中文名称	药品英文名称	中国限量	日本限量
286	泰妙菌素	Tiamulin		100
287	替米考星	Tilmicosin		70
288	3-苯基-5-(噻吩-2-基)-[1,2,4]噁二唑	Tioxazafen		20
289	托曲珠利	Toltrazuril	100▲	500
290	四溴菊酯	Tralomethrin		100
291	群勃龙醋酸酯	Trenbolone acetate		不得检出
292	三唑酮	Triadimefon		50
293	三唑醇	Triadimenol		50
294	野麦畏	Triallate		100
295	敌百虫	Trichlorfone		50
296	三氯吡氧乙酸	Triclopyr		100
297	十三吗啉	Tridemorph		50
298	肟菌酯	Trifloxystrobin		40
299	氟菌唑	Triflumizole		20
300	杀铃脲	Triflumuron		10
301	甲氧苄啶	Trimethoprim	50	50
302	灭菌唑	Triticonazole		50
303	乙烯菌核利	Vinclozolin		100
304	维吉尼亚霉素	Virginiamycin	100	100
305	华法林	Warfarin		1
306	玉米赤霉醇	Zeranol		2

2.1.4 中国与CAC

中国与 CAC 关于鸭肌肉兽药残留限量标准比对情况见表 2-1-4。该表显示，中国与 CAC 关于鸭肌肉涉及的兽药残留限量指标共有 33 项。其中，中国已制定 33 项指标，CAC 已制定 8 项指标且这 8 项指标与中国相同。

表 2-1-4　中国与 CAC 鸭肌肉兽药残留限量标准比对　　　　单位：μg/kg

序号	药品中文名称	药品英文名称	中国限量	CAC 限量
1	阿苯达唑	Albendazole	100	100
2	阿莫西林	Amoxicillin	50	
3	氨苄西林	Ampicillin	50	
4	青霉素	Benzylpenicillin	50	
5	金霉素	Chlortetracycline	200	200
6	氯唑西林	Cloxacillin	300	

序号	药品中文名称	药品英文名称	中国限量	CAC限量
7	环丙氨嗪	Cyromazine	50	
8	达氟沙星	Danofloxacin	200	
9	地克珠利	Diclazuril	500	500
10	二氟沙星	Difloxacin	300	
11	多西环素	Doxycycline	100	
12	恩诺沙星	Enrofloxacin	100	
13	芬苯达唑	Fenbendazole	50	
14	倍硫磷	Fenthion	100	
15	氟苯尼考	Florfenicol	100	
16	氟苯达唑	Flubendazole	200	200
17	氟胺氰菊酯	Fluvalinate	10	
18	卡那霉素	Kanamycin	100	
19	吉他霉素	Kitasamycin	200	
20	左旋咪唑	Levamisole	10	10
21	林可霉素	Lincomycin	200	
22	马拉硫磷	Malathion	4000	
23	新霉素	Neomycin	500	
24	苯唑西林	Oxacillin	300	
25	土霉素	Oxytetracycline	200	200
26	普鲁卡因青霉素	Procaine benzylpenicillin	50	
27	磺胺二甲嘧啶	Sulfamethazine	100	100
28	磺胺类	Sulfonamides	100	
29	四环素	Tetracycline	200	200
30	甲砜霉素	Thiamphenicol	50	
31	托曲珠利	Toltrazuril	100	
32	甲氧苄啶	Trimethoprim	50	
33	维吉尼亚霉素	Virginiamycin	100	

2.1.5　中国与美国

中国与美国关于鸭肌肉兽药残留限量标准比对情况见表 2 - 1 - 5。该表显示，中国与美国关于鸭肌肉涉及的兽药残留限量指标共有 42 项。其中，中国对 33 种兽药残留进行了限量规定，美国对 12 种兽药残留进行了限量规定；维吉尼亚霉素（Virginiamycin）的指标两国相同，阿苯达唑（Albendazole）、阿莫西林（Amoxicillin）等 3 项指标美国严于中国；有 29 项指标中国已制定而美国未制定，9 项指标美国已制定而中国未制定。

表2-1-5　中国与美国鸭肌肉兽药残留限量标准比对　　　单位：μg/kg

序号	药品中文名称	药品英文名称	中国限量	美国限量
1	阿苯达唑	Albendazole	100	50●
2	阿莫西林	Amoxicillin	50	10●
3	氨苄西林	Ampicillin	50	10●
4	青霉素	Benzylpenicillin	50	
5	头孢噻呋	Ceftiofur		100
6	金霉素	Chlortetracycline	200	
7	氯舒隆	Clorsulon		100
8	氯唑西林	Cloxacillin	300	
9	环丙氨嗪	Cyromazine	50	
10	达氟沙星	Danofloxacin	200	
11	地克珠利	Diclazuril	500	
12	二氟沙星	Difloxacin	300	
13	多西环素	Doxycycline	100	
14	恩诺沙星	Enrofloxacin	100	
15	芬苯达唑	Fenbendazole	50	
16	芬前列林	Fenprostalene		10
17	倍硫磷	Fenthion	100	
18	氟苯尼考	Florfenicol	100	
19	氟苯达唑	Flubendazole	200	
20	氟胺氰菊酯	Fluvalinate	10	
21	卡那霉素	Kanamycin	100	
22	吉他霉素	Kitasamycin	200	
23	左旋咪唑	Levamisole	10	
24	林可霉素	Lincomycin	200	
25	马拉硫磷	Malathion	4000	
26	莫能菌素	Monensin		
27	莫西菌素	Moxidectin		50
28	新霉素	Neomycin	500	
29	苯唑西林	Oxacillin	300	
30	土霉素	Oxytetracycline	200	
31	吡利霉素	Pirlimycin		300
32	普鲁卡因青霉素	Procaine benzylpenicillin	50	
33	黄体酮	Progesterone		3
34	酒石酸噻吩嘧啶	Pyrantel tartrate		1000
35	磺胺二甲嘧啶	Sulfamethazine	100	

续表

序号	药品中文名称	药品英文名称	中国限量	美国限量
36	磺胺类	Sulfonamides	100	
37	丙酸睾酮	Testosterone propionate		0.64
38	四环素	Tetracycline	200	
39	甲砜霉素	Thiamphenicol	50	
40	托曲珠利	Toltrazuril	100	
41	甲氧苄啶	Trimethoprim	50	
42	维吉尼亚霉素	Virginiamycin	100	100

2.2　鸭脂肪的兽药残留限量

2.2.1　中国与韩国

中国与韩国关于鸭脂肪兽药残留限量标准比对情况见表 2 - 2 - 1。该表显示，中国与韩国关于鸭脂肪涉及的兽药残留限量指标共有 47 项。其中，中国对 20 种兽药残留进行了限量规定，韩国对 36 种兽药残留进行了限量规定；有 8 项指标两国相同；有 11 项指标中国已制定而韩国未制定，27 项指标韩国已制定而中国未制定。

表 2 - 2 - 1　中国与韩国鸭脂肪兽药残留限量标准比对　　　　单位：µg/kg

序号	药品中文名称	药品英文名称	中国限量	韩国限量
1	阿苯达唑	Albendazole	100	
2	阿莫西林	Amoxicillin	50	50
3	氨苄西林	Ampicillin	50	
4	氨丙啉	Amprolium		500
5	安普霉素	Apramycin		200
6	杆菌肽	Bacitracin	500	500
7	氯羟吡啶	Clopidol		5000
8	氯唑西林	Cloxacillin	300	300
9	黏菌素	Colistin		150
10	氟氯氰菊酯	Cyfluthrin		20
11	环丙氨嗪	Cyromazine	50	
12	达氟沙星	Danofloxacin	100	100
13	癸氧喹酯	Decoquinate		2000
14	溴氰菊酯	Deltamethrin		50
15	敌菌净	Diaveridine		50
16	双氯西林	Dicloxacillin		300
17	双氢链霉素	Dihydrostreptmiycin		600

序号	药品中文名称	药品英文名称	中国限量	韩国限量
18	红霉素	Erythromycin	200	100
19	倍硫磷	Fenthion	100	
20	氟甲喹	Flumequine		300
21	氟胺氰菊酯	Fluvalinate	10	
22	庆大霉素	Gentamicin		100
23	匀霉素	Hygromycin		50
24	交沙霉素	Josamycin		40
25	卡那霉素	Kanamycin	100	100
26	吉他霉素	Kitasamycin		200
27	拉沙洛西	Lasalocid		20
28	左旋咪唑	Levamisole	10	
29	林可霉素	Lincomycin	100	100
30	马度米星	Maduramycin		400
31	马拉硫磷	Malathion	4000	
32	甲苯咪唑	Mebendazole		60
33	莫能菌素	Monensin		50
34	甲基盐霉素	Narasin		500
35	新霉素	Neomycin	500	
36	尼卡巴嗪	Nycarbazine		200
37	苯唑西林	Oxacillin	300	
38	哌嗪	Piperazine		100
39	氯苯胍	Robenidine	200	200
40	盐霉素	Salinomycin		400
41	沙拉沙星	Sarafloxacin		500
42	赛杜霉素	Semduramicin		500
43	链霉素	Streptmnycin		600
44	磺胺二甲嘧啶	Sulfamethazine	100	
45	磺胺类	Sulfonamides	100	
46	泰妙菌素	Tiamulin	100	100
47	泰乐菌素	Tylosin		100

2.2.2 中国与日本

中国与日本关于鸭脂肪兽药残留限量标准比对情况见表2-2-2。该表显示，中国与日本关于鸭脂肪涉及的兽药残留限量指标共有299项。其中，中国对阿莫西林、氯唑西林等24种兽药残留进行了限量规定，日本对乙酰甲胺磷（Acephate）、啶虫脒（Acetamiprid）等291种兽药残留进行了限量规定。阿苯达唑（Albendazole）、达氟沙星（Danofloxacin）等8项指标为中国独有，日本并未规定；阿莫西林（Amoxicillin）、氨苄西林（Ampicillin）等9项指标两国相同；氯苯胍（Robenidine）、托曲珠利（Toltrazuril）2项指标中国严于日本，恩诺沙星（Enrofloxacin）、红霉素（Erythromycin）、芬苯达唑（Fenbendazole）等4项指标日本严于中国。

表2-2-2　中国与日本鸭脂肪兽药残留限量标准比对　　　　单位：μg/kg

序号	药品中文名称	药品英文名称	中国限量	日本限量
1	2,4-二氯苯氧乙酸	2,4-D		50
2	2,4-二氯苯氧丁酸	2,4-DB		50
3	乙酰甲胺磷	Acephate		100
4	啶虫脒	Acetamiprid		10
5	S-甲基苯并[1,2,3]噻二唑-7-硫代羧酸酯	Acibenzolar-S-methyl		20
6	甲草胺	Alachlor		20
7	阿苯达唑	Albendazole	100	
8	艾氏剂和狄氏剂	Aldrin and dieldrin		200
9	唑嘧菌胺	Ametoctradin		30
10	阿莫西林	Amoxicillin	50	50
11	氨苄西林	Ampicillin	50	50
12	氨丙啉	Amprolium		500
13	阿特拉津	Atrazine		20
14	阿维拉霉素	Avilamycin		200
15	嘧菌酯	Azoxystrobin		10
16	杆菌肽	Bacitracin	500	500
17	苯霜灵	Benalaxyl		500
18	恶虫威	Bendiocarb		50
19	苯达松	Bentazone		50
20	苯并烯氟菌唑	Benzovindiflupyr		10
21	倍他米松	Betamethasone		不得检出
22	联苯肼酯	Bifenazate		10
23	联苯菊酯	Bifenthrin		50
24	生物苄呋菊酯	Bioresmethrin		500
25	联苯三唑醇	Bitertanol		50
26	联苯吡菌胺	Bixafen		50
27	啶酰菌胺	Boscalid		20
28	溴鼠灵	Brodifacoum		1

序号	药品中文名称	药品英文名称	中国限量	日本限量
29	溴化物	Bromide		50000
30	溴螨酯	Bromopropylate		50
31	溴苯腈	Bromoxynil		50
32	溴替唑仑	Brotizolam		不得检出
33	氟丙嘧草酯	Butafenacil		10
34	斑蝥黄	Canthaxanthin		100
35	多菌灵	Carbendazim		90
36	甲基硫菌灵	Thiophanate – methyl		90
37	苯菌灵	Benomyl		90
38	三唑酮草酯	Carfentrazone – ethyl		50
39	氯虫苯甲酰胺	Chlorantraniliprole		80
40	氯丹	Chlordane		500
41	虫螨腈	Chlorfenapyr		10
42	氟啶脲	Chlorfluazuron		200
43	氯地孕酮	Chlormadinone		2
44	矮壮素	Chlormequat		50
45	百菌清	Chlorothalonil		10
46	毒死蜱	Chlorpyrifos		10
47	甲基毒死蜱	Chlorpyrifos – methyl		200
48	金霉素	Chlortetracycline		200
49	氯酞酸二甲酯	Chlorthal – dimethyl		50
50	克伦特罗	Clenbuterol		不得检出
51	烯草酮	Clethodim		200
52	炔草酸	Clodinafop – propargyl		50
53	四螨嗪	Clofentezine		50
54	氯羟吡啶	Clopidol		5000
55	二氯吡啶酸	Clopyralid		100
56	解毒喹	Cloquintocet – mexyl		100
57	氯司替勃	Clostebol		0.5
58	噻虫胺	Clothianidin		20
59	氯唑西林	Cloxacillin	300	300
60	黏菌素	Colistin		150
61	溴氰虫酰胺	Cyantraniliprole		40
62	氟氯氰菊酯	Cyfluthrin		1000
63	三氟氯氰菊酯	Cyhalothrin		300

序号	药品中文名称	药品英文名称	中国限量	日本限量
64	氯氰菊酯	Cypermethrin		100
65	环唑醇	Cyproconazole		10
66	嘧菌环胺	Cyprodinil		10
67	环丙氨嗪	Cyromazine	50	50
68	达氟沙星	Danofloxacin	100	
69	滴滴涕	DDT		2000
70	溴氰菊酯	Deltamethrin		500
71	地塞米松	Dexamethasone		不得检出
72	丁醚脲	Diafenthiuron		20
73	二丁基羟基甲苯	Dibutylhydroxytoluene		3000
74	麦草畏	Dicamba		40
75	敌敌畏	Dichlorvos		50
76	地克珠利	Diclazuril	1000	1000
77	禾草灵	Diclofop – methyl		50
78	双氯西林	Dicloxacillin		300
79	三氯杀螨醇	Dicofol		100
80	狄氏剂	Dieldrin		200
81	苯醚甲环唑	Difenoconazole		10
82	野燕枯	Difenzoquat		50
83	敌灭灵	Diflubenzuron		50
84	双氢链霉素	Dihydrostreptmiycin		500
85	二甲吩草胺	Dimethenamid		10
86	落长灵	Dimethipin		10
87	乐果	Dimethoate		50
88	烯酰吗啉	Dimethomorph		10
89	二硝托胺	Dinitolmide		3000
90	呋虫胺	Dinotefuran		20
91	二苯胺	Diphenylamine		10
92	驱蝇啶	Dipropyl isocinchomeronate		4
93	敌草快	Diquat		10
94	乙拌磷	Disulfoton		20
95	二噻农	Dithianon		10
96	二嗪农	Dithiocarbamates		30
97	甲氨基阿维菌素苯甲酸盐	Emamectin benzoate		0.5
98	硫丹	Endosulfan		200

续表

序号	药品中文名称	药品英文名称	中国限量	日本限量
99	安特灵	Endrin		100
100	恩诺沙星	Enrofloxacin	100	50●
101	氟环唑	Epoxiconazole		10
102	茵草敌	Eptc		50
103	红霉素	Erythromycin	200	100●
104	胺苯磺隆	Ethametsulfuron – methyl		20
105	乙烯利	Ethephon		50
106	乙氧酰胺苯甲酯	Ethopabate		5000
107	乙氧基喹啉	Ethoxyquin		7000
108	1,2 – 二氯乙烷	Ethylene dichloride		100
109	醚菊酯	Etofenprox		1000
110	乙螨唑	Etoxazole		200
111	氯唑灵	Etridiazole		100
112	恶唑菌酮	Famoxadone		10
113	非班太尔	Febantel		10
114	苯线磷	Fenamiphos		10
115	氯苯嘧啶醇	Fenarimol		20
116	芬苯达唑	Fenbendazole	50	10●
117	腈苯唑	Fenbuconazole		10
118	苯丁锡	Fenbutatin oxide		80
119	杀螟松	Fenitrothion		400
120	噁唑禾草灵	Fenoxaprop – ethyl		10
121	甲氰菊酯	Fenpropathrin		10
122	丁苯吗啉	Fenpropimorph		10
123	倍硫磷	Fenthion	100	
124	羟基三苯基锡	Fentin		50
125	氰戊菊酯	Fenvalerate		10
126	氟虫腈	Fipronil		20
127	氟啶虫酰胺	Flonicamid		50
128	吡氟禾草隆	Fluazifop – butyl		40
129	氟苯达唑	Flubendazole		50
130	氟苯虫酰胺	Flubendiamide		50
131	氟氰菊酯	Flucythrinate		50
132	咯菌腈	Fludioxonil		50
133	氟砜灵	Fluensulfone		10

续表

序号	药品中文名称	药品英文名称	中国限量	日本限量
134	氟烯草酸	Flumiclorac – pentyl		10
135	氟吡菌胺	Fluopicolide		10
136	氟吡菌酰胺	Fluopyram		500
137	氟嘧啶	Flupyrimin		40
138	氟喹唑	Fluquinconazole		20
139	氟草定	Fluroxypyr		50
140	氟硅唑	Flusilazole		200
141	氟酰胺	Flutolanil		50
142	粉唑醇	Flutriafol		50
143	氟胺氰菊酯	Fluvalinate	10	
144	氟唑菌酰胺	Fluxapyroxad		50
145	草胺膦	Glufosinate		50
146	4,5 – 二甲酰胺咪唑	Glycalpyramide		30
147	草甘膦	Glyphosate		50
148	常山酮	Halofuginone		50
149	吡氟氯禾灵	Haloxyfop		10
150	七氯	Heptachlor		200
151	六氯苯	Hexachlorobenzene		600
152	噻螨酮	Hexythiazox		50
153	磷化氢	Hydrogen phosphide		10
154	抑霉唑	Imazalil		20
155	铵基咪草啶酸	Imazamox – ammonium		10
156	甲咪唑烟酸	Imazapic		10
157	灭草烟	Imazapyr		10
158	咪草烟铵盐	Imazethapyr ammonium		100
159	吡虫啉	Imidacloprid		20
160	茚虫威	Indoxacarb		10
161	碘甲磺隆	Iodosulfuron – methyl		10
162	2 –［(7,8 – 二氟 – 2 – 甲基 – 3 – 喹啉基) 氧基］– 6 – 氟 – A,A – 二甲基苯甲醇	Ipflufenoquin		30
163	异菌脲	Iprodione		2000
164	异丙噻菌胺	Isofetamid		10
165	吡唑萘菌胺	Isopyrazam		10
166	异噁唑草酮	Isoxaflutole		10
167	醚菌酯	Kresoxim – methyl		50

序号	药品中文名称	药品英文名称	中国限量	日本限量
168	拉沙洛西	Lasalocid		1000
169	左旋咪唑	Levamisole	10	10
170	林可霉素	Lincomycin	100	
171	林丹	Lindane		100
172	利谷隆	Linuron		50
173	虱螨脲	Lufenuron		200
174	马度米星	Maduramicin		100
175	马拉硫磷	Malathion	4000	
176	2-甲基-4-氯苯氧基乙酸	Mcpa		50
177	2-甲基-4-氯戊氧基丙酸	Mecoprop		50
178	精甲霜灵	Mefenoxam		50
179	氯氟醚菌唑	Mefentrifluconazole		20
180	醋酸美伦孕酮	Melengestrol acetate		不得检出
181	缩节胺	Mepiquat-chloride		50
182	甲磺胺磺隆	Mesosulfuron-methyl		10
183	氰氟虫腙	Metaflumizone		900
184	甲霜灵	Metalaxyl		50
185	甲胺磷	Methamidophos		10
186	杀扑磷	Methidathion		20
187	灭多威	Methomyl (Thiodicarb)		20
188	烯虫酯	Methoprene		1000
189	甲氧滴滴涕	Methoxychlor		10
190	甲氧虫酰肼	Methoxyfenozide		20
191	嗪草酮	Metribuzin		700
192	莫能菌素	Monensin		100
193	腈菌唑	Myclobutanil		10
194	萘夫西林	Nafcillin		5
195	二溴磷	Naled		50
196	甲基盐霉素	Narasin		50
197	新霉素	Neomycin	500	500
198	尼卡巴嗪	Nicarbazin		500
199	硝苯砷酸	Nitarsone		500
200	硝碘酚腈	Nitroxynil		1000
201	诺孕美特	Norgestomet		0.1
202	氟酰脲	Novaluron		500

续表

序号	药品中文名称	药品英文名称	中国限量	日本限量
203	氧乐果	Omethoate		50
204	奥美普林	Ormetoprim		100
205	苯唑西林	Oxacillin	300	
206	杀线威	Oxamyl		20
207	氟噻唑吡乙酮	Oxathiapiprolin		10
208	2－［3－（乙基磺酰基）－2－吡啶基］－5－［（三氟甲基）磺酰基］苯并［d］恶唑	Oxazosulfyl		20
209	奥芬达唑	Oxfendazole		10
210	砜吸磷	Oxydemeton－methyl		20
211	乙氧氟草醚	Oxyfluorfen		200
212	土霉素	Oxytetracycline		200
213	百草枯	Paraquat		50
214	对硫磷	Parathion		50
215	戊菌唑	Penconazole		50
216	吡噻菌胺	Penthiopyrad		30
217	氯菊酯	Permethrin		100
218	甲拌磷	Phorate		50
219	毒莠定	Picloram		50
220	啶氧菌酯	Picoxystrobin		10
221	杀鼠酮	Pindone		1
222	唑啉草酯	Pinoxaden		60
223	增效醚	Piperonyl butoxide		7000
224	抗蚜威	Pirimicarb		100
225	甲基嘧啶磷	Pirimiphos－methyl		100
226	咪鲜胺	Prochloraz		50
227	丙溴磷	Profenofos		50
228	霜霉威	Propamocarb		10
229	敌稗	Propanil		10
230	克螨特	Propargite		100
231	丙环唑	Propiconazole		40
232	残杀威	Propoxur		50
233	氟磺隆	Prosulfuron		50
234	丙硫菌唑	Prothioconazol		10
235	吡唑醚菌酯	Pyraclostrobin		50
236	磺酰草吡唑	Pyrasulfotole		20

序号	药品中文名称	药品英文名称	中国限量	日本限量
237	除虫菊酯	Pyrethrins		200
238	哒草特	Pyridate		200
239	二氯喹啉酸	Quinclorac		50
240	喹氧灵	Quinoxyfen		20
241	五氯硝基苯	Quintozene		10
242	乙基喹唑啉酮	Quizalofop – ethyl		50
243	喹禾草酯	Quizalofop – P – tefuryl		50
244	苄蚨菊酯	Resmethrin		100
245	氯苯胍	Robenidine	200▲	1000
246	洛克沙胂	Roxarsone		500
247	盐霉素	Salinomycin		200
248	沙拉沙星	Sarafloxacin		20
249	氟唑环菌胺	Sedaxane		10
250	烯禾啶	Sethoxydim		100
251	氟硅菊酯	Silafluofen		1000
252	西玛津	Simazine		20
253	大观霉素	Spectinomycin		2000
254	乙基多杀菌素	Spinetoram		10
255	多杀菌素	Spinosad		1000
256	链霉素	Streptmnycin		500
257	磺胺嘧啶	Sulfadiazine		100
258	磺胺二甲氧嗪	Sulfadimethoxine		100
259	磺胺二甲嘧啶	Sulfamethazine	100	100
260	磺胺喹恶啉	Sulfaquinoxaline		100
261	磺胺噻唑	Sulfathiazole		100
262	磺胺类	Sulfonamides	100	
263	磺酰磺隆	Sulfosulfuron		5
264	氟啶虫胺腈	Sulfoxaflor		30
265	戊唑醇	Tebuconazole		50
266	虫酰肼	Tebufenozide		20
267	四氯硝基苯	Tecnazene		50
268	氟苯脲	Teflubenzuron		10
269	七氟菊酯	Tefluthrin		1
270	得杀草	Tepraloxydim		100
271	特丁磷	Terbufos		50

序号	药品中文名称	药品英文名称	中国限量	日本限量
272	氟醚唑	Tetraconazole		60
273	四环素	Tetracycline		200
274	噻菌灵	Thiabendazole		100
275	噻虫啉	Thiacloprid		20
276	噻虫嗪	Thiamethoxam		10
277	噻呋酰胺	Thifluzamide		70
278	禾草丹	Thiobencarb		30
279	硫菌灵	Thiophanate		90
280	噻酰菌胺	Tiadinil		10
281	泰妙菌素	Tiamulin		100
282	替米考星	Tilmicosin		70
283	3－苯基－5－(噻吩－2－基)－[1,2,4]噁二唑	Tioxazafen		20
284	托曲珠利	Toltrazuril	200 ▲	1000
285	三唑酮	Triadimefon		70
286	三唑醇	Triadimenol		70
287	野麦畏	Triallate		200
288	敌百虫	Trichlorfon		50
289	三氯吡氧乙酸	Triclopyr		80
290	十三吗啉	Tridemorph		50
291	肟菌酯	Trifloxystrobin		40
292	氟菌唑	Triflumizole		20
293	杀铃脲	Triflumuron		100
294	甲氧苄啶	Trimethoprim	50	50
295	灭菌唑	Triticonazole		50
296	乙烯菌核利	Vinclozolin		100
297	维吉尼亚霉素	Virginiamycin	400	200 ●
298	华法林	Warfarin		1
299	玉米赤霉醇	Zeranol		2

2.2.3　中国与欧盟

　　中国与欧盟关于鸭脂肪兽药残留限量标准比对情况见表 2－2－3。该表显示，中国与欧盟关于鸭脂肪涉及的兽药残留限量指标共有 24 项。其中，欧盟关于鸭脂肪的兽药残留限量指标共有 16 项，与中国现行的已制定限量指标的 18 种兽药相比较，欧盟有限量规定而中国没有限量规定的兽药有 6 种，中国有限量规定而欧盟没有限量规定的兽药有 8 种，中国与欧盟均有限量规定的兽药有 10 种且指标相同。

表 2 - 2 - 3　中国与欧盟鸭脂肪兽药残留限量标准比对　　　　单位：μg/kg

序号	药品中文名称	药品英文名称	中国限量	欧盟限量
1	阿苯达唑	Albendazole	100	
2	阿莫西林	Amoxicillin	50	50
3	氨苄西林	Ampicillin	50	50
4	阿维拉霉素	Avilamycin		100
5	青霉素	Benzylpenicillin		50
6	氯唑西林	Cloxacillin	300	300
7	黏菌素	Colistin		150
8	环丙氨嗪	Cyromazine	50	
9	达氟沙星	Danofloxacin	100	100
10	双氯西林	Dicloxacillin		300
11	红霉素	Erythromycin	200	200
12	倍硫磷	Fenthion	100	
13	氟胺氰菊酯	Fluvalinate	10	
14	卡那霉素	Kanamycin	100	100
15	左旋咪唑	Levamisole	10	10
16	林可霉素	Lincomycin	100	
17	马拉硫磷	Malathion	4000	
18	新霉素	Neomycin	500	500
19	苯唑西林	Oxacillin	300	300
20	噁喹酸	Oxolinic acid		50
21	磺胺二甲嘧啶	Sulfamethazine	100	
22	磺胺类	Sulfonamides	100	
23	甲砜霉素	Thiamphenicol	50	50
24	泰乐菌素	Tylosin		100

2.2.4　中国与 CAC

中国与 CAC 关于鸭脂肪兽药残留限量标准比对情况见表 2 - 2 - 4。该表显示，中国与 CAC 关于鸭脂肪涉及的兽药残留限量指标共有 15 项。其中，CAC 关于鸭脂肪的兽药残留限量指标共有 3 项，与中国现行的已制定限量指标的 15 种兽药相比较，CAC 有 12 项指标未制定，中国与 CAC 均有制定残留限量的兽药有阿苯达唑（Albendazole）、左旋咪唑（Levamisole）、磺胺二甲嘧啶（Sulfamethazine）且 3 项指标相同。

表 2 - 2 - 4　中国与 CAC 鸭脂肪兽药残留限量标准比对　　　单位：μg/kg

序号	药品中文名称	药品英文名称	中国限量	CAC 限量
1	阿苯达唑	Albendazole	100	100
2	阿莫西林	Amoxicillin	50	
3	氨苄西林	Ampicillin	50	
4	氯唑西林	Cloxacillin	300	
5	环丙氨嗪	Cyromazine	50	
6	达氟沙星	Danofloxacin	100	
7	倍硫磷	Fenthion	100	
8	氟胺氰菊酯	Fluvalinate	10	
9	左旋咪唑	Levamisole	10	10
10	林可霉素	Lincomycin	100	
11	马拉硫磷	Malathion	4000	
12	新霉素	Neomycin	500	
13	苯唑西林	Oxacillin	300	
14	磺胺二甲嘧啶	Sulfamethazine	100	100
15	磺胺类	Sulfonamides	100	

2.2.5　中国与美国

中国与美国关于鸭脂肪兽药残留限量标准比对情况见表 2 - 2 - 5。该表显示，中国与美国关于鸭脂肪涉及的兽药残留限量指标共有 19 项。其中，美国关于鸭脂肪的兽药残留限量指标共有 6 项，与中国现行的已制定限量指标的 16 种兽药相比较，中国有限量规定而美国没有限量规定的兽药有 13 种，美国有限量规定而中国没有限量规定的兽药有 3 种，中国与美国均有限量规定的兽药有 3 种；阿莫西林（Amoxicillin）、氨苄西林（Ampicillin）2 项指标美国均严于中国，维吉尼亚霉素（Virginiamycin）的指标两国相同。

表 2 - 2 - 5　中国与美国鸭脂肪兽药残留限量标准比对　　　单位：μg/kg

序号	药品中文名称	药品英文名称	中国限量	美国限量
1	阿苯达唑	Albendazole	100	
2	阿莫西林	Amoxicillin	50	10●
3	氨苄西林	Ampicillin	50	10●
4	氯唑西林	Cloxacillin	300	
5	环丙氨嗪	Cyromazine	50	
6	达氟沙星	Danofloxacin	100	
7	芬前列林	Fenprostalene		40
8	倍硫磷	Fenthion	100	
9	氟胺氰菊酯	Fluvalinate	10	

续表

序号	药品中文名称	药品英文名称	中国限量	美国限量
10	左旋咪唑	Levamisole	10	
11	林可霉素	Lincomycin	100	
12	马拉硫磷	Malathion	4000	
13	新霉素	Neomycin	500	
14	苯唑西林	Oxacillin	300	
15	黄体酮	Progesterone		12
16	磺胺二甲嘧啶	Sulfamethazine	100	
17	磺胺类	Sulfonamides	100	
18	丙酸睾酮	Testosterone propionate		2.6
19	维吉尼亚霉素	Virginiamycin	400	400

2.3 鸭肝的兽药残留限量

2.3.1 中国与韩国

中国与韩国关于鸭肝兽药残留限量标准比对情况见表2-3-1。该表显示，中国与韩国关于鸭肝涉及的兽药残留限量指标共有60项。其中，韩国关于鸭肝的兽药残留限量指标共有46项，与中国现行的已制定限量指标的33种兽药相比较，韩国有限量规定而中国没有限量规定的兽药有27种，中国有限量规定而韩国没有限量规定的兽药有14种，中国与韩国均有限量规定的兽药有19种。在19种兽药中，金霉素（Chlortetracycline）、多西环素（Doxycycline）、恩诺沙星（Enrofloxacin）、卡那霉素（Kanamycin）、土霉素（Oxytetracycline）、四环素（Tetracycline）6项指标中国严于韩国，二氟沙星（Difloxacin）、红霉素（Erythromycin）、氟苯尼考（Florfenicol）、托曲珠利（Toltrazuril）、维吉尼亚霉素（Virginiamycin）5项指标韩国严于中国，有8项指标两国相同。

表2-3-1　中国与韩国鸭肝兽药残留限量标准比对　　　　单位：μg/kg

序号	药品中文名称	药品英文名称	中国限量	韩国限量
1	阿苯达唑	Albendazole	5000	
2	阿莫西林	Amoxicillin	50	50
3	氨苄西林	Ampicillin	50	
4	氨丙啉	Amprolium		1000
5	杆菌肽	Bacitracin	500	500
6	青霉素	Benzylpenicillin	50	
7	金霉素	Chlortetracycline	600 ▲	1200
8	氯羟吡啶	Clopidol		20000
9	氯唑西林	Cloxacillin	300	300
10	黏菌素	Colistin		200

续表

序号	药品中文名称	药品英文名称	中国限量	韩国限量
11	氟氯氰菊酯	Cyfluthrin		80
12	达氟沙星	Danofloxacin	400	400
13	癸氧喹酯	Decoquinate		2000
14	溴氰菊酯	Deltamethrin		50
15	地塞米松	Dexamethasone		1
16	敌菌净	Diaveridine		50
17	地克珠利	Diclazuril	3000	
18	双氯西林	Dicloxacillin		300
19	二氟沙星	Difloxacin	1900	600 ●
20	双氢链霉素	Dihydrostreptmiycin		1000
21	多西环素	Doxycycline	300 ▲	600
22	恩诺沙星	Enrofloxacin	200 ▲	300
23	红霉素	Erythromycin	200	100 ●
24	芬苯达唑	Fenbendazole	500	
25	氟苯尼考	Florfenicol	2500	750 ●
26	氟苯达唑	Flubendazole	500	
27	氟甲喹	Flumequine		1000
28	庆大霉素	Gentamicin		100
29	匀霉素	Hygromycin		50
30	交沙霉素	Josamycin		40
31	卡那霉素	Kanamycin	600 ▲	2500
32	吉他霉素	Kitasamycin	200	200
33	拉沙洛西	Lasalocid		20
34	左旋咪唑	Levamisole	100	
35	林可霉素	Lincomycin	500	500
36	马度米星	Maduramycin		1000
37	甲苯咪唑	Mebendazole		60
38	莫能菌素	Monensin		50
39	甲基盐霉素	Narasin		300
40	新霉素	Neomycin	5500	
41	尼卡巴嗪	Nycarbazine		200
42	苯唑西林	Oxacillin	300	
43	土霉素	Oxytetracycline	600 ▲	1200
44	哌嗪	Piperazine		100
45	普鲁卡因青霉素	Procaine benzylpenicillin	50	

序号	药品中文名称	药品英文名称	中国限量	韩国限量
46	氯苯胍	Robenidine	100	100
47	盐霉素	Salinomycin		500
48	沙拉沙星	Sarafloxacin		50
49	赛杜霉素	Semduramicin		200
50	链霉素	Streptmnycin		1000
51	磺胺二甲嘧啶	Sulfamethazine	100	
52	磺胺类	Sulfonamides	100	
53	四环素	Tetracycline	600▲	1200
54	甲砜霉素	Thiamphenicol	50	
55	泰妙菌素	Tiamulin		100
56	托曲珠利	Toltrazuril	600	400●
57	甲氧苄啶	Trimethoprim	50	50
58	泰乐菌素	Tylosin		100
59	泰万菌素	Tylvalosin	50	
60	维吉尼亚霉素	Virginiamycin	300	200●

2.3.2 中国与日本

中国与日本关于鸭肝兽药残留限量标准比对情况见表2-3-2。该表显示，中国与日本关于鸭肝涉及的兽药残留限量指标共有300项。其中，中国对阿苯达唑等33种兽药残留进行了限量规定，日本对阿莫西林等286种兽药残留进行了限量规定；有19种兽药残留两国都进行了限量规定，其中芬苯达唑（Fenbendazole）、托曲珠利（Toltrazuril）2项指标中国严于日本，恩诺沙星（Enrofloxacin）、红霉素（Erythromycin）、新霉素（Neomycin）、维吉尼亚霉素（Virginiamycin）4项指标日本严于中国，13项指标两国相同；有14项指标中国已制定而日本未制定，267项指标日本已制定而中国未制定。

表2-3-2　中国与日本鸭肝兽药残留限量标准比对　　　　单位：μg/kg

序号	药品中文名称	药品英文名称	中国限量	日本限量
1	2,4-二氯苯氧乙酸	2,4-D		700
2	2,4-二氯苯氧丁酸	2,4-DB		50
3	乙酰甲胺磷	Acephate		10
4	啶虫脒	Acetamiprid		50
5	S-甲基苯并[1,2,3]噻二唑-7-硫代羧酸酯	Acibenzolar-S-methyl		20
6	甲草胺	Alachlor		20
7	阿苯达唑	Albendazole	5000	
8	唑嘧菌胺	Ametoctradin		30

续表

序号	药品中文名称	药品英文名称	中国限量	日本限量
9	阿莫西林	Amoxicillin	50	50
10	氨苄西林	Ampicillin	50	50
11	氨丙啉	Amprolium		1000
12	阿特拉津	Atrazine		20
13	阿维拉霉素	Avilamycin		300
14	嘧菌酯	Azoxystrobin		10
15	杆菌肽	Bacitracin	500	500
16	苯霜灵	Benalaxyl		500
17	恶虫威	Bendiocarb		50
18	苯菌灵	Benomyl		100
19	苯达松	Bentazone		50
20	苯并烯氟菌唑	Benzovindiflupyr		10
21	青霉素	Benzylpenicillin	50	
22	倍他米松	Betamethasone		不得检出
23	联苯肼酯	Bifenazate		10
24	联苯菊酯	Bifenthrin		50
25	生物苄呋菊酯	Bioresmethrin		500
26	联苯三唑醇	Bitertanol		10
27	联苯吡菌胺	Bixafen		50
28	啶酰菌胺	Boscalid		20
29	溴鼠灵	Brodifacoum		1
30	溴化物	Bromide		50000
31	溴螨酯	Bromopropylate		50
32	溴苯腈	Bromoxynil		100
33	溴替唑仑	Brotizolam		不得检出
34	氟丙嘧草酯	Butafenacil		20
35	斑蝥黄	Canthaxanthin		100
36	多菌灵	Carbendazim		100
37	三唑酮草酯	Carfentrazone – ethyl		50
38	氯虫苯甲酰胺	Chlorantraniliprole		70
39	氯丹	Chlordane		80
40	虫螨腈	Chlorfenapyr		10
41	氟啶脲	Chlorfluazuron		20
42	氯地孕酮	Chlormadinone		2
43	矮壮素	Chlormequat		100

序号	药品中文名称	药品英文名称	中国限量	日本限量
44	百菌清	Chlorothalonil		10
45	毒死蜱	Chlorpyrifos		10
46	甲基毒死蜱	Chlorpyrifos – methyl		200
47	金霉素	Chlortetracycline	600	600
48	氯酞酸二甲酯	Chlorthal – dimethyl		50
49	克伦特罗	Clenbuterol		不得检出
50	烯草酮	Clethodim		200
51	炔草酸	Clodinafop – propargyl		50
52	四螨嗪	Clofentezine		50
53	氯羟吡啶	Clopidol		20000
54	二氯吡啶酸	Clopyralid		100
55	解毒喹	Cloquintocet – mexyl		100
56	氯司替勃	Clostebol		0.5
57	噻虫胺	Clothianidin		100
58	氯唑西林	Cloxacillin	300	300
59	黏菌素	Colistin		150
60	溴氰虫酰胺	Cyantraniliprole		200
61	氟氯氰菊酯	Cyfluthrin		100
62	三氟氯氰菊酯	Cyhalothrin		20
63	氯氰菊酯	Cypermethrin		50
64	环唑醇	Cyproconazole		10
65	嘧菌环胺	Cyprodinil		10
66	环丙氨嗪	Cyromazine		100
67	达氟沙星	Danofloxacin	400	
68	滴滴涕	DDT		2000
69	溴氰菊酯	Deltamethrin		50
70	地塞米松	Dexamethasone		不得检出
71	丁醚脲	Diafenthiuron		20
72	二丁基羟基甲苯	Dibutylhydroxytoluene		200
73	麦草畏	Dicamba		70
74	敌敌畏	Dichlorvos		50
75	地克珠利	Diclazuril	3000	3000
76	禾草灵	Diclofop – methyl		50
77	双氯西林	Dicloxacillin		300
78	三氯杀螨醇	Dicofol		50

序号	药品中文名称	药品英文名称	中国限量	日本限量
79	苯醚甲环唑	Difenoconazole		10
80	野燕枯	Difenzoquat		50
81	二氟沙星	Difloxacin	1900	
82	敌灭灵	Diflubenzuron		50
83	双氢链霉素	Dihydrostreptmiycin		500
84	二甲吩草胺	Dimethenamid		10
85	落长灵	Dimethipin		10
86	乐果	Dimethoate		50
87	烯酰吗啉	Dimethomorph		10
88	二硝托胺	Dinitolmide		4000
89	呋虫胺	Dinotefuran		20
90	二苯胺	Diphenylamine		10
91	驱蝇啶	Dipropyl isocinchomeronate		4
92	敌草快	Diquat		10
93	乙拌磷	Disulfoton		20
94	二噻农	Dithianon		10
95	二嗪农	Dithiocarbamates		100
96	多西环素	Doxycycline	300	
97	甲氨基阿维菌素苯甲酸盐	Emamectin benzoate		0.5
98	硫丹	Endosulfan		100
99	安特灵	Endrin		50
100	恩诺沙星	Enrofloxacin	200	100●
101	氟环唑	Epoxiconazole		10
102	茵草敌	Eptc		50
103	红霉素	Erythromycin	200	100●
104	胺苯磺隆	Ethametsulfuron – methyl		20
105	乙烯利	Ethephon		200
106	乙氧酰胺苯甲酯	Ethopabate		20000
107	乙氧基喹啉	Ethoxyquin		4000
108	1,2 – 二氯乙烷	Ethylene dichloride		100
109	醚菊酯	Etofenprox		70
110	乙螨唑	Etoxazole		40
111	氯唑灵	Etridiazole		100
112	恶唑菌酮	Famoxadone		10
113	非班太尔	Febantel		6000

序号	药品中文名称	药品英文名称	中国限量	日本限量
114	苯线磷	Fenamiphos		10
115	氯苯嘧啶醇	Fenarimol		20
116	芬苯达唑	Fenbendazole	500▲	6000
117	腈苯唑	Fenbuconazole		10
118	苯丁锡	Fenbutatin oxide		80
119	杀螟松	Fenitrothion		50
120	噁唑禾草灵	Fenoxaprop – ethyl		100
121	甲氰菊酯	Fenpropathrin		10
122	丁苯吗啉	Fenpropimorph		10
123	羟基三苯基锡	Fentin		50
124	氰戊菊酯	Fenvalerate		10
125	氟虫腈	Fipronil		20
126	氟啶虫酰胺	Flonicamid		100
127	氟苯尼考	Florfenicol	2500	
128	吡氟禾草隆	Fluazifop – butyl		100
129	氟苯达唑	Flubendazole	500	500
130	氟苯虫酰胺	Flubendiamide		20
131	氟氰菊酯	Flucythrinate		50
132	咯菌腈	Fludioxonil		50
133	氟砜灵	Fluensulfone		10
134	氟烯草酸	Flumiclorac – pentyl		10
135	氟吡菌胺	Fluopicolide		10
136	氟吡菌酰胺	Fluopyram		2000
137	氟嘧啶	Flupyrimin		100
138	氟喹唑	Fluquinconazole		20
139	氟草定	Fluroxypyr		50
140	氟硅唑	Flusilazole		200
141	氟酰胺	Flutolanil		50
142	粉唑醇	Flutriafol		50
143	氟唑菌酰胺	Fluxapyroxad		20
144	草胺膦	Glufosinate		100
145	4,5 – 二甲酰胺咪唑	Glycalpyramide		30
146	草甘膦	Glyphosate		500
147	常山酮	Halofuginone		600
148	吡氟氯禾灵	Haloxyfop		50

序号	药品中文名称	药品英文名称	中国限量	日本限量
149	六氯苯	Hexachlorobenzene		600
150	噻螨酮	Hexythiazox		50
151	磷化氢	Hydrogen phosphide		10
152	抑霉唑	Imazalil		20
153	铵基咪草啶酸	Imazamox – ammonium		10
154	甲咪唑烟酸	Imazapic		10
155	灭草烟	Imazapyr		10
156	咪草烟铵盐	Imazethapyr ammonium		100
157	吡虫啉	Imidacloprid		50
158	茚虫威	Indoxacarb		10
159	碘甲磺隆	Iodosulfuron – methyl		10
160	2 –［（7,8 –二氟 – 2 – 甲基 – 3 – 喹啉基）氧基］– 6 –氟 – A,A –二甲基苯甲醇	Ipflufenoquin		10
161	异菌脲	Iprodione		3000
162	异丙噻菌胺	Isofetamid		10
163	吡唑萘菌胺	Isopyrazam		10
164	异噁唑草酮	Isoxaflutole		200
165	卡那霉素	Kanamycin	600	
166	吉他霉素	Kitasamycin	200	
167	拉沙洛西	Lasalocid		400
168	左旋咪唑	Levamisole	100	100
169	林可霉素	Lincomycin	500	
170	林丹	Lindane		10
171	利谷隆	Linuron		50
172	虱螨脲	Lufenuron		30
173	马度米星	Maduramicin		800
174	2 – 甲基 – 4 –氯苯氧基乙酸	Mcpa		50
175	2 – 甲基 – 4 –氯戊氧基丙酸	Mecoprop		50
176	精甲霜灵	Mefenoxam		100
177	氯氟醚菌唑	Mefentrifluconazole		10
178	醋酸美伦孕酮	Melengestrol acetate		不得检出
179	缩节胺	Mepiquat – chloride		50
180	甲磺胺磺隆	Mesosulfuron – methyl		10
181	氰氟虫腙	Metaflumizone		80
182	甲霜灵	Metalaxyl		100

序号	药品中文名称	药品英文名称	中国限量	日本限量
183	甲胺磷	Methamidophos		10
184	杀扑磷	Methidathion		20
185	灭多威	Methomyl（Thiodicarb）		20
186	烯虫酯	Methoprene		100
187	甲氧滴滴涕	Methoxychlor		10
188	甲氧虫酰肼	Methoxyfenozide		10
189	嗪草酮	Metribuzin		400
190	莫能菌素	Monensin		10
191	腈菌唑	Myclobutanil		10
192	萘夫西林	Nafcillin		5
193	二溴磷	Naled		50
194	甲基盐霉素	Narasin		50
195	新霉素	Neomycin	5500	500●
196	尼卡巴嗪	Nicarbazin		500
197	硝苯砷酸	Nitarsone		2000
198	硝碘酚腈	Nitroxynil		1000
199	诺孕美特	Norgestomet		0.1
200	氟酰脲	Novaluron		100
201	氧乐果	Omethoate		50
202	奥美普林	Ormetoprim		100
203	苯唑西林	Oxacillin	300	
204	杀线威	Oxamyl		20
205	氟噻唑吡乙酮	Oxathiapiprolin		10
206	2－［3－（乙基磺酰基）－2－吡啶基］－5－［（三氟甲基)磺酰基]苯并[d]恶唑	Oxazosulfyl		50
207	砜吸磷	Oxydemeton－methyl		20
208	乙氧氟草醚	Oxyfluorfen		10
209	土霉素	Oxytetracycline	600	600
210	百草枯	Paraquat		50
211	对硫磷	Parathion		50
212	戊菌唑	Penconazole		50
213	吡噻菌胺	Penthiopyrad		30
214	氯菊酯	Permethrin		100
215	甲拌磷	Phorate		50
216	毒莠定	Picloram		100

序号	药品中文名称	药品英文名称	中国限量	日本限量
217	啶氧菌酯	Picoxystrobin		10
218	杀鼠酮	Pindone		1
219	唑啉草酯	Pinoxaden		60
220	增效醚	Piperonyl butoxide		10000
221	抗蚜威	Pirimicarb		100
222	甲基嘧啶磷	Pirimiphos – methyl		10
223	普鲁卡因青霉素	Procaine benzylpenicillin	50	
224	咪鲜胺	Prochloraz		200
225	丙溴磷	Profenofos		50
226	霜霉威	Propamocarb		10
227	敌稗	Propanil		10
228	克螨特	Propargite		100
229	丙环唑	Propiconazole		40
230	残杀威	Propoxur		50
231	氟磺隆	Prosulfuron		50
232	丙硫菌唑	Prothioconazol		100
233	吡唑醚菌酯	Pyraclostrobin		50
234	磺酰草吡唑	Pyrasulfotole		20
235	除虫菊酯	Pyrethrins		200
236	哒草特	Pyridate		200
237	二氯喹啉酸	Quinclorac		50
238	喹氧灵	Quinoxyfen		10
239	五氯硝基苯	Quintozene		10
240	喹禾灵	Quizalofop – ethyl		50
241	糖草酯	Quizalofop – P – tefuryl		50
242	苄呋菊酯	Resmethrin		100
243	氯苯胍	Robenidine	100	100
244	洛克沙胂	Roxarsone		2000
245	盐霉素	Salinomycin		200
246	沙拉沙星	Sarafloxacin		80
247	氟唑环菌胺	Sedaxane		10
248	赛杜霉素	Semduramicin		不得检出
249	氟硅菊酯	Silafluofen		500
250	西玛津	Simazine		20
251	大观霉素	Spectinomycin		2000

续表

序号	药品中文名称	药品英文名称	中国限量	日本限量
252	乙基多杀菌素	Spinetoram		10
253	多杀菌素	Spinosad		100
254	链霉素	Streptmnycin		500
255	磺胺嘧啶	Sulfadiazine		100
256	磺胺二甲氧嗪	Sulfadimethoxine		100
257	磺胺二甲嘧啶	Sulfamethazine	100	100
258	磺胺喹恶啉	Sulfaquinoxaline		100
259	磺胺噻唑	Sulfathiazole		100
260	磺胺类	Sulfonamides	100	
261	磺酰磺隆	Sulfosulfuron		5
262	氟啶虫胺腈	Sulfoxaflor		300
263	戊唑醇	Tebuconazole		50
264	四氯硝基苯	Tecnazene		50
265	氟苯脲	Teflubenzuron		10
266	七氟菊酯	Tefluthrin		1
267	得杀草	Tepraloxydim		300
268	特丁磷	Terbufos		50
269	氟醚唑	Tetraconazole		30
270	四环素	Tetracycline	600	600
271	噻菌灵	Thiabendazole		100
272	噻虫啉	Thiacloprid		20
273	噻虫嗪	Thiamethoxam		10
274	甲砜霉素	Thiamphenicol	50	
275	噻呋酰胺	Thifluzamide		30
276	禾草丹	Thiobencarb		30
277	硫菌灵	Thiophanate		100
278	甲基硫菌灵	Thiophanate – methyl		100
279	噻酰菌胺	Tiadinil		10
280	泰妙菌素	Tiamulin		300
281	替米考星	Tilmicosin		500
282	3－苯基－5－（噻吩－2－基）－[1,2,4]噁二唑	Tioxazafen		20
283	托曲珠利	Toltrazuril	600▲	2000
284	四溴菊酯	Tralomethrin		50
285	群勃龙醋酸酯	Trenbolone acetate		不得检出
286	三唑酮	Triadimefon		60

序号	药品中文名称	药品英文名称	中国限量	日本限量
287	三唑醇	Triadimenol		60
288	野麦畏	Triallate		200
289	敌百虫	Trichlorfon		50
290	三氯吡氧乙酸	Triclopyr		80
291	肟菌酯	Trifloxystrobin		40
292	氟菌唑	Triflumizole		50
293	杀铃脲	Triflumuron		10
294	甲氧苄啶	Trimethoprim	50	50
295	灭菌唑	Triticonazole		50
296	泰万菌素	Tylvalosin	50	
297	乙烯菌核利	Vinclozolin		100
298	维吉尼亚霉素	Virginiamycin	300	200 ●
299	华法林	Warfarin		1
300	玉米赤霉醇	Zeranol		2

2.3.3　中国与欧盟

中国与欧盟关于鸭肝兽药残留限量标准比对情况见表 2－3－3。该表显示，中国与欧盟关于鸭肝涉及的兽药残留限量指标共有 34 项。其中，中国对 26 种兽药残留进行了限量规定，欧盟对 24 种兽药残留进行了限量规定；有 16 种兽药残留中国与欧盟都对其进行了限量规定，金霉素（Chlortetracycline）、氟苯达唑（Flubendazole）、新霉素（Neomycin）、土霉素（Oxytetracycline）、四环素（Tetracycline）5 项指标欧盟严于中国，其余的11 项指标中国与欧盟相同。

表 2－3－3　中国与欧盟鸭肝兽药残留限量标准比对　　　单位：μg/kg

序号	药品中文名称	药品英文名称	中国限量	欧盟限量
1	阿苯达唑	Albendazole	5000	
2	阿莫西林	Amoxicillin	50	
3	阿维拉霉素	Avilamycin		300
4	青霉素	Benzylpenicillin	50	50
5	金霉素	Chlortetracycline	600	300 ●
6	氯唑西林	Cloxacillin	300	300
7	黏菌素	Colistin		150
8	达氟沙星	Danofloxacin	400	400
9	地克珠利	Diclazuril	3000	

续表

序号	药品中文名称	药品英文名称	中国限量	欧盟限量
10	二氟沙星	Difloxacin	1900	1900
11	多西环素	Doxycycline	300	
12	恩诺沙星	Enrofloxacin	200	200
13	芬苯达唑	Fenbendazole	500	
14	氟苯达唑	Flubendazole	500	400 ●
15	氟甲喹	Flumequine		800
16	卡那霉素	Kanamycin	600	600
17	吉他霉素	Kitasamycin	200	
18	拉沙洛西	Lasalocid		100
19	左旋咪唑	Levamisole	100	100
20	林可霉素	Lincomycin	500	500
21	新霉素	Neomycin	5500	500 ●
22	苯唑西林	Oxacillin	300	300
23	土霉素	Oxytetracycline	600	300 ●
24	巴龙霉素	Paromomycin		1500
25	苯氧甲基青霉素	Phenoxymethylpenicillin		25
26	大观霉素	Spectinomycin		1000
27	磺胺二甲嘧啶	Sulfamethazine	100	
28	磺胺类	Sulfonamides	100	
29	四环素	Tetracycline	600	300 ●
30	甲砜霉素	Thiamphenicol	50	50
31	甲氧苄啶	Trimethoprim	50	
32	泰乐菌素	Tylosin		100
33	泰万菌素	Tylvalosin	50	50
34	维吉尼亚霉素	Virginiamycin	300	

2.3.4　中国与CAC

中国与 CAC 关于鸭肝兽药残留限量标准比对情况见表 2 - 3 - 4。该表显示，中国与 CAC 关于鸭肝涉及的兽药残留限量指标共有 30 项。其中，CAC 关于鸭肝的兽药残留限量指标共有 8 项，与中国现行的已制定限量指标的 30 种兽药相比较，中国有限量规定而 CAC 没有限量规定的兽药有 22 种，中国与 CAC 均有限量规定的兽药有 8 种且这 8 项指标相同。

表 2 - 3 - 4　中国与 CAC 鸭肝兽药残留限量标准比对　　　　单位：μg/kg

序号	药品中文名称	药品英文名称	中国限量	CAC 限量
1	阿苯达唑	Albendazole	5000	5000
2	阿莫西林	Amoxicillin	50	
3	氨苄西林	Ampicillin	50	
4	青霉素	Benzylpenicillin	50	
5	金霉素	Chlortetracycline	600	600
6	氯唑西林	Cloxacillin	300	
7	达氟沙星	Danofloxacin	400	
8	地克珠利	Diclazuril	3000	3000
9	二氟沙星	Difloxacin	1900	
10	多西环素	Doxycycline	300	
11	恩诺沙星	Enrofloxacin	200	
12	芬苯达唑	Fenbendazole	500	
13	氟苯尼考	Florfenicol	2500	
14	氟苯达唑	Flubendazole	500	500
15	卡那霉素	Kanamycin	600	
16	吉他霉素	Kitasamycin	200	
17	左旋咪唑	Levamisole	100	100
18	林可霉素	Lincomycin	500	
19	新霉素	Neomycin	5500	
20	苯唑西林	Oxacillin	300	
21	土霉素	Oxytetracycline	600	600
22	普鲁卡因青霉素	Procaine benzylpenicillin	50	
23	磺胺二甲嘧啶	Sulfamethazine	100	100
24	磺胺类	Sulfonamides	100	
25	四环素	Tetracycline	600	600
26	甲砜霉素	Thiamphenicol	50	
27	托曲珠利	Toltrazuril	600	
28	甲氧苄啶	Trimethoprim	50	
29	泰万菌素	Tylvalosin	50	
30	维吉尼亚霉素	Virginiamycin	300	

2.3.5　中国与美国

中国与美国关于鸭肝兽药残留限量标准比对情况见表 2 - 3 - 5。该表显示，中国与美国关于鸭肝涉及的兽药残留限量指标共有 39 项。其中，美国关于鸭肝的兽药残留限量指标共有 13 项，与中国现行的已制定限量指标的 30 种兽药相比较，中国有限量规定而美国没有限量规定的兽药有 26 种，美国有限量规定而中国没有限量规定的兽药有 9 种。中国与美国均有限量规定的兽药有 4 种，其中阿苯达唑（Albendazole）、阿莫西林（Amoxicillin）、氨苄西林（Ampicillin）3 项指标美国严于中国，维吉尼亚霉素（Virginiamycin）的指标两国相同。

表 2-3-5　中国与美国鸭肝兽药残留限量标准比对　　　　　单位：µg/kg

序号	药品中文名称	药品英文名称	中国限量	美国限量
1	阿苯达唑	Albendazole	5000	200●
2	阿莫西林	Amoxicillin	50	10●
3	氨苄西林	Ampicillin	50	10●
4	青霉素	Benzylpenicillin	50	
5	卡巴氧	Carbadox		3000
6	头孢噻呋	Ceftiofur		2000
7	金霉素	Chlortetracycline	600	
8	氯唑西林	Cloxacillin	300	
9	达氟沙星	Danofloxacin	400	
10	地克珠利	Diclazuril	3000	
11	二氟沙星	Difloxacin	1900	
12	多西环素	Doxycycline	300	
13	恩诺沙星	Enrofloxacin	200	
14	芬苯达唑	Fenbendazole	500	
15	芬前列林	Fenprostalene		20
16	氟苯尼考	Florfenicol	2500	
17	氟苯达唑	Flubendazole	500	
18	卡那霉素	Kanamycin	600	
19	吉他霉素	Kitasamycin	200	
20	左旋咪唑	Levamisole	100	
21	林可霉素	Lincomycin	500	
22	莫西菌素	Moxidectin		200
23	新霉素	Neomycin	5500	
24	苯唑西林	Oxacillin	300	
25	土霉素	Oxytetracycline	600	
26	吡利霉素	Pirlimycin		500
27	普鲁卡因青霉素	Procaine benzylpenicillin	50	
28	黄体酮	Progesterone		6
29	酒石酸噻吩嘧啶	Pyrantel tartrate		10000
30	磺胺二甲嘧啶	Sulfamethazine	100	
31	磺胺类	Sulfonamides	100	

续表

序号	药品中文名称	药品英文名称	中国限量	美国限量
32	丙酸睾酮	Testosterone propionate		1.3
33	四环素	Tetracycline	600	
34	甲砜霉素	Thiamphenicol	50	
35	泰妙菌素	Tiamulin		600
36	托曲珠利	Toltrazuril	600	
37	甲氧苄啶	Trimethoprim	50	
38	泰万菌素	Tylvalosin	50	
39	维吉尼亚霉素	Virginiamycin	300	300

2.4　鸭肾的兽药残留限量

2.4.1　中国与韩国

中国与韩国关于鸭肾兽药残留限量标准比对情况见表 2-4-1。该表显示，中国与韩国关于鸭肾涉及的兽药残留限量指标共有 59 项。其中，韩国关于鸭肾的兽药残留限量指标共有 47 项，与中国现行的已制定限量指标的 30 种兽药相比较，韩国有限量规定而中国没有限量规定的兽药有 28 种，中国有限量规定而韩国没有限量规定的兽药有 11 种，中国与韩国均有限量规定的兽药有 19 种。在 19 种兽药中，红霉素（Erythromycin）、维吉尼亚霉素（Virginiamycin）2 项指标韩国严于中国，其余的 17 项指标两国相同。

表 2-4-1　中国与韩国鸭肾兽药残留限量标准比对　　　　单位：μg/kg

序号	药品中文名称	药品英文名称	中国限量	韩国限量
1	阿苯达唑	Albendazole	5000	
2	阿莫西林	Amoxicillin	50	50
3	氨苄西林	Ampicillin	50	
4	氨丙啉	Amprolium		1000
5	安普霉素	Apramycin		800
6	杆菌肽	Bacitracin	500	500
7	青霉素	Benzylpenicillin	50	
8	金霉素	Chlortetracycline	1200	1200
9	氯羟吡啶	Clopidol		20000
10	氯唑西林	Cloxacillin	300	300
11	黏菌素	Colistin		200
12	氟氯氰菊酯	Cyfluthrin		80
13	达氟沙星	Danofloxacin	400	400
14	癸氧喹酯	Decoquinate		2000

续表

序号	药品中文名称	药品英文名称	中国限量	韩国限量
15	溴氰菊酯	Deltamethrin		50
16	地塞米松	Dexamethasone		1
17	敌菌净	Diaveridine		50
18	地克珠利	Diclazuril	2000	
19	双氯西林	Dicloxacillin		300
20	二氟沙星	Difloxacin	600	600
21	双氢链霉素	Dihydrostreptmiycin		1000
22	多西环素	Doxycycline	600	600
23	恩诺沙星	Enrofloxacin	300	300
24	红霉素	Erythromycin	200	100 ●
25	芬苯达唑	Fenbendazole	50	
26	氟苯尼考	Florfenicol	750	750
27	氟甲喹	Flumequine		1000
28	庆大霉素	Gentamicin		100
29	匀霉素	Hygromycin		50
30	交沙霉素	Josamycin		40
31	卡那霉素	Kanamycin	2500	2500
32	吉他霉素	Kitasamycin	200	200
33	拉沙洛西	Lasalocid		20
34	左旋咪唑	Levamisole	10	
35	林可霉素	Lincomycin	500	500
36	马度米星	Maduramycin		1000
37	甲苯咪唑	Mebendazole		60
38	莫能菌素	Monensin		50
39	甲基盐霉素	Narasin		300
40	新霉素	Neomycin	9000	
41	尼卡巴嗪	Nycarbazine		200
42	苯唑西林	Oxacillin	300	
43	土霉素	Oxytetracycline	1200	1200
44	哌嗪	Piperazine		100
45	普鲁卡因青霉素	Procaine benzylpenicillin		
46	氯苯胍	Robenidine	100	100
47	盐霉素	Salinomycin		500
48	沙拉沙星	Sarafloxacin		50
49	赛杜霉素	Semduramicin		200

续表

序号	药品中文名称	药品英文名称	中国限量	韩国限量
50	链霉素	Streptmnycin		1000
51	磺胺二甲嘧啶	Sulfamethazine	100	
52	磺胺类	Sulfonamides	100	
53	四环素	Tetracycline	1200	1200
54	甲砜霉素	Thiamphenicol	50	
55	泰妙菌素	Tiamulin		100
56	托曲珠利	Toltrazuril	400	400
57	甲氧苄啶	Trimethoprim	50	50
58	泰乐菌素	Tylosin		100
59	维吉尼亚霉素	Virginiamycin	400	200 ●

2.4.2　中国与日本

中国与日本关于鸭肾兽药残留限量标准比对情况见表 2 - 4 - 2。该表显示，中国与日本关于鸭肾涉及的兽药残留限量指标共有 299 项。其中，中国对阿苯达唑等 31 种兽药残留进行了限量规定，日本对阿莫西林等 286 种兽药残留进行了限量规定；有 17 种兽药残留两国都对其进行了限量规定，其中新霉素（Neomycin）、托曲珠利（Toltrazuril）2 项指标中国严于日本，金霉素（Chlortetracycline）、恩诺沙星（Enrofloxacin）、红霉素（Erythromycin）、芬苯达唑（Fenbendazole）、土霉素（Oxytetracycline）、四环素（Tetracycline）、维吉尼亚霉素（Virginiamycin）7 项指标日本严于中国；有 13 项指标中国已制定而日本未制定，267 项指标日本已制定而中国未制定。

表 2 - 4 - 2　中国与日本鸭肾兽药残留限量标准比对　　　　单位：μg/kg

序号	药品中文名称	药品英文名称	中国限量	日本限量
1	2,4 - 二氯苯氧乙酸	2,4 - D		700
2	2,4 - 二氯苯氧丁酸	2,4 - DB		50
3	乙酰甲胺磷	Acephate		10
4	啶虫脒	Acetamiprid		50
5	苯并仲甲基	Acibenzolar - S - methyl		20
6	甲草胺	Alachlor		20
7	阿苯达唑	Albendazole	5000	
8	唑嘧菌胺	Ametoctradin		30
9	阿莫西林	Amoxicillin	50	50
10	氨苄西林	Ampicillin	50	50
11	氨丙啉	Amprolium		1000
12	阿特拉津	Atrazine		20

序号	药品中文名称	药品英文名称	中国限量	日本限量
13	阿维拉霉素	Avilamycin		200
14	嘧菌酯	Azoxystrobin		10
15	杆菌肽	Bacitracin	500	500
16	苯霜灵	Benalaxyl		500
17	恶虫威	Bendiocarb		50
18	苯菌灵	Benomyl		90
19	苯达松	Bentazone		50
20	苯并烯氟菌唑	Benzovindiflupyr		10
21	青霉素	Benzylpenicillin	50	
22	倍他米松	Betamethasone		不得检出
23	联苯肼酯	Bifenazate		10
24	联苯菊酯	Bifenthrin		50
25	生物苄呋菊酯	Bioresmethrin		500
26	联苯三唑醇	Bitertanol		10
27	联苯吡菌胺	Bixafen		50
28	啶酰菌胺	Boscalid		20
29	溴鼠灵	Brodifacoum		1
30	溴化物	Bromide		50000
31	溴螨酯	Bromopropylate		50
32	溴苯腈	Bromoxynil		100
33	溴替唑仑	Brotizolam		不得检出
34	氟丙嘧草酯	Butafenacil		20
35	斑蝥黄	Canthaxanthin		100
36	多菌灵	Carbendazim		90
37	三唑酮草酯	Carfentrazone – ethyl		50
38	氯虫苯甲酰胺	Chlorantraniliprole		70
39	氯丹	Chlordane		80
40	虫螨腈	Chlorfenapyr		10
41	氟啶脲	Chlorfluazuron		20
42	氯地孕酮	Chlormadinone		2
43	矮壮素	Chlormequat		100
44	百菌清	Chlorothalonil		10
45	毒死蜱	Chlorpyrifos		10
46	甲基毒死蜱	Chlorpyrifos – methyl		200
47	金霉素	Chlortetracycline	1200	1000 ●

续表

序号	药品中文名称	药品英文名称	中国限量	日本限量
48	氯酞酸二甲酯	Chlorthal－dimethyl		50
49	克伦特罗	Clenbuterol		不得检出
50	烯草酮	Clethodim		200
51	炔草酸	Clodinafop－propargyl		50
52	四螨嗪	Clofentezine		50
53	氯羟吡啶	Clopidol		20000
54	二氯吡啶酸	Clopyralid		200
55	解毒喹	Cloquintocet－mexyl		100
56	氯司替勃	Clostebol		0.5
57	噻虫胺	Clothianidin		100
58	氯唑西林	Cloxacillin	300	300
59	黏菌素	Colistin		200
60	溴氰虫酰胺	Cyantraniliprole		200
61	氟氯氰菊酯	Cyfluthrin		100
62	三氟氯氰菊酯	Cyhalothrin		20
63	氯氰菊酯	Cypermethrin		50
64	环唑醇	Cyproconazole		10
65	嘧菌环胺	Cyprodinil		10
66	环丙氨嗪	Cyromazine		100
67	达氟沙星	Danofloxacin	400	
68	滴滴涕	DDT		2000
69	溴氰菊酯	Deltamethrin		50
70	地塞米松	Dexamethasone		不得检出
71	丁醚脲	Diafenthiuron		20
72	二丁基羟基甲苯	Dibutylhydroxytoluene		100
73	麦草畏	Dicamba		70
74	敌敌畏	Dichlorvos		50
75	地克珠利	Diclazuril	2000	2000
76	禾草灵	Diclofop－methyl		50
77	双氯西林	Dicloxacillin		300
78	三氯杀螨醇	Dicofol		50
79	苯醚甲环唑	Difenoconazole		10
80	野燕枯	Difenzoquat		50
81	二氟沙星	Difloxacin	600	
82	敌灭灵	Diflubenzuron		50

序号	药品中文名称	药品英文名称	中国限量	日本限量
83	双氢链霉素	Dihydrostreptmiycin		1000
84	二甲吩草胺	Dimethenamid		10
85	落长灵	Dimethipin		10
86	乐果	Dimethoate		50
87	烯酰吗啉	Dimethomorph		10
88	二硝托胺	Dinitolmide		6000
89	呋虫胺	Dinotefuran		20
90	二苯胺	Diphenylamine		10
91	驱蝇啶	Dipropyl isocinchomeronate		4
92	敌草快	Diquat		10
93	乙拌磷	Disulfoton		20
94	二噻农	Dithianon		10
95	二嗪农	Dithiocarbamates		100
96	多西环素	Doxycycline	600	
97	甲氨基阿维菌素苯甲酸盐	Emamectin benzoate		0.5
98	硫丹	Endosulfan		100
99	安特灵	Endrin		50
100	恩诺沙星	Enrofloxacin	300	100●
101	氟环唑	Epoxiconazole		10
102	茵草敌	Eptc		50
103	红霉素	Erythromycin	200	100●
104	胺苯磺隆	Ethametsulfuron – methyl		20
105	乙烯利	Ethephon		200
106	乙氧酰胺苯甲酯	Ethopabate		20000
107	乙氧基喹啉	Ethoxyquin		7000
108	1,2 – 二氯乙烷	Ethylene dichloride		100
109	醚菊酯	Etofenprox		70
110	乙螨唑	Etoxazole		10
111	氯唑灵	Etridiazole		100
112	恶唑菌酮	Famoxadone		10
113	苯线磷	Fenamiphos		10
114	氯苯嘧啶醇	Fenarimol		20
115	芬苯达唑	Fenbendazole	50	10●
116	腈苯唑	Fenbuconazole		10
117	苯丁锡	Fenbutatin oxide		80

续表

序号	药品中文名称	药品英文名称	中国限量	日本限量
118	杀螟松	Fenitrothion		50
119	噁唑禾草灵	Fenoxaprop – ethyl		100
120	甲氰菊酯	Fenpropathrin		10
121	丁苯吗啉	Fenpropimorph		10
122	羟基三苯基锡	Fentin		50
123	氰戊菊酯	Fenvalerate		10
124	氟虫腈	Fipronil		20
125	氟啶虫酰胺	Flonicamid		100
126	氟苯尼考	Florfenicol	750	
127	吡氟禾草隆	Fluazifop – butyl		100
128	氟苯达唑	Flubendazole		400
129	氟苯虫酰胺	Flubendiamide		20
130	氟氰菊酯	Flucythrinate		50
131	咯菌腈	Fludioxonil		50
132	氟砜灵	Fluensulfone		10
133	氟烯草酸	Flumiclorac – pentyl		10
134	氟吡菌胺	Fluopicolide		10
135	氟吡菌酰胺	Fluopyram		2000
136	氟嘧啶	Flupyrimin		100
137	氟喹唑	Fluquinconazole		20
138	氟草定	Fluroxypyr		50
139	氟硅唑	Flusilazole		200
140	氟酰胺	Flutolanil		50
141	粉唑醇	Flutriafol		50
142	氟唑菌酰胺	Fluxapyroxad		20
143	草胺膦	Glufosinate		500
144	4,5 – 二甲酰胺咪唑	Glycalpyramide		30
145	草甘膦	Glyphosate		500
146	常山酮	Halofuginone		1000
147	吡氟氯禾灵	Haloxyfop		50
148	六氯苯	Hexachlorobenzene		600
149	噻螨酮	Hexythiazox		50
150	磷化氢	Hydrogen phosphide		10
151	抑霉唑	Imazalil		20
152	铵基咪草啶酸	Imazamox – ammonium		10

序号	药品中文名称	药品英文名称	中国限量	日本限量
153	灭草烟	Imazapyr		10
154	咪草烟铵盐	Imazethapyr ammonium		100
155	吡虫啉	Imidacloprid		50
156	茚虫威	Indoxacarb		10
157	碘甲磺隆	Iodosulfuron – methyl		10
158	氟苯喹啉	Ipflufenoquin		10
159	异菌脲	Iprodione		500
160	异丙噻菌胺	Isofetamid		10
161	吡唑萘菌胺	Isopyrazam		10
162	异噁唑草酮	Isoxaflutole		200
163	卡那霉素	Kanamycin	2500	
164	吉他霉素	Kitasamycin	200	
165	拉沙洛西	Lasalocid		400
166	左旋咪唑	Levamisole	10	10
167	林可霉素	Lincomycin	500	
168	林丹	Lindane		10
169	利谷隆	Linuron		50
170	虱螨脲	Lufenuron		20
171	马度米星	Maduramicin		1000
172	2 – 甲基 – 4 – 氯苯氧基乙酸	Mcpa		50
173	2 – 甲基 – 4 – 氯戊氧基丙酸	Mecoprop		50
174	精甲霜灵	Mefenoxam		100
175	氯氟醚菌唑	Mefentrifluconazole		10
176	醋酸美伦孕酮	Melengestrol acetate		不得检出
177	缩节胺	Mepiquat – chloride		50
178	甲磺胺磺隆	Mesosulfuron – methyl		10
179	氰氟虫腙	Metaflumizone		80
180	甲霜	Metalaxyl		100
181	甲胺磷	Methamidophos		10
182	杀扑磷	Methidathion		20
183	灭多威	Methomyl（Thiodicarb）		20
184	烯虫酯	Methoprene		100
185	甲氧滴滴涕	Methoxychlor		10
186	甲氧虫酰肼	Methoxyfenozide		10
187	嗪草酮	Metribuzin		400

续表

序号	药品中文名称	药品英文名称	中国限量	日本限量
188	莫能菌素	Monensin		10
189	腈菌唑	Myclobutanil		10
190	萘夫西林	Nafcillin		5
191	二溴磷	Naled		50
192	甲基盐霉素	Narasin		20
193	新霉素	Neomycin	9000▲	10000
194	尼卡巴嗪	Nicarbazin		500
195	硝苯砷酸	Nitarsone		2000
196	硝碘酚腈	Nitroxynil		1000
197	诺孕美特	Norgestomet		0.1
198	氟酰脲	Novaluron		100
199	氧乐果	Omethoate		50
200	奥美普林	Ormetoprim		100
201	苯唑西林	Oxacillin	300	
202	杀线威	Oxamyl		20
203	氟噻唑吡乙酮	Oxathiapiprolin		10
204	2 - [3 - (乙基磺酰基) - 2 - 吡啶基] - 5 - [(三氟甲基) 磺酰基] 苯并 [d] 恶唑	Oxazosulfyl		50
205	奥芬达唑	Oxfendazole		10
206	非班太尔	Febantel		10
207	砜吸磷	Oxydemeton - methyl		20
208	乙氧氟草醚	Oxyfluorfen		10
209	土霉素	Oxytetracycline	1200	1000●
210	百草枯	Paraquat		50
211	对硫磷	Parathion		50
212	戊菌唑	Penconazole		50
213	吡噻菌胺	Penthiopyrad		30
214	氯菊酯	Permethrin		100
215	甲拌磷	Phorate		50
216	毒莠定	Picloram		100
217	啶氧菌酯	Picoxystrobin		10
218	杀鼠酮	Pindone		1
219	唑啉草酯	Pinoxaden		60
220	增效醚	Piperonyl butoxide		10000
221	抗蚜威	Pirimicarb		100

序号	药品中文名称	药品英文名称	中国限量	日本限量
222	甲基嘧啶磷	Pirimiphos – methyl		10
223	普鲁卡因青霉素	Procaine benzylpenicillin	50	
224	咪鲜胺	Prochloraz		200
225	丙溴磷	Profenofos		50
226	霜霉威	Propamocarb		10
227	敌稗	Propanil		10
228	克螨特	Propargite		100
229	丙环唑	Propiconazole		40
230	残杀威	Propoxur		50
231	氟磺隆	Prosulfuron		50
232	丙硫菌唑	Prothioconazol		100
233	吡唑醚菌酯	Pyraclostrobin		50
234	磺酰草吡唑	Pyrasulfotole		20
235	除虫菊酯	Pyrethrins		200
236	哒草特	Pyridate		200
237	二氯喹啉酸	Quinclorac		50
238	喹氧灵	Quinoxyfen		10
239	五氯硝基苯	Quintozene		10
240	喹禾灵	Quizalofop – ethyl		50
241	糖草酯	Quizalofop – P – tefuryl		50
242	苄蚨菊酯	Resmethrin		100
243	氯苯胍	Robenidine	100	100
244	洛克沙肿	Roxarsone		2000
245	盐霉素	Salinomycin		40
246	沙拉沙星	Sarafloxacin		80
247	氟唑环菌胺	Sedaxane		10
248	烯禾啶	Sethoxydim		200
249	氟硅菊酯	Silafluofen		100
250	西玛津	Simazine		20
251	大观霉素	Spectinomycin		5000
252	乙基多杀菌素	Spinetoram		10
253	多杀菌素	Spinosad		100
254	链霉素	Streptmnycin		1000
255	磺胺嘧啶	Sulfadiazine		100
256	磺胺二甲氧嗪	Sulfadimethoxine		100

续表

序号	药品中文名称	药品英文名称	中国限量	日本限量
257	磺胺二甲嘧啶	Sulfamethazine	100	100
258	磺胺喹恶啉	Sulfaquinoxaline		100
259	磺胺噻唑	Sulfathiazole		100
260	磺胺类	Sulfonamides	100	
261	磺酰磺隆	Sulfosulfuron		5
262	氟啶虫胺腈	Sulfoxaflor		300
263	戊唑醇	Tebuconazole		50
264	四氯硝基苯	Tecnazene		50
265	氟苯脲	Teflubenzuron		10
266	七氟菊酯	Tefluthrin		1
267	得杀草	Tepraloxydim		300
268	特丁磷	Terbufos		50
269	氟醚唑	Tetraconazole		20
270	四环素	Tetracycline	1200	1000●
271	噻菌灵	Thiabendazole		100
272	噻虫啉	Thiacloprid		20
273	噻虫嗪	Thiamethoxam		10
274	甲砜霉素	Thiamphenicol	50	
275	噻呋酰胺	Thifluzamide		30
276	禾草丹	Thiobencarb		30
277	硫菌灵	Thiophanate		90
278	甲基硫菌灵	Thiophanate – methyl		90
279	噻酰菌胺	Tiadinil		10
280	泰妙菌素	Tiamulin		100
281	替米考星	Tilmicosin		250
282	3－苯基－5－(噻吩－2－基)－[1,2,4]噁二唑	Tioxazafen		20
283	托曲珠利	Toltrazuril	400▲	2000
284	群勃龙醋酸酯	Trenbolone acetate		不得检出
285	三唑酮	Triadimefon		60
286	三唑醇	Triadimenol		60
287	野麦畏	Triallate		200
288	敌百虫	Trichlorfon		50
289	三氯吡氧乙酸	Triclopyr		80
290	十三吗啉	Tridemorph		50
291	肟菌酯	Trifloxystrobin		40

序号	药品中文名称	药品英文名称	中国限量	日本限量
292	氟菌唑	Triflumizole		50
293	杀铃脲	Triflumuron		10
294	甲氧苄啶	Trimethoprim	50	50
295	灭菌唑	Triticonazole		50
296	乙烯菌核利	Vinclozolin		100
297	维吉尼亚霉素	Virginiamycin	400	200 ●
298	华法林	Warfarin		1
299	玉米赤霉醇	Zeranol		2

2.4.3 中国与欧盟

中国与欧盟关于鸭肾兽药残留限量标准比对情况见表 2 – 4 – 3。该表显示，中国与欧盟关于鸭肾涉及的兽药残留限量指标共有 40 项。其中，欧盟关于鸭肾的兽药残留限量指标共有 28 项，与中国现行的已制定限量指标的 29 种兽药相比较，欧盟有限量规定而中国没有限量规定的兽药有 11 种，中国有限量规定而欧盟没有限量规定的兽药有 12 种，中国与欧盟均有限量规定的兽药有 17 种。在 17 种兽药中，仅有新霉素（Neomycin）1 项指标欧盟严于中国，其余的 16 项指标中国与欧盟相同。

表 2 – 4 – 3 中国与欧盟鸭肾兽药残留限量标准比对　　　　单位：μg/kg

序号	药品中文名称	药品英文名称	中国限量	欧盟限量
1	阿苯达唑	Albendazole	5000	
2	阿莫西林	Amoxicillin	50	50
3	氨苄西林	Ampicillin	50	50
4	阿维拉霉素	Avilamycin		200
5	青霉素	Benzylpenicillin	50	50
6	金霉素	Chlortetracycline	1200	
7	氯唑西林	Cloxacillin	300	300
8	黏菌素	Colistin		200
9	达氟沙星	Danofloxacin	400	400
10	地克珠利	Diclazuril	2000	
11	双氯西林	Dicloxacillin		300
12	二氟沙星	Difloxacin	600	600
13	多西环素	Doxycycline	600	600
14	恩诺沙星	Enrofloxacin	300	300
15	红霉素	Erythromycin	200	200

续表

序号	药品中文名称	药品英文名称	中国限量	欧盟限量
16	芬苯达唑	Fenbendazole	50	
17	氟苯尼考	Florfenicol	750	750
18	氟苯达唑	Flubendazole		300
19	氟甲喹	Flumequine		1000
20	卡那霉素	Kanamycin	2500	2500
21	吉他霉素	Kitasamycin	200	
22	拉沙洛西	Lasalocid		50
23	左旋咪唑	Levamisole	10	10
24	林可霉素	Lincomycin	500	
25	新霉素	Neomycin	9000	5000●
26	苯唑西林	Oxacillin	300	300
27	噁喹酸	Oxolinic acid		150
28	土霉素	Oxytetracycline	1200	
29	巴龙霉素	Paromomycin		1500
30	苯氧甲基青霉素	Phenoxymethylpenicillin		25
31	普鲁卡因青霉素	Procaine benzylpenicillin	50	50
32	磺胺二甲嘧啶	Sulfamethazine	100	
33	磺胺类	Sulfonamides	100	
34	四环素	Tetracycline	1200	
35	甲砜霉素	Thiamphenicol	50	50
36	替米考星	Tilmicosin		250
37	托曲珠利	Toltrazuril	400	400
38	甲氧苄啶	Trimethoprim	50	
39	泰乐菌素	Tylosin		100
40	维吉尼亚霉素	Virginiamycin	400	

2.4.4　中国与CAC

中国与CAC关于鸭肾兽药残留限量标准比对情况见表2-4-4。该表显示，中国与CAC关于鸭肾涉及的兽药残留限量指标共有28项。其中，CAC关于鸭肾的兽药残留限量指标共有7项，与中国现行的已制定限量指标的28种兽药相比较，中国有限量规定而CAC没有限量规定的兽药有21种，中国与CAC均有限量规定的有阿苯达唑（Albendazole）、金霉素（Chlortetracycline）、地克珠利（Diclazuril）、左旋咪唑（Levamisole）、土霉素（Oxytetracycline）、四环素（Tetracycline）、磺胺二甲嘧啶（Sulfamethazine）且7项指标相同。

表2-4-4　中国与CAC鸭肾兽药残留限量标准比对　　　　单位：μg/kg

序号	药品中文名称	药品英文名称	中国限量	CAC限量
1	阿苯达唑	Albendazole	5000	5000
2	阿莫西林	Amoxicillin	50	
3	氨苄西林	Ampicillin	50	
4	青霉素	Benzylpenicillin	50	
5	金霉素	Chlortetracycline	1200	1200
6	氯唑西林	Cloxacillin	300	
7	达氟沙星	Danofloxacin	400	
8	地克珠利	Diclazuril	2000	2000
9	二氟沙星	Difloxacin	600	
10	多西环素	Doxycycline	600	
11	恩诺沙星	Enrofloxacin	300	
12	芬苯达唑	Fenbendazole	50	
13	氟苯尼考	Florfenicol	750	
14	卡那霉素	Kanamycin	2500	
15	吉他霉素	Kitasamycin	200	
16	左旋咪唑	Levamisole	10	10
17	林可霉素	Lincomycin	500	
18	新霉素	Neomycin	9000	
19	苯唑西林	Oxacillin	300	
20	土霉素	Oxytetracycline	1200	1200
21	普鲁卡因青霉素	Procaine benzylpenicillin	50	
22	磺胺二甲嘧啶	Sulfamethazine	100	100
23	磺胺类	Sulfonamides	100	
24	四环素	Tetracycline	1200	1200
25	甲砜霉素	Thiamphenicol	50	
26	托曲珠利	Toltrazuril	400	
27	甲氧苄啶	Trimethoprim	50	
28	维吉尼亚霉素	Virginiamycin	400	

2.4.5　中国与美国

中国与美国关于鸭肾兽药残留限量标准比对情况见表2-4-5。该表显示，中国与美国关于鸭肾涉及的兽药残留限量指标共有35项。其中，美国关于鸭肾的兽药残留限量指标共有10项，与中国现行的已制定限量指标的28种兽药相比较，中国有限量规定而美国没有限量规定的兽药有25种，美国有限量规定而中国没有限量规定的兽药有7种，中国与美国均有限量规定的有阿莫西林（Amoxicillin）、氨苄西林（Ampicillin）、维吉尼亚霉素（Virginiamycin）且3项指标两国相同。

表 2 - 4 - 5　中国与美国鸭肾兽药残留限量标准比对　　　单位：μg/kg

序号	药品中文名称	药品英文名称	中国限量	美国限量
1	阿苯达唑	Albendazole	5000	
2	阿莫西林	Amoxicillin	50	10
3	氨苄西林	Ampicillin	50	10
4	安普霉素	Apramycin		100
5	青霉素	Benzylpenicillin	50	
6	头孢噻呋	Ceftiofur		8000
7	金霉素	Chlortetracycline	1200	
8	氯舒隆	Clorsulon		1000
9	氯唑西林	Cloxacillin	300	
10	达氟沙星	Danofloxacin	400	
11	地克珠利	Diclazuril	2000	
12	二氟沙星	Difloxacin	600	
13	多西环素	Doxycycline	600	
14	恩诺沙星	Enrofloxacin	300	
15	芬苯达唑	Fenbendazole	50	
16	芬前列林	Fenprostalene		30
17	氟苯尼考	Florfenicol	750	
18	卡那霉素	Kanamycin	2500	
19	吉他霉素	Kitasamycin	200	
20	左旋咪唑	Levamisole	10	
21	林可霉素	Lincomycin	500	
22	新霉素	Neomycin	9000	
23	苯唑西林	Oxacillin	300	
24	土霉素	Oxytetracycline	1200	
25	普鲁卡因青霉素	Procaine benzylpenicillin	50	
26	黄体酮	Progesterone		9
27	酒石酸噻吩嘧啶	Pyrantel tartrate		10000
28	磺胺二甲嘧啶	Sulfamethazine	100	
29	磺胺类	Sulfonamides	100	
30	丙酸睾酮	Testosterone propionate		1.9
31	四环素	Tetracycline	1200	
32	甲砜霉素	Thiamphenicol	50	
33	托曲珠利	Toltrazuril	400	
34	甲氧苄啶	Trimethoprim	50	
35	维吉尼亚霉素	Virginiamycin	400	400

2.5 鸭蛋的兽药残留限量

2.5.1 中国与韩国

中国与韩国关于鸭蛋兽药残留限量标准比对情况见表 2 - 5 - 1。该表显示，中国与韩国关于鸭蛋涉及的兽药残留限量指标共有 34 项。其中，中国有 8 项，韩国有 30 项；中国有限量规定但韩国无限量规定的指标有 4 项，韩国有限量规定但中国无限量规定的指标有 26 项；氟苯达唑（Flubendazole）、土霉素（Oxytetracycline）、金霉素（Chlortetracycline）、四环素（Tetracycline）4 项指标两国相同。

表 2 - 5 - 1　中国与韩国鸭蛋兽药残留限量标准比对　　单位：μg/kg

序号	药品中文名称	药品英文名称	中国限量	韩国限量
1	氨丙啉	Amprolium		4000
2	杆菌肽	Bacitracin	500	
3	黄霉素	Bambermycin		20
4	毒死蜱	Chlorpyrifos		10
5	金霉素	Chlortetracycline	400	400
6	黏菌素	Colistin		300
7	氯氰菊酯	Cypermethrin		50
8	环丙氨嗪	Cyromazine		200
9	地塞米松	Dexamethasone		0.1
10	敌敌畏	Dichlorvos		10
11	芬苯达唑	Fenbendazole	1300	
12	仲丁威	Fenobucarb		10
13	氟苯达唑	Flubendazole	400	400
14	氟雷拉纳	Fluralaner		1300
15	潮霉素 B	Hygromycin B		50
16	卡那霉素	Kanamycin		500
17	吉他霉素	Kitasamycin		200
18	拉沙洛西	Lasalocid		50
19	林可霉素	Lincomycin		50
20	新霉素	Neomycin	500	
21	奥苯达唑	Oxybendazole		30
22	土霉素	Oxytetracycline	400	400
23	氯菊酯	Permethrin		100
24	非那西丁	Phenacetin		10
25	哌嗪	Piperazine		2000
26	残杀威	Propoxur		10

续表

序号	药品中文名称	药品英文名称	中国限量	韩国限量
27	沙拉沙星	Sarafloxacin		30
28	杀虫畏	Tetrachlorvinphos		10
29	四环素	Tetracycline	400	400
30	泰妙菌素	Tiamulin		1000
31	敌百虫	Trichlorfone		10
32	甲氧苄啶	Trimethoprim		20
33	泰乐菌素	Tylosin		200
34	泰万菌素	Tylvalosin	200	

2.5.2　中国与日本

中国与日本关于鸭蛋兽药残留限量标准比对情况见表 2 - 5 - 2。该表显示，中国与日本关于鸭蛋涉及的兽药残留限量指标共有 261 项。其中，中国有 9 项，日本有 259 项；中国有限量规定但日本没有限量规定的有 2 项，日本有限量规定但中国无限量规定的有 252 项；有 6 项指标两国相同，红霉素（Erythromycin）的指标日本严于中国。

表 2 - 5 - 2　中国与日本鸭蛋兽药残留限量标准比对　　　　　　单位：μg/kg

序号	药品中文名称	药品英文名称	中国限量	日本限量
1	2,4 - 二氯苯氧乙酸	2,4 - D		10
2	2,4 - 二氯苯氧丁酸	2,4 - DB		50
3	乙酰甲胺磷	Acephate		10
4	啶虫脒	Acetamiprid		10
5	S - 甲基苯并[1,2,3]噻二唑 - 7 - 硫代羧酸酯	Acibenzolar - S - methyl		20
6	甲草胺	Alachlor		20
7	艾氏剂和狄氏剂	Aldrin and dieldrin		100
8	烯丙菊酯	Allethrin		50
9	唑嘧菌胺	Ametoctradin		30
10	氨丙啉	Amprolium		5000
11	阿特拉津	Atrazine		20
12	嘧菌酯	Azoxystrobin		10
13	杆菌肽	Bacitracin	500	500
14	苯霜灵	Benalaxyl		50
15	恶虫威	Bendiocarb		50
16	苯菌灵	Benomyl		90
17	苯达松	Bentazone		50
18	苯并烯氟菌唑	Benzovindiflupyr		10

序号	药品中文名称	药品英文名称	中国限量	日本限量
19	倍他米松	Betamethasone		不得检出
20	联苯肼酯	Bifenazate		10
21	联苯菊酯	Bifenthrin		10
22	生物苄呋菊酯	Bioresmethrin		50
23	联苯三唑醇	Bitertanol		10
24	联苯吡菌胺	Bixafen		50
25	啶酰菌胺	Boscalid		20
26	溴鼠灵	Brodifacoum		1
27	溴化物	Bromide		50000
28	溴螨酯	Bromopropylate		80
29	溴苯腈	Bromoxynil		40
30	溴替唑仑	Brotizolam		不得检出
31	氟丙嘧草酯	Butafenacil		10
32	斑蝥黄	Canthaxanthin		100
33	多菌灵	Carbendazim		90
34	三唑酮草酯	Carfentrazone – ethyl		50
35	氯虫苯甲酰胺	Chlorantraniliprole		200
36	氯丹	Chlordane		20
37	虫螨腈	Chlorfenapyr		10
38	氟啶脲	Chlorfluazuron		20
39	氯地孕酮	Chlormadinone		2
40	矮壮素	Chlormequat		100
41	百菌清	Chlorothalonil		10
42	毒死蜱	Chlorpyrifos		10
43	甲基毒死蜱	Chlorpyrifos – methyl		50
44	金霉素	Chlortetracycline	400	400
45	氯酞酸二甲酯	Chlorthal – dimethyl		50
46	克伦特罗	Clenbuterol		不得检出
47	烯草酮	Clethodim		50
48	炔草酸	Clodinafop – propargyl		50
49	四螨嗪	Clofentezine		50
50	二氯吡啶酸	Clopyralid		80
51	解毒喹	Cloquintocet – mexyl		100
52	氯司替勃	Clostebol		0.5
53	噻虫胺	Clothianidin		20

续表

序号	药品中文名称	药品英文名称	中国限量	日本限量
54	溴氰虫酰胺	Cyantraniliprole		200
55	氟氯氰菊酯	Cyfluthrin		50
56	三氟氯氰菊酯	Cyhalothrin		20
57	氯氰菊酯	Cypermethrin		50
58	环唑醇	Cyproconazole		10
59	嘧菌环胺	Cyprodinil		10
60	环丙氨嗪	Cyromazine		300
61	滴滴涕	DDT		100
62	溴氰菊酯	Deltamethrin		30
63	地塞米松	Dexamethasone		不得检出
64	丁醚脲	Diafenthiuron		20
65	二丁基羟基甲苯	Dibutylhydroxytoluene		600
66	麦草畏	Dicamba		10
67	敌敌畏	Dichlorvos		50
68	禾草灵	Diclofop – methyl		50
69	三氯杀螨醇	Dicofol		50
70	狄氏剂	Dieldrin		100
71	苯醚甲环唑	Difenoconazole		30
72	敌灭灵	Diflubenzuron		50
73	二甲吩草胺	Dimethenamid		10
74	落长灵	Dimethipin		10
75	乐果	Dimethoate		50
76	烯酰吗啉	Dimethomorph		10
77	呋虫胺	Dinotefuran		20
78	二苯胺	Diphenylamine		50
79	驱蝇啶	Dipropyl isocinchomeronate		4
80	敌草快	Diquat		10
81	乙拌磷	Disulfoton		20
82	二噻农	Dithianon		10
83	二嗪农	Dithiocarbamates		50
84	甲氨基阿维菌素苯甲酸盐	Emamectin benzoate		0.5
85	硫丹	Endosulfan		80
86	安特灵	Endrin		5
87	氟环唑	Epoxiconazole		10
88	茵草敌	Eptc		10

序号	药品中文名称	药品英文名称	中国限量	日本限量
89	红霉素	Erythromycin	150	50 ●
90	胺苯磺隆	Ethametsulfuron – methyl		20
91	乙烯利	Ethephon		200
92	乙氧基喹啉	Ethoxyquin		1000
93	1,2 – 二氯乙烷	Ethylene dichloride		100
94	醚菊酯	Etofenprox		400
95	乙螨唑	Etoxazole		200
96	氯唑灵	Etridiazole		50
97	恶唑菌酮	Famoxadone		10
98	苯线磷	Fenamiphos		10
99	氯苯嘧啶醇	Fenarimol		20
100	芬苯达唑	Fenbendazole	1300	
101	腈苯唑	Fenbuconazole		10
102	苯丁锡	Fenbutatin oxide		50
103	杀螟松	Fenitrothion		50
104	噁唑禾草灵	Fenoxaprop – ethyl		20
105	甲氰菊酯	Fenpropathrin		10
106	丁苯吗啉	Fenpropimorph		10
107	羟基三苯基锡	Fentin		50
108	氰戊菊酯	Fenvalerate		10
109	氟虫腈	Fipronil		20
110	氟啶虫酰胺	Flonicamid		200
111	吡氟禾草隆	Fluazifop – butyl		40
112	氟苯达唑	Flubendazole	400	400
113	氟苯虫酰胺	Flubendiamide		10
114	氟氰菊酯	Flucythrinate		50
115	咯菌腈	Fludioxonil		10
116	氟砜灵	Fluensulfone		10
117	氟烯草酸	Flumiclorac – pentyl		10
118	氟吡菌胺	Fluopicolide		10
119	氟吡菌酰胺	Fluopyram		1000
120	氟吡呋喃酮	Flupyradifurone		10
121	氟嘧啶	Flupyrimin		40
122	氟喹唑	Fluquinconazole		20
123	氟草定	Fluroxypyr		30

续表

序号	药品中文名称	药品英文名称	中国限量	日本限量
124	氟硅唑	Flusilazole		100
125	氟酰胺	Flutolanil		50
126	粉唑醇	Flutriafol		50
127	氟唑菌酰胺	Fluxapyroxad		20
128	草铵膦	Glufosinate		50
129	4,5-二甲酰胺咪唑	Glycalpyramide		30
130	草甘膦	Glyphosate		50
131	吡氟氯禾灵	Haloxyfop		10
132	七氯	Heptachlor		50
133	六氯苯	Hexachlorobenzene		500
134	噻螨酮	Hexythiazox		50
135	磷化氢	Hydrogen phosphide		10
136	抑霉唑	Imazalil		20
137	铵基咪草啶酸	Imazamox – ammonium		10
138	甲咪唑烟酸	Imazapic		10
139	灭草烟	Imazapyr		10
140	咪草烟铵盐	Imazethapyr ammonium		100
141	吡虫啉	Imidacloprid		20
142	茚虫威	Indoxacarb		10
143	碘甲磺隆	Iodosulfuron – methyl		10
144	2-[(7,8-二氟-2-甲基-3-喹啉基)氧基]-6-氟-A,A-二甲基苯甲醇	Ipflufenoquin		10
145	异菌脲	Iprodione		800
146	丙胺磷	Isofenphos		20
147	吡唑萘菌胺	Isopyrazam		10
148	异噁唑草酮	Isoxaflutole		10
149	拉沙洛西	Lasalocid		200
150	林丹	Lindane		10
151	利谷隆	Linuron		50
152	虱螨脲	Lufenuron		300
153	2-甲基-4-氯苯氧基乙酸	Mcpa		50
154	2-甲基-4-氯戊氧基丙酸	Mecoprop		50
155	精甲霜灵	Mefenoxam		50
156	氯氟醚菌唑	Mefentrifluconazole		10
157	醋酸美伦孕酮	Melengestrol acetate		不得检出

序号	药品中文名称	药品英文名称	中国限量	日本限量
158	缩节胺	Mepiquat - chloride		50
159	甲磺胺磺隆	Mesosulfuron - methyl		10
160	氰氟虫腙	Metaflumizone		200
161	甲霜灵	Metalaxyl		50
162	甲胺磷	Methamidophos		10
163	杀扑磷	Methidathion		20
164	灭多威	Methomyl（Thiodicarb）		20
165	烯虫酯	Methoprene		50
166	甲氧滴滴涕	Methoxychlor		10
167	甲氧虫酰肼	Methoxyfenozide		10
168	嗪草酮	Metribuzin		30
169	腈菌唑	Myclobutanil		10
170	萘夫西林	Nafcillin		5
171	新霉素	Neomycin	500	500
172	诺孕美特	Norgestomet		0.1
173	氟酰脲	Novaluron		100
174	氧乐果	Omethoate		50
175	杀线威	Oxamyl		20
176	氟噻唑吡乙酮	Oxathiapiprolin		10
177	2－[3－（乙基磺酰基）－2－吡啶基]－5－[（三氟甲基）磺酰基]苯并[d]恶唑	Oxazosulfyl		10
178	砜吸磷	Oxydemeton - methyl		20
179	乙氧氟草醚	Oxyfluorfen		30
180	土霉素	Oxytetracycline	400	400
181	百草枯	Paraquat		10
182	对硫磷	Parathion		50
183	甲基对硫磷	Parathion - methyl		50
184	戊菌唑	Penconazole		50
185	吡噻菌胺	Penthiopyrad		30
186	氯菊酯	Permethrin		100
187	甲拌磷	Phorate		50
188	毒莠定	Picloram		50
189	啶氧菌酯	Picoxystrobin		10
190	杀鼠酮	Pindone		1
191	唑啉草酯	Pinoxaden		60

序号	药品中文名称	药品英文名称	中国限量	日本限量
192	增效醚	Piperonyl butoxide		1000
193	抗蚜威	Pirimicarb		50
194	甲基嘧啶磷	Pirimiphos – methyl		10
195	咪鲜胺	Prochloraz		100
196	丙溴磷	Profenofos		20
197	霜霉威	Propamocarb		10
198	敌稗	Propanil		10
199	克螨特	Propargite		100
200	丙环唑	Propiconazole		40
201	残杀威	Propoxur		50
202	氟磺隆	Prosulfuron		50
203	丙硫菌唑	Prothioconazol		6
204	吡唑醚菌酯	Pyraclostrobin		50
205	磺酰草吡唑	Pyrasulfotole		20
206	除虫菊酯	Pyrethrins		100
207	哒草特	Pyridate		200
208	二氯喹啉酸	Quinclorac		50
209	喹氧灵	Quinoxyfen		10
210	五氯硝基苯	Quintozene		30
211	喹禾灵	Quizalofop – ethyl		20
212	糖草酯	Quizalofop – P – tefuryl		20
213	苄蚨菊酯	Resmethrin		100
214	洛克沙肿	Roxarsone		500
215	氟唑环菌胺	Sedaxane		10
216	烯禾啶	Sethoxydim		300
217	氟硅菊酯	Silafluofen		1000
218	西玛津	Simazine		20
219	大观霉素	Spectinomycin		2000
220	乙基多杀菌素	Spinetoram		10
221	多杀菌素	Spinosad		100
222	磺胺嘧啶	Sulfadiazine		20
223	磺胺二甲嘧啶	Sulfamethazine		10
224	磺胺喹恶啉	Sulfaquinoxaline		10
225	磺酰磺隆	Sulfosulfuron		5
226	氟啶虫胺腈	Sulfoxaflor		100

序号	药品中文名称	药品英文名称	中国限量	日本限量
227	戊唑醇	Tebuconazole		50
228	虫酰肼	Tebufenozide		20
229	四氯硝基苯	Tecnazene		50
230	氟苯脲	Teflubenzuron		10
231	七氟菊酯	Tefluthrin		1
232	得杀草	Tepraloxydim		100
233	特丁磷	Terbufos		10
234	氟醚唑	Tetraconazole		20
235	四环素	Tetracycline	400	400
236	噻菌灵	Thiabendazole		100
237	噻虫啉	Thiacloprid		20
238	噻虫嗪	Thiamethoxam		10
239	噻呋酰胺	Thifluzamide		40
240	禾草丹	Thiobencarb		30
241	硫菌灵	Thiophanate		90
242	甲基硫菌灵	Thiophanate – methyl		90
243	噻酰菌胺	Tiadinil		10
244	3－苯基－5－（噻吩－2－基）－[1,2,4]噁二唑	Tioxazafen		20
245	四溴菊酯	Tralomethrin		30
246	群勃龙醋酸酯	Trenbolone acetate		不得检出
247	三唑酮	Triadimefon		50
248	三唑醇	Triadimenol		50
249	杀铃脲	Triasulfuron		50
250	三氯吡氧乙酸	Triclopyr		50
251	十三吗啉	Tridemorph		50
252	肟菌酯	Trifloxystrobin		40
253	氟菌唑	Triflumizole		20
254	杀铃脲	Triflumuron		10
255	甲氧苄啶	Trimethoprim		20
256	灭菌唑	Triticonazole		50
257	泰万菌素	Tylvalosin	200	
258	乙烯菌核利	Vinclozolin		50
259	维吉尼亚霉素	Virginiamycin		100
260	华法林	Warfarin		1
261	玉米赤霉醇	Zeranol		2

2.5.3　中国与欧盟

中国与欧盟关于鸭蛋兽药残留限量标准比对情况见表 2 - 5 - 3。该表显示，中国已制定的鸭蛋兽药残留限量指标有 6 项，欧盟没有制定限量指标。

表 2 - 5 - 3　中国与欧盟鸭蛋兽药残留限量标准比对　　　单位：μg/kg

序号	药品中文名称	药品英文名称	中国限量	欧盟限量
1	杆菌肽	Bacitracin	500	
2	金霉素	Chlortetracycline	400	
3	芬苯达唑	Fenbendazole	1300	
4	土霉素	Oxytetracycline	400	
5	四环素	Tetracycline	400	
6	泰万菌素	Tylvalosin	200	

2.5.4　中国与CAC

中国与 CAC 关于鸭蛋兽药残留限量标准比对情况见表 2 - 5 - 4。该表显示，中国与 CAC 关于鸭蛋涉及的兽药残留限量指标共有 8 项，CAC 规定的 4 项指标均与中国相同。

表 2 - 5 - 4　中国与 CAC 鸭蛋兽药残留限量标准比对　　　单位：μg/kg

序号	药品中文名称	药品英文名称	中国限量	CAC 限量
1	杆菌肽	Bacitracin	500	
2	金霉素	Chlortetracycline	400	400
3	芬苯达唑	Fenbendazole	1300	
4	氟苯达唑	Flubendazole	400	400
5	新霉素	Neomycin	500	
6	土霉素	Oxytetracycline	400	400
7	四环素	Tetracycline	400	400
8	泰万菌素	Tylvalosin	200	

2.5.5　中国与美国

中国与美国关于鸭蛋兽药残留限量标准比对情况见表 2 - 5 - 5。该表显示，中国已制定的鸭蛋兽药残留限量指标共有 8 项，美国对此未做明确要求。

表 2 - 5 - 5　中国与美国鸭蛋兽药残留限量标准比对　　　单位：μg/kg

序号	药品中文名称	药品英文名称	中国限量	美国限量
1	杆菌肽	Bacitracin	500	
2	金霉素	Chlortetracycline	400	
3	芬苯达唑	Fenbendazole	1300	

序号	药品中文名称	药品英文名称	中国限量	美国限量
4	氟苯达唑	Flubendazole	400	
5	新霉素	Neomycin	500	
6	土霉素	Oxytetracycline	400	
7	四环素	Tetracycline	400	
8	泰万菌素	Tylvalosin	200	

2.6 鸭"皮+脂"的兽药残留限量

2.6.1 中国与韩国

中国与韩国关于鸭"皮+脂"兽药残留限量标准比对情况见表2-6-1。该表显示，中国与韩国关于鸭"皮+脂"涉及的兽药残留限量指标共有12项，其中有6项指标两国相同，多西环素（Doxycycline）、维吉尼亚霉素（Virginiamycin）2项指标韩国严于中国。

表2-6-1 中国与韩国鸭"皮+脂"兽药残留限量标准比对　　　　单位：μg/kg

序号	药品中文名称	药品英文名称	中国限量	韩国限量
1	地克珠利	Diclazuril	1000	
2	二氟沙星	Difloxacin	400	400
3	多西环素	Doxycycline	300	100●
4	恩诺沙星	Enrofloxacin	100	100
5	芬苯达唑	Fenbendazole	50	
6	氟苯尼考	Florfenicol	200	200
7	卡那霉素	Kanamycin	100	100
8	甲砜霉素	Thiamphenicol	50	
9	托曲珠利	Toltrazuril	200	200
10	甲氧苄啶	Trimethoprim	50	50
11	泰万菌素	Tylvalosin	50	
12	维吉尼亚霉素	Virginiamycin	400	200●

2.6.2 中国与日本

中国与日本关于鸭"皮+脂"兽药残留限量标准比对情况见表2-6-2。该表显示，中国已制定的鸭"皮+脂"兽药残留限量指标共有12项，日本对此未做明确规定。

表2-6-2 中国与日本鸭"皮+脂"兽药残留限量标准比对　　　　单位：μg/kg

序号	药品中文名称	药品英文名称	中国限量	日本限量
1	地克珠利	Diclazuril	1000	
2	二氟沙星	Difloxacin	400	

续表

序号	药品中文名称	药品英文名称	中国限量	日本限量
3	多西环素	Doxycycline	300	
4	恩诺沙星	Enrofloxacin	100	
5	芬苯达唑	Fenbendazole	50	
6	氟苯尼考	Florfenicol	200	
7	卡那霉素	Kanamycin	100	
8	甲砜霉素	Thiamphenicol	50	
9	托曲珠利	Toltrazuril	200	
10	甲氧苄啶	Trimethoprim	50	
11	泰万菌素	Tylvalosin	50	
12	维吉尼亚霉素	Virginiamycin	400	

2.6.3　中国与欧盟

中国与欧盟关于鸭"皮+脂"兽药残留限量标准比对情况见表2-6-2。该表显示，中国已制定的鸭"皮+脂"兽药残留限量指标共有6项，欧盟对此未做明确规定。

表2-6-3　中国与欧盟鸭"皮+脂"兽药残留限量标准比对　　单位：μg/kg

序号	药品中文名称	药品英文名称	中国限量	欧盟限量
1	地克珠利	Diclazuril	1000	
2	芬苯达唑	Fenbendazole	50	
3	卡那霉素	Kanamycin	100	
4	甲砜霉素	Thiamphenicol	50	
5	甲氧苄啶	Trimethoprim	50	
6	维吉尼亚霉素	Virginiamycin	400	

2.6.4　中国与CAC

中国与CAC关于鸭"皮+脂"兽药残留限量标准比对情况见表2-6-4。该表显示，中国与CAC关于鸭"皮+脂"涉及的兽药残留限量指标共有12项，中国对地克珠利（Diclazuril）等12种兽药残留进行了限量规定，CAC仅对地克珠利（Diclazuril）规定了残留限量且指标与中国相同。

表2-6-4　中国与CAC鸭"皮+脂"兽药残留限量标准比对　　单位：μg/kg

序号	药品中文名称	药品英文名称	中国限量	CAC限量
1	地克珠利	Diclazuril	1000	1000
2	二氟沙星	Difloxacin	400	
3	多西环素	Doxycycline	300	

序号	药品中文名称	药品英文名称	中国限量	CAC限量
4	恩诺沙星	Enrofloxacin	100	
5	芬苯达唑	Fenbendazole	50	
6	氟苯尼考	Florfenicol	200	
7	卡那霉素	Kanamycin	100	
8	甲砜霉素	Thiamphenicol	50	
9	托曲珠利	Toltrazuril	200	
10	甲氧苄啶	Trimethoprim	50	
11	泰万菌素	Tylvalosin	50	
12	维吉尼亚霉素	Virginiamycin	400	

2.6.5 中国与美国

中国与美国关于鸭"皮+脂"兽药残留限量标准比对情况见表2-6-5。该表显示，中国与美国关于鸭"皮+脂"涉及的兽药残留限量指标共有12项，中国对地克珠利（Diclazuril）等12种兽药残留进行了限量规定，美国仅对维吉尼亚霉素（Virginiamycin）规定了残留限量且指标与中国相同。

表2-6-5　中国与美国鸭"皮+脂"兽药残留限量标准比对　　单位：μg/kg

序号	药品中文名称	药品英文名称	中国限量	美国限量
1	地克珠利	Diclazuril	1000	
2	二氟沙星	Difloxacin	400	
3	多西环素	Doxycycline	300	
4	恩诺沙星	Enrofloxacin	100	
5	芬苯达唑	Fenbendazole	50	
6	氟苯尼考	Florfenicol	200	
7	卡那霉素	Kanamycin	100	
8	甲砜霉素	Thiamphenicol	50	
9	托曲珠利	Toltrazuril	200	
10	甲氧苄啶	Trimethoprim	50	
11	泰万菌素	Tylvalosin	50	
12	维吉尼亚霉素	Virginiamycin	400	400

第3章　鹅的兽药残留限量标准比对

鹅产业是养禽业中十分重要的产业之一。鹅是一种节粮型草食水禽，其品种有很多，分为家鹅和野鹅两类。野鹅即天鹅，有黑天鹅、白天鹅、灰雁等。家鹅种类与野鹅一致，白家鹅最常见，家养灰鹅常见于食用，黑家鹅则常见于动物园观赏。从鹅的出产功能分类，家鹅主要划分为产肉、产蛋、产绒、产肥肝4类。肉鹅品种主要有法国图卢兹鹅和朗德鹅、匈牙利鹅以及中国的狮头鹅、皖西白鹅、溆浦鹅等。蛋鹅主要有德国莱茵鹅，以及中国的太湖鹅、四川白鹅、烟台五龙鹅、东北仔鹅等。产绒鹅以白鹅为主，主要有罗马鹅、德国埃姆登鹅以及中国的皖西白鹅、浙东白鹅等。

肉鹅属于草食家禽，以青绿粗饲料为食，并且具有生长快、耐粗饲、耗粮少等特点，既适合于放牧圈养，又可以舍内工厂化生产。因此，鹅产业以饲养成本低、抗病力强、肉质营养丰富等优势，可作为补充养禽生产种类的重要来源。近20年来，世界鹅肉产量增长了25%，美国、加拿大、欧洲等国家的鹅肉市场仅占整个禽肉生产的0.5%～1%，而在匈牙利、捷克斯洛伐克、法国等国家则增长了1倍～2倍，其中鹅肝产量增长最大。目前，国外肥育鹅的类型有3种：肉用型幼鹅、成年鹅和生产肥肝的不同年龄鹅。在匈牙利、保加利亚、波兰等国家，肉用鹅普遍采用集约化的方式来进行肥育。波兰是鹅肉出口量最大的国家，其次是匈牙利和中国。鹅肉进口量前10位的国家分别是德国、中国、法国、俄罗斯、捷克、奥地利、贝林、丹麦、斯洛伐克、意大利。根据联合国粮食及农业组织（FAO）数据，2017年中国肉鹅出栏量约占全球的93.2%，其次是埃及和匈牙利。目前，全球禁止生产鹅肥肝的国家有阿根廷、捷克、丹麦、芬兰、德国、爱尔兰、以色列、意大利、卢森堡、荷兰、挪威、波兰、瑞典、瑞士和英国，虽禁止生产，但并不禁止销售。印度是全球全面禁止鹅肝生产和销售的国家。

我国是水禽生产大国，二十世纪九十年代初我国鹅存栏量已经突破亿只大关。进入二十一世纪以来，鹅存栏量呈波动上升。2017年，由于国家出台严格的限养政策，大量养鸭棚舍被强行拆除，肉鸭出栏量大幅缩减，鸭蛋产量显著下降。但是，与此同时，养鹅业经过快速及时的转型升级，并在健康养殖、标准化与生态方面取得显著的成效下，肉鹅出栏量与产值实现双增。二十世纪九十年代以前，受饲养环境、水资源、消费偏好、市场条件等因素影响，鹅养殖布局主要分布在长江流域及其以南地区。随着养殖技术水平的不断提高、规模化经营的发展以及环境规制的约束，鹅养殖布局呈现西进东移、南进北移的趋势。2020年，我国商品鹅出栏量达6.39亿只，较2019年增加0.29亿只，同比增长4.75%；2021年，我国商品鹅出栏量达6.61亿只，我国鹅的产业化正处于一个蓬勃发展的时代。

目前，我国饲养鹅的品种主要有籽鹅、雁鹅、狮头鹅、浙东白鹅、四川白鹅、太湖鹅、豁眼鹅、皖西白鹅等。我国对鹅产品的开发利用主要包括蛋用、肉用、羽绒用、肥肝用4类。肉用鹅主要为屠宰后进行加工，可以加工成烧鹅、盐水鹅、五香鹅、冻肥鹅等制品。蛋鹅因其养殖便利，抗病性、适应性强的特点，市场广阔，蛋鹅养殖主要通过售卖营养极其丰富的蛋类来获取高额利润。羽绒用鹅则因其羽绒含绒率高、富有弹性、吸水率低、隔热保暖性强等特性，是高档衣、被的填充料；鹅羽绒中的大羽还可制作成羽毛扇和羽毛球亦或是装饰品；同时，鹅的羽毛中蛋白质含量在80%以上，可加工成羽毛粉作为蛋白质饲料，还可加工成可食用的羽毛蛋白薄膜和高级食品的包装材料。

3.1 鹅肌肉的兽药残留限量

3.1.1 中国与韩国

中国与韩国关于鹅肌肉兽药残留限量标准比对情况见表3-1-1。该表显示，中国与韩国关于鹅肌肉涉及的兽药残留限量指标共有69项。其中，韩国关于鹅肌肉的兽药残留限量指标共有52项，与中国现行的已制定残留限量指标的36种兽药相比较，韩国有限量规定而中国没有限量规定的兽药有33种，中国有限量规定而韩国没有限量规定的兽药有17种，中国与韩国均有限量规定的兽药有19种。在19种兽药中，红霉素（Erythromycin）、甲氧苄啶（Trimethoprim）2项指标韩国严于中国，其余的17项指标两国相同。

表3-1-1　中国与韩国鹅肌肉兽药残留限量标准比对　　　　单位：μg/kg

序号	药品中文名称	药品英文名称	中国限量	韩国限量
1	阿苯达唑	Albendazole	100	
2	阿莫西林	Amoxicillin	50	50
3	氨苄西林	Ampicillin	50	
4	氨丙啉	Amprolium		500
5	安普霉素	Apramycin		200
6	杆菌肽	Bacitracin	500	500
7	青霉素	Benzylpenicillin	50	
8	金霉素	Chlortetracycline	200	200
9	氯羟吡啶	Clopidol		5000
10	氯唑西林	Cloxacillin	300	300
11	黏菌素	Colistin		150
12	氟氯氰菊酯	Cyfluthrin		10
13	氯氰菊酯	Cypermethrin		50
14	环丙氨嗪	Cyromazine	50	
15	达氟沙星	Danofloxacin	200	200
16	癸氧喹酯	Decoquinate		1000
17	溴氰菊酯	Deltamethrin		50
18	地塞米松	Dexamethasone		1
19	敌菌净	Diaveridine		50

续表

序号	药品中文名称	药品英文名称	中国限量	韩国限量
20	地克珠利	Diclazuril	500	
21	双氯西林	Dicloxacillin		300
22	二氟沙星	Difloxacin	300	300
23	双氢链霉素	Dihydrostreptmiycin		600
24	多西环素	Doxycycline	100	100
25	恩诺沙星	Enrofloxacin	100	100
26	红霉素	Erythromycin	200	100 ●
27	芬苯达唑	Fenbendazole	50	
28	倍硫磷	Fenthion	100	
29	氟苯尼考	Florfenicol	100	100
30	氟苯达唑	Flubendazole	200	
31	氟甲喹	Flumequine		400
32	氟胺氰菊酯	Fluvalinate	10	
33	庆大霉素	Gentamicin		100
34	氢溴酸谷氨酰胺镁盐	Glutamine hydrobromide magnesium salt		10
35	匀霉素	Hygromycin		50
36	交沙霉素	Josamycin		40
37	卡那霉素	Kanamycin	100	100
38	吉他霉素	Kitasamycin	200	200
39	拉沙洛西	Lasalocid		20
40	左旋咪唑	Levamisole	10	
41	林可霉素	Lincomycin	200	200
42	马度米星	Maduramycin		100
43	马拉硫磷	Malathion	4000	
44	甲苯咪唑	Mebendazole		60
45	莫能菌素	Monensin		50
46	甲基盐霉素	Narasin		100
47	新霉素	Neomycin	500	
48	尼卡巴嗪	Nycarbazine		200
49	苯唑西林	Oxacillin	300	
50	土霉素	Oxytetracycline	200	200
51	哌嗪	Piperazine		100
52	普鲁卡因青霉素	Procaine benzylpenicillin	50	
53	残杀威	Propoxur		10
54	氯苯胍	Robenidine	100	100

序号	药品中文名称	药品英文名称	中国限量	韩国限量
55	盐霉素	Salinomycin		100
56	沙拉沙星	Sarafloxacin		30
57	赛杜霉素	Semduramicin		100
58	链霉素	Streptmnycin		600
59	磺胺二甲嘧啶	Sulfamethazine	100	
60	磺胺类	Sulfonamides	100	
61	四环素	Tetracycline	200	200
62	甲砜霉素	Thiamphenicol	50	
63	泰妙菌素	Tiamulin		100
64	托曲珠利	Toltrazuril	100	100
65	四溴菊酯	Tralomethrin		50
66	敌百虫	Trichlorfone		10
67	甲氧苄啶	Trimethoprim	50	20●
68	泰乐菌素	Tylosin		100
69	维吉尼亚霉素	Virginiamycin	100	100

3.1.2 中国与日本

中国与日本关于鹅肌肉兽药残留限量标准比对情况见表 3-1-2。该表显示，中国与日本关于鹅肌肉涉及的兽药残留限量指标共有 306 项。其中，中国对阿苯达唑等 36 种兽药残留进行了限量规定，日本对阿莫西林等 290 种兽药残留进行了限量规定。有 20 种兽药残留两国都对其进行了限量规定，其中环丙氨嗪（Cyromazine）、芬苯达唑（Fenbendazole）、氯苯胍（Robenidine）、托曲珠利（Toltrazuril）4 项指标中国严于日本，恩诺沙星（Enrofloxacin）、红霉素（Erythromycin）2 项指标日本严于中国。另外，有 16 项指标中国已制定而日本未制定，270 项指标日本已制定而中国未制定。

表 3-1-2　中国与日本鹅肌肉兽药残留限量标准比对　　　　　单位：μg/kg

序号	药品中文名称	药品英文名称	中国限量	日本限量
1	2,4-二氯苯氧乙酸	2,4-D		50
2	2,4-二氯苯氧丁酸	2,4-DB		50
3	乙酰甲胺磷	Acephate		10
4	啶虫脒	Acetamiprid		10
5	S-甲基苯并[1,2,3]噻二唑-7-硫代羧酸酯	Acibenzolar-S-methyl		20
6	甲草胺	Alachlor		20
7	阿苯达唑	Albendazole	100	
8	唑嘧菌胺	Ametoctradin		30

续表

序号	药品中文名称	药品英文名称	中国限量	日本限量
9	阿莫西林	Amoxicillin	50	50
10	氨苄西林	Ampicillin	50	50
11	氨丙啉	Amprolium		500
12	阿特拉津	Atrazine		20
13	阿维拉霉素	Avilamycin		200
14	嘧菌酯	Azoxystrobin		10
15	杆菌肽	Bacitracin	500	500
16	苯霜灵	Benalaxyl		500
17	恶虫威	Bendiocarb		50
18	苯菌灵	Benomyl		90
19	苯达松	Bentazone		50
20	苯并烯氟菌唑	Benzovindiflupyr		10
21	青霉素	Benzylpenicillin	50	
22	倍他米松	Betamethasone		不得检出
23	联苯肼酯	Bifenazate		10
24	联苯菊酯	Bifenthrin		50
25	生物苄呋菊酯	Bioresmethrin		500
26	联苯三唑醇	Bitertanol		10
27	联苯吡菌胺	Bixafen		20
28	啶酰菌胺	Boscalid		20
29	溴鼠灵	Brodifacoum		1
30	溴化物	Bromide		50000
31	溴螨酯	Bromopropylate		50
32	溴苯腈	Bromoxynil		60
33	溴替唑仑	Brotizolam		不得检出
34	氟丙嘧草酯	Butafenacil		10
35	斑蝥黄	Canthaxanthin		100
36	多菌灵	Carbendazim		90
37	三唑酮草酯	Carfentrazone – ethyl		50
38	氯虫苯甲酰胺	Chlorantraniliprole		20
39	氯丹	Chlordane		80
40	虫螨腈	Chlorfenapyr		10
41	氟啶脲	Chlorfluazuron		20
42	氯地孕酮	Chlormadinone		2
43	矮壮素	Chlormequat		50

序号	药品中文名称	药品英文名称	中国限量	日本限量
44	百菌清	Chlorothalonil		10
45	毒死蜱	Chlorpyrifos		10
46	甲基毒死蜱	Chlorpyrifos – methyl		300
47	金霉素	Chlortetracycline	200	200
48	氯酞酸二甲酯	Chlorthal – dimethyl		50
49	克伦特罗	Clenbuterol		不得检出
50	烯草酮	Clethodim		200
51	炔草酸	Clodinafop – propargyl		50
52	四螨嗪	Clofentezine		50
53	氯羟吡啶	Clopidol		5000
54	二氯吡啶酸	Clopyralid		100
55	解毒喹	Cloquintocet – mexyl		100
56	氯司替勃	Clostebol		0.5
57	噻虫胺	Clothianidin		20
58	氯唑西林	Cloxacillin	300	300
59	黏菌素	Colistin		150
60	溴氰虫酰胺	Cyantraniliprole		20
61	氟氯氰菊酯	Cyfluthrin		200
62	三氟氯氰菊酯	Cyhalothrin		20
63	氯氰菊酯	Cypermethrin		50
64	环唑醇	Cyproconazole		10
65	嘧菌环胺	Cyprodinil		10
66	环丙氨嗪	Cyromazine	50▲	100
67	达氟沙星	Danofloxacin	200	
68	滴滴涕	DDT		300
69	溴氰菊酯	Deltamethrin		100
70	地塞米松	Dexamethasone		不得检出
71	丁醚脲	Diafenthiuron		20
72	二丁基羟基甲苯	Dibutylhydroxytoluene		50
73	麦草畏	Dicamba		20
74	敌敌畏	Dichlorvos		50
75	地克珠利	Diclazuril	500	500
76	禾草灵	Diclofop – methyl		50
77	双氯西林	Dicloxacillin		300
78	三氯杀螨醇	Dicofol		100

续表

序号	药品中文名称	药品英文名称	中国限量	日本限量
79	苯醚甲环唑	Difenoconazole		10
80	野燕枯	Difenzoquat		50
81	二氟沙星	Difloxacin	300	
82	敌灭灵	Diflubenzuron		50
83	双氢链霉素	Dihydrostreptmiycin		500
84	二甲吩草胺	Dimethenamid		10
85	落长灵	Dimethipin		10
86	乐果	Dimethoate		50
87	烯酰吗啉	Dimethomorph		10
88	二硝托胺	Dinitolmide		3000
89	呋虫胺	Dinotefuran		20
90	二苯胺	Diphenylamine		10
91	驱蝇啶	Dipropyl isocinchomeronate		4
92	敌草快	Diquat		10
93	乙拌磷	Disulfoton		20
94	二噻农	Dithianon		10
95	二嗪农	Dithiocarbamates		100
96	多西环素	Doxycycline	100	
97	甲氨基阿维菌素苯甲酸盐	Emamectin benzoate		0.5
98	硫丹	Endosulfan		100
99	安特灵	Endrin		50
100	恩诺沙星	Enrofloxacin	100	50 ●
101	氟环唑	Epoxiconazole		10
102	茵草敌	Eptc		50
103	红霉素	Erythromycin	200	100 ●
104	胺苯磺隆	Ethametsulfuron – methyl		20
105	乙烯利	Ethephon		100
106	乙氧酰胺苯甲酯	Ethopabate		5000
107	乙氧基喹啉	Ethoxyquin		100
108	1,2－二氯乙烷	Ethylene dichloride		100
109	醚菊酯	Etofenprox		20
110	乙螨唑	Etoxazole		10
111	氯唑灵	Etridiazole		100
112	恶唑菌酮	Famoxadone		10
113	非班太尔	Febantel		2000

序号	药品中文名称	药品英文名称	中国限量	日本限量
114	苯线磷	Fenamiphos		10
115	氯苯嘧啶醇	Fenarimol		20
116	芬苯达唑	Fenbendazole	50▲	2000
117	腈苯唑	Fenbuconazole		10
118	苯丁锡	Fenbutatin oxide		80
119	杀螟松	Fenitrothion		50
120	噁唑禾草灵	Fenoxaprop – ethyl		10
121	甲氰菊酯	Fenpropathrin		10
122	丁苯吗啉	Fenpropimorph		10
123	倍硫磷	Fenthion	100	
124	羟基三苯基锡	Fentin		50
125	氰戊菊酯	Fenvalerate		10
126	氟虫腈	Fipronil		10
127	氟啶虫酰胺	Flonicamid		100
128	氟苯尼考	Florfenicol	100	
129	吡氟禾草隆	Fluazifop – butyl		40
130	氟苯达唑	Flubendazole	200	200
131	氟苯虫酰胺	Flubendiamide		10
132	氟氰菊酯	Flucythrinate		50
133	咯菌腈	Fludioxonil		10
134	氟砜灵	Fluensulfone		10
135	氟烯草酸	Flumiclorac – pentyl		10
136	氟吡菌胺	Fluopicolide		10
137	氟吡菌酰胺	Fluopyram		500
138	氟嘧啶	Flupyrimin		30
139	氟喹唑	Fluquinconazole		20
140	氟草定	Fluroxypyr		50
141	氟硅唑	Flusilazole		200
142	氟酰胺	Flutolanil		50
143	粉唑醇	Flutriafol		50
144	氟胺氰菊酯	Fluvalinate	10	
145	氟唑菌酰胺	Fluxapyroxad		20
146	草铵膦	Glufosinate		50
147	4,5 – 二甲酰胺咪唑	Glycalpyramide		30
148	草甘膦	Glyphosate		50

续表

序号	药品中文名称	药品英文名称	中国限量	日本限量
149	常山酮	Halofuginone		50
150	吡氟氯禾灵	Haloxyfop		10
151	六氯苯	Hexachlorobenzene		200
152	噻螨酮	Hexythiazox		50
153	磷化氢	Hydrogen phosphide		10
154	抑霉唑	Imazalil		20
155	铵基咪草啶酸	Imazamox – ammonium		10
156	甲咪唑烟酸	Imazapic		10
157	灭草烟	Imazapyr		10
158	咪草烟铵盐	Imazethapyr ammonium		100
159	吡虫啉	Imidacloprid		20
160	茚虫威	Indoxacarb		10
161	碘甲磺隆	Iodosulfuron – methyl		10
162	2－[(7,8－二氟－2－甲基－3－喹啉基)氧基]－6－氟－A,A－二甲苯甲醇	Ipflufenoquin		10
163	异菌脲	Iprodione		500
164	异丙噻菌胺	Isofetamid		10
165	吡唑萘菌胺	Isopyrazam		10
166	异噁唑草酮	Isoxaflutole		10
167	卡那霉素	Kanamycin	100	
168	吉他霉素	Kitasamycin	200	
169	醚菌酯	Kresoxim – methyl		50
170	拉沙洛西	Lasalocid		100
171	左旋咪唑	Levamisole	10	10
172	林可霉素	Lincomycin	200	
173	林丹	Lindane		700
174	利谷隆	Linuron		50
175	虱螨脲	Lufenuron		10
176	马度米星	Maduramicin		100
177	马拉硫磷	Malathion	4000	
178	2－甲基－4－氯苯氧基乙酸	Mcpa		50
179	2－甲基－4－氯戊氧基丙酸	Mecoprop		50
180	精甲霜灵	Mefenoxam		50
181	氯氟醚菌唑	Mefentrifluconazole		10
182	醋酸美伦孕酮	Melengestrol acetate		不得检出

序号	药品中文名称	药品英文名称	中国限量	日本限量
183	缩节胺	Mepiquat – chloride		50
184	甲磺胺磺隆	Mesosulfuron – methyl		10
185	氰氟虫腙	Metaflumizone		30
186	甲霜灵	Metalaxyl		50
187	甲胺磷	Methamidophos		10
188	杀扑磷	Methidathion		20
189	灭多威	Methomyl（Thiodicarb）		20
190	烯虫酯	Methoprene		100
191	甲氧滴滴涕	Methoxychlor		10
192	甲氧虫酰肼	Methoxyfenozide		10
193	嗪草酮	Metribuzin		400
194	莫能菌素	Monensin		10
195	腈菌唑	Myclobutanil		10
196	萘夫西林	Nafcillin		5
197	二溴磷	Naled		50
198	甲基盐霉素	Narasin		20
199	新霉素	Neomycin	500	500
200	尼卡巴嗪	Nicarbazin		500
201	硝苯砷酸	Nitarsone		500
202	硝碘酚腈	Nitroxynil		1000
203	诺孕美特	Norgestomet		0.1
204	氟酰脲	Novaluron		100
205	氧乐果	Omethoate		50
206	奥美普林	Ormetoprim		100
207	苯唑西林	Oxacillin	300	
208	杀线威	Oxamyl		20
209	氟噻唑吡乙酮	Oxathiapiprolin		10
210	2－[3－（乙基磺酰基）－2－吡啶基]－5－[（三氟甲基）磺酰基]苯并[d]恶唑	Oxazosulfyl		10
211	奥芬达唑	Oxfendazole		2000
212	砜吸磷	Oxydemeton – methyl		20
213	乙氧氟草醚	Oxyfluorfen		10
214	土霉素	Oxytetracycline	200	200
215	百草枯	Paraquat		50
216	对硫磷	Parathion		50

续表

序号	药品中文名称	药品英文名称	中国限量	日本限量
217	戊菌唑	Penconazole		50
218	吡噻菌胺	Penthiopyrad		30
219	氯菊酯	Permethrin		100
220	甲拌磷	Phorate		50
221	毒莠定	Picloram		50
222	啶氧菌酯	Picoxystrobin		10
223	杀鼠酮	Pindone		1
224	唑啉草酯	Pinoxaden		60
225	增效醚	Piperonyl butoxide		3000
226	抗蚜威	Pirimicarb		100
227	甲基嘧啶磷	Pirimiphos – methyl		10
228	普鲁卡因青霉素	Procaine benzylpenicillin	50	
229	咪鲜胺	Prochloraz		50
230	丙溴磷	Profenofos		50
231	霜霉威	Propamocarb		10
232	敌稗	Propanil		10
233	克螨特	Propargite		100
234	丙环唑	Propiconazole		40
235	残杀威	Propoxur		50
236	氟磺隆	Prosulfuron		50
237	丙硫菌唑	Prothioconazol		10
238	吡唑醚菌酯	Pyraclostrobin		50
239	磺酰草吡唑	Pyrasulfotole		20
240	除虫菊酯	Pyrethrins		200
241	哒草特	Pyridate		200
242	二氯喹啉酸	Quinclorac		50
243	喹氧灵	Quinoxyfen		10
244	五氯硝基苯	Quintozene		10
245	喹禾灵	Quizalofop – ethyl		20
246	糖草酯	Quizalofop – P – tefuryl		20
247	苄蚨菊酯	Resmethrin		100
248	氯苯胍	Robenidine	100 ▲	1000
249	洛克沙胂	Roxarsone		500
250	盐霉素	Salinomycin		20
251	沙拉沙星	Sarafloxacin		10

序号	药品中文名称	药品英文名称	中国限量	日本限量
252	氟唑环菌胺	Sedaxane		10
253	烯禾啶	Sethoxydim		100
254	氟硅菊酯	Silafluofen		100
255	西玛津	Simazine		20
256	大观霉素	Spectinomycin		500
257	乙基多杀菌素	Spinetoram		10
258	多杀菌素	Spinosad		100
259	链霉素	Streptmnycin		500
260	磺胺嘧啶	Sulfadiazine		100
261	磺胺二甲氧嗪	Sulfadimethoxine		100
262	磺胺二甲嘧啶	Sulfamethazine	100	100
263	磺胺喹恶啉	Sulfaquinoxaline		100
264	磺胺噻唑	Sulfathiazole		100
265	磺胺类	Sulfonamides	100	
266	磺酰磺隆	Sulfosulfuron		5
267	氟啶虫胺腈	Sulfoxaflor		100
268	戊唑醇	Tebuconazole		50
269	虫酰肼	Tebufenozide		20
270	四氯硝基苯	Tecnazene		50
271	氟苯脲	Teflubenzuron		10
272	七氟菊酯	Tefluthrin		1
273	得杀草	Tepraloxydim		100
274	特丁磷	Terbufos		50
275	氟醚唑	Tetraconazole		20
276	四环素	Tetracycline	200	200
277	噻菌灵	Thiabendazole		50
278	噻虫啉	Thiacloprid		20
279	噻虫嗪	Thiamethoxam		10
280	甲砜霉素	Thiamphenicol	50	
281	噻呋酰胺	Thifluzamide		20
282	禾草丹	Thiobencarb		30
283	硫菌灵	Thiophanate		90
284	甲基硫菌灵	Thiophanate－methyl		90
285	噻酰菌胺	Tiadinil		10
286	泰妙菌素	Tiamulin		100

续表

序号	药品中文名称	药品英文名称	中国限量	日本限量
287	替米考星	Tilmicosin		70
288	3-苯基-5-(噻吩-2-基)-[1,2,4]噁二唑	Tioxazafen		20
289	托曲珠利	Toltrazuril	100▲	500
290	四溴菊酯	Tralomethrin		100
291	群勃龙醋酸酯	Trenbolone acetate		不得检出
292	三唑酮	Triadimefon		50
293	三唑醇	Triadimenol		50
294	野麦畏	Triallate		100
295	敌百虫	Trichlorfone		50
296	三氯吡氧乙酸	Triclopyr		100
297	十三吗啉	Tridemorph		50
298	肟菌酯	Trifloxystrobin		40
299	氟菌唑	Triflumizole		20
300	杀铃脲	Triflumuron		10
301	甲氧苄啶	Trimethoprim	50	50
302	灭菌唑	Triticonazole		50
303	乙烯菌核利	Vinclozolin		100
304	维吉尼亚霉素	Virginiamycin	100	100
305	华法林	Warfarin		1
306	玉米赤霉醇	Zeranol		2

3.1.3　中国与欧盟

中国与欧盟关于鹅肌肉兽药残留限量标准比对情况见表 3-1-3。该表显示，中国与欧盟关于鹅肌肉涉及的兽药残留限量指标共有 45 项。其中，欧盟关于鹅肌肉的兽药残留限量指标共有 27 项，与中国现行的已制定残留限量指标的 34 种兽药相比较，中国与欧盟均有限量规定的兽药有 17 种。在 17 种兽药中，氟苯达唑（Flubendazole）的限量指标欧盟严于中国，其余的 16 项指标中国与欧盟相同。另外，欧盟有限量规定而中国没有限量规定的兽药有 10 种，中国有限量规定而欧盟没有限量规定的兽药有 17 种。

表 3-1-3　中国与欧盟鹅肌肉兽药残留限量标准比对　　　　单位：μg/kg

序号	药品中文名称	药品英文名称	中国限量	欧盟限量
1	阿苯达唑	Albendazole	100	
2	阿莫西林	Amoxicillin	50	50
3	氨苄西林	Ampicillin	50	50
4	阿维拉霉素	Avilamycin		50

序号	药品中文名称	药品英文名称	中国限量	欧盟限量
5	青霉素	Benzylpenicillin	50	50
6	金霉素	Chlortetracycline	200	
7	氯唑西林	Cloxacillin	300	300
8	黏菌素	Colistin		150
9	环丙氨嗪	Cyromazine	50	
10	达氟沙星	Danofloxacin	200	200
11	地克珠利	Diclazuril	500	
12	双氯西林	Dicloxacillin		300
13	二氟沙星	Difloxacin	300	300
14	多西环素	Doxycycline	100	100
15	恩诺沙星	Enrofloxacin	100	100
16	红霉素	Erythromycin	200	200
17	芬苯达唑	Fenbendazole	50	
18	倍硫磷	Fenthion	100	
19	氟苯尼考	Florfenicol	100	100
20	氟苯达唑	Flubendazole	200	50●
21	氟甲喹	Flumequine		400
22	氟胺氰菊酯	Fluvalinate	10	
23	卡那霉素	Kanamycin	100	100
24	吉他霉素	Kitasamycin	200	
25	拉沙洛西	Lasalocid		20
26	左旋咪唑	Levamisole	10	10
27	林可霉素	Lincomycin	200	
28	马拉硫磷	Malathion	4000	
29	莫能菌素	Monensin		
30	新霉素	Neomycin	500	500
31	苯唑西林	Oxacillin	300	300
32	噁喹酸	Oxolinic acid		100
33	土霉素	Oxytetracycline	200	
34	巴龙霉素	Paromomycin		500
35	苯氧甲基青霉素	Phenoxymethylpenicillin		25
36	普鲁卡因青霉素	Procaine benzylpenicillin	50	50
37	磺胺二甲嘧啶	Sulfamethazine	100	
38	磺胺类	Sulfonamides	100	
39	四环素	Tetracycline	200	

续表

序号	药品中文名称	药品英文名称	中国限量	欧盟限量
40	甲砜霉素	Thiamphenicol	50	
41	替米考星	Tilmicosin		75
42	托曲珠利	Toltrazuril	100	100
43	甲氧苄啶	Trimethoprim	50	
44	泰乐菌素	Tylosin		100
45	维吉尼亚霉素	Virginiamycin	100	

3.1.4　中国与 CAC

中国与 CAC 关于鹅肌肉兽药残留限量标准比对情况见表 3-1-4。该表显示，中国与 CAC 关于鹅肌肉涉及的兽药残留限量指标共有 33 项。其中，CAC 关于鹅肌肉的兽药残留限量指标共有 8 项，与中国现行的已制定残留限量指标的 33 种兽药相比较，中国与 CAC 均有限量规定的兽药有 8 种，为阿苯达唑（Albendazole）、金霉素（Chlortetracycline）、地克珠利（Diclazuril）、氟苯达唑（Levamisole）、左旋咪唑（Levamisole）、土霉素（Oxytetracycline）、磺胺二甲嘧啶（Sulfamethazine）、四环素（Tetracycline），并且这 8 项指标相同。另外，中国有限量规定而 CAC 没有限量规定的兽药有 25 种。

表 3-1-4　中国与 CAC 鹅肌肉兽药残留限量标准比对　　　　单位：μg/kg

序号	药品中文名称	药品英文名称	中国限量	CAC 限量
1	阿苯达唑	Albendazole	100	100
2	阿莫西林	Amoxicillin	50	
3	氨苄西林	Ampicillin	50	
4	青霉素	Benzylpenicillin	50	
5	金霉素	Chlortetracycline	200	200
6	氯唑西林	Cloxacillin	300	
7	环丙氨嗪	Cyromazine	50	
8	达氟沙星	Danofloxacin	200	
9	地克珠利	Diclazuril	500	500
10	二氟沙星	Difloxacin	300	
11	多西环素	Doxycycline	100	
12	恩诺沙星	Enrofloxacin	100	
13	芬苯达唑	Fenbendazole	50	
14	倍硫磷	Fenthion	100	
15	氟苯尼考	Florfenicol	100	
16	氟苯达唑	Flubendazole	200	200
17	氟胺氰菊酯	Fluvalinate	10	

序号	药品中文名称	药品英文名称	中国限量	CAC 限量
18	卡那霉素	Kanamycin	100	
19	吉他霉素	Kitasamycin	200	
20	左旋咪唑	Levamisole	10	10
21	林可霉素	Lincomycin	200	
22	马拉硫磷	Malathion	4000	
23	新霉素	Neomycin	500	
24	苯唑西林	Oxacillin	300	
25	土霉素	Oxytetracycline	200	200
26	普鲁卡因青霉素	Procaine benzylpenicillin	50	
27	磺胺二甲嘧啶	Sulfamethazine	100	100
28	磺胺类	Sulfonamides	100	
29	四环素	Tetracycline	200	200
30	甲砜霉素	Thiamphenicol	50	
31	托曲珠利	Toltrazuril	100	
32	甲氧苄啶	Trimethoprim	50	
33	维吉尼亚霉素	Virginiamycin	100	

3.1.5　中国与美国

中国与美国关于鹅肌肉兽药残留限量标准比对情况见表 3-1-5。该表显示，中国与美国关于鹅肌肉涉及的兽药残留限量指标共有 42 项。其中，美国关于鹅肌肉的兽药残留限量指标共有 12 项，与中国现行的已制定残留限量指标的 33 种兽药相比较，中国有限量规定而美国没有限量规定的兽药有 29 种，美国有限量规定而中国没有限量规定的兽药有 8 种；中国与美国均有限量规定的兽药有 4 种，其中阿苯达唑（Albendazole）、阿莫西林（Amoxicillin）、氨苄西林（Ampicillin）3 项指标美国严于中国，维吉尼亚霉素（Virginiamycin）的指标两国相同。

表 3-1-5　中国与美国鹅肌肉兽药残留限量标准比对　　　　单位：μg/kg

序号	药品中文名称	药品英文名称	中国限量	美国限量
1	阿苯达唑	Albendazole	100	50●
2	阿莫西林	Amoxicillin	50	10●
3	氨苄西林	Ampicillin	50	10●
4	青霉素	Benzylpenicillin	50	
5	头孢噻呋	Ceftiofur		100
6	金霉素	Chlortetracycline	200	
7	氯舒隆	Clorsulon		100

续表

序号	药品中文名称	药品英文名称	中国限量	美国限量
8	氯唑西林	Cloxacillin	300	
9	环丙氨嗪	Cyromazine	50	
10	达氟沙星	Danofloxacin	200	
11	地克珠利	Diclazuril	500	
12	二氟沙星	Difloxacin	300	
13	多西环素	Doxycycline	100	
14	恩诺沙星	Enrofloxacin	100	
15	芬苯达唑	Fenbendazole	50	
16	芬前列林	Fenprostalene		10
17	倍硫磷	Fenthion	100	
18	氟苯尼考	Florfenicol	100	
19	氟苯达唑	Flubendazole	200	
20	氟胺氰菊酯	Fluvalinate	10	
21	卡那霉素	Kanamycin	100	
22	吉他霉素	Kitasamycin	200	
23	左旋咪唑	Levamisole	10	
24	林可霉素	Lincomycin	200	
25	马拉硫磷	Malathion	4000	
26	莫能菌素	Monensin		
27	莫西菌素	Moxidectin		50
28	新霉素	Neomycin	500	
29	苯唑西林	Oxacillin	300	
30	土霉素	Oxytetracycline	200	
31	吡利霉素	Pirlimycin		300
32	普鲁卡因青霉素	Procaine benzylpenicillin	50	
33	黄体酮	Progesterone		3
34	酒石酸噻吩嘧啶	Pyrantel tartrate		1000
35	磺胺二甲嘧啶	Sulfamethazine	100	
36	磺胺类	Sulfonamides	100	
37	丙酸睾酮	Testosterone propionate		0.64
38	四环素	Tetracycline	200	
39	甲砜霉素	Thiamphenicol	50	
40	托曲珠利	Toltrazuril	100	
41	甲氧苄啶	Trimethoprim	50	
42	维吉尼亚霉素	Virginiamycin	100	100

3.2 鹅脂肪的兽药残留限量

3.2.1 中国与韩国

中国与韩国关于鹅脂肪兽药残留限量标准比对情况见表3-2-1。该表显示，中国与韩国关于鹅脂肪涉及的兽药残留限量指标共有47项。其中，韩国关于鹅脂肪的兽药残留限量指标共有36项，与中国现行的已制定残留限量指标的19种兽药相比较，韩国有限量规定而中国没有限量规定的兽药有28种，中国有限量规定而韩国没有限量规定的兽药有11种；中国与韩国均有限量规定的兽药有8种，其中红霉素（Erythromycin）的指标韩国严于中国，其余的7项指标两国相同。

表3-2-1 中国与韩国鹅脂肪兽药残留限量标准比对　　　　单位：μg/kg

序号	药品中文名称	药品英文名称	中国限量	韩国限量
1	阿苯达唑	Albendazole	100	
2	阿莫西林	Amoxicillin	50	50
3	氨苄西林	Ampicillin	50	
4	氨丙啉	Amprolium		500
5	安普霉素	Apramycin		200
6	杆菌肽	Bacitracin	500	500
7	氯羟吡啶	Clopidol		5000
8	氯唑西林	Cloxacillin	300	300
9	黏菌素	Colistin		150
10	氟氯氰菊酯	Cyfluthrin		20
11	环丙氨嗪	Cyromazine	50	
12	达氟沙星	Danofloxacin	100	100
13	癸氧喹酯	Decoquinate		2000
14	溴氰菊酯	Deltamethrin		50
15	敌菌净	Diaveridine		50
16	双氯西林	Dicloxacillin		300
17	双氢链霉素	Dihydrostreptmiycin		600
18	红霉素	Erythromycin	200	100●
19	倍硫磷	Fenthion	100	
20	氟甲喹	Flumequine		300
21	氟胺氰菊酯	Fluvalinate	10	
22	庆大霉素	Gentamicin		100
23	匀霉素	Hygromycin		50
24	交沙霉素	Josamycin		40

续表

序号	药品中文名称	药品英文名称	中国限量	韩国限量
25	卡那霉素	Kanamycin	100	100
26	吉他霉素	Kitasamycin		200
27	拉沙洛西	Lasalocid		20
28	左旋咪唑	Levamisole	10	
29	林可霉素	Lincomycin	100	100
30	马度米星	Maduramycin		400
31	马拉硫磷	Malathion	4000	
32	甲苯咪唑	Mebendazole		60
33	莫能菌素	Monensin		50
34	甲基盐霉素	Narasin		500
35	新霉素	Neomycin	500	
36	尼卡巴嗪	Nycarbazine		200
37	苯唑西林	Oxacillin	300	
38	哌嗪	Piperazine		100
39	氯苯胍	Robenidine	200	200
40	盐霉素	Salinomycin		400
41	沙拉沙星	Sarafloxacin		500
42	赛杜霉素	Semduramicin		500
43	链霉素	Streptmnycin		600
44	磺胺二甲嘧啶	Sulfamethazine	100	
45	磺胺类	Sulfonamides	100	
46	泰妙菌素	Tiamulin		100
47	泰乐菌素	Tylosin		100

3.2.2　中国与日本

中国与日本关于鹅脂肪兽药残留限量标准比对情况见表 3－2－2。该表显示，中国与日本关于鹅脂肪涉及的兽药残留限量指标共有 299 项。其中，中国对阿苯达唑等 24 种兽药残留进行了限量规定，日本对阿莫西林等 291 种兽药残留进行了限量规定。有 16 种兽药残留两国都对其进行了限量规定，其中，阿莫西林（Amoxicillin）、氨苄西林（Ampicillin）、氯唑西林（Cloxacillin）、环丙氨嗪（Cyromazine）、左旋咪唑（Levamisole）、新霉素（Neomycin）、磺胺二甲嘧啶（Sulfamethazine）等 10 项指标两国相同，氯苯胍（Robenidine）、托曲珠利（Toltrazuril）2 项指标中国严于日本，而恩诺沙星（Enrofloxacin）、红霉素（Erythromycin）、芬苯达唑（Fenbendazole）、维吉尼亚霉素（Virginiamycin）4 项指标日本严于中国。

表 3 - 2 - 2　中国与日本鹅脂肪兽药残留限量标准比对　　　单位：μg/kg

序号	药品中文名称	药品英文名称	中国限量	日本限量
1	2,4 - 二氯苯氧乙酸	2,4 - D		50
2	2,4 - 二氯苯氧丁酸	2,4 - DB		50
3	乙酰甲胺磷	Acephate		100
4	啶虫脒	Acetamiprid		10
5	S - 甲基苯并[1,2,3]噻二唑 - 7 - 硫代羧酸酯	Acibenzolar - S - methyl		20
6	甲草胺	Alachlor		20
7	阿苯达唑	Albendazole	100	
8	艾氏剂和狄氏剂	Aldrin and dieldrin		200
9	唑嘧菌胺	Ametoctradin		30
10	阿莫西林	Amoxicillin	50	50
11	氨苄西林	Ampicillin	50	50
12	氨丙啉	Amprolium		500
13	阿特拉津	Atrazine		20
14	阿维拉霉素	Avilamycin		200
15	嘧菌酯	Azoxystrobin		10
16	杆菌肽	Bacitracin	500	500
17	苯霜灵	Benalaxyl		500
18	恶虫威	Bendiocarb		50
19	苯菌灵	Benomyl		90
20	苯达松	Bentazone		50
21	苯并烯氟菌唑	Benzovindiflupyr		10
22	倍他米松	Betamethasone		不得检出
23	联苯肼酯	Bifenazate		10
24	联苯菊酯	Bifenthrin		50
25	生物苄呋菊酯	Bioresmethrin		500
26	联苯三唑醇	Bitertanol		50
27	联苯吡菌胺	Bixafen		50
28	啶酰菌胺	Boscalid		20
29	溴鼠灵	Brodifacoum		1
30	溴化物	Bromide		50000
31	溴螨酯	Bromopropylate		50
32	溴苯腈	Bromoxynil		50
33	溴替唑仑	Brotizolam		不得检出
34	氟丙嘧草酯	Butafenacil		10
35	斑蝥黄	Canthaxanthin		100

续表

序号	药品中文名称	药品英文名称	中国限量	日本限量
36	多菌灵	Carbendazim		90
37	三唑酮草酯	Carfentrazone – ethyl		50
38	氯虫苯甲酰胺	Chlorantraniliprole		80
39	氯丹	Chlordane		500
40	虫螨腈	Chlorfenapyr		10
41	氟啶脲	Chlorfluazuron		200
42	氯地孕酮	Chlormadinone		2
43	矮壮素	Chlormequat		50
44	百菌清	Chlorothalonil		10
45	毒死蜱	Chlorpyrifos		10
46	甲基毒死蜱	Chlorpyrifos – methyl		200
47	金霉素	Chlortetracycline		200
48	氯酞酸二甲酯	Chlorthal – dimethyl		50
49	克伦特罗	Clenbuterol		不得检出
50	烯草酮	Clethodim		200
51	炔草酸	Clodinafop – propargyl		50
52	四螨嗪	Clofentezine		50
53	氯羟吡啶	Clopidol		5000
54	二氯吡啶酸	Clopyralid		100
55	解毒喹	Cloquintocet – mexyl		100
56	氯司替勃	Clostebol		0.5
57	噻虫胺	Clothianidin		20
58	氯唑西林	Cloxacillin	300	300
59	黏菌素	Colistin		150
60	溴氰虫酰胺	Cyantraniliprole		40
61	氟氯氰菊酯	Cyfluthrin		1000
62	三氟氯氰菊酯	Cyhalothrin		300
63	氯氰菊酯	Cypermethrin		100
64	环唑醇	Cyproconazole		10
65	嘧菌环胺	Cyprodinil		10
66	环丙氨嗪	Cyromazine	50	50
67	达氟沙星	Danofloxacin	100	
68	滴滴涕	DDT		2000
69	溴氰菊酯	Deltamethrin		500
70	地塞米松	Dexamethasone		不得检出

续表

序号	药品中文名称	药品英文名称	中国限量	日本限量
71	丁醚脲	Diafenthiuron		20
72	二丁基羟基甲苯	Dibutylhydroxytoluene		3000
73	麦草畏	Dicamba		40
74	敌敌畏	Dichlorvos		50
75	地克珠利	Diclazuril	1000	1000
76	禾草灵	Diclofop – methyl		50
77	双氯西林	Dicloxacillin		300
78	三氯杀螨醇	Dicofol		100
79	狄氏剂	Dieldrin		200
80	苯醚甲环唑	Difenoconazole		10
81	野燕枯	Difenzoquat		50
82	敌灭灵	Diflubenzuron		50
83	双氢链霉素	Dihydrostreptmiycin		500
84	二甲吩草胺	Dimethenamid		10
85	落长灵	Dimethipin		10
86	乐果	Dimethoate		50
87	烯酰吗啉	Dimethomorph		10
88	二硝托胺	Dinitolmide		3000
89	呋虫胺	Dinotefuran		20
90	二苯胺	Diphenylamine		10
91	驱蝇啶	Dipropyl isocinchomeronate		4
92	敌草快	Diquat		10
93	乙拌磷	Disulfoton		20
94	二噻农	Dithianon		10
95	二嗪农	Dithiocarbamates		30
96	甲氨基阿维菌素苯甲酸盐	Emamectin benzoate		0.5
97	硫丹	Endosulfan		200
98	安特灵	Endrin		100
99	恩诺沙星	Enrofloxacin	100	50●
100	氟环唑	Epoxiconazole		10
101	茵草敌	Eptc		50
102	红霉素	Erythromycin	200	100●
103	胺苯磺隆	Ethametsulfuron – methyl		20
104	乙烯利	Ethephon		50
105	乙氧酰胺苯甲酯	Ethopabate		5000

序号	药品中文名称	药品英文名称	中国限量	日本限量
106	乙氧基喹啉	Ethoxyquin		7000
107	1,2－二氯乙烷	Ethylene dichloride		100
108	醚菊酯	Etofenprox		1000
109	乙螨唑	Etoxazole		200
110	氯唑灵	Etridiazole		100
111	恶唑菌酮	Famoxadone		10
112	非班太尔	Febantel		10
113	苯线磷	Fenamiphos		10
114	氯苯嘧啶醇	Fenarimol		20
115	芬苯达唑	Fenbendazole	50	10●
116	腈苯唑	Fenbuconazole		10
117	苯丁锡	Fenbutatin oxide		80
118	杀螟松	Fenitrothion		400
119	噁唑禾草灵	Fenoxaprop－ethyl		10
120	甲氰菊酯	Fenpropathrin		10
121	丁苯吗啉	Fenpropimorph		10
122	倍硫磷	Fenthion	100	
123	羟基三苯基锡	Fentin		50
124	氰戊菊酯	Fenvalerate		10
125	氟虫腈	Fipronil		20
126	氟啶虫酰胺	Flonicamid		50
127	吡氟禾草隆	Fluazifop－butyl		40
128	氟苯达唑	Flubendazole		50
129	氟苯虫酰胺	Flubendiamide		50
130	氟氰菊酯	Flucythrinate		50
131	咯菌腈	Fludioxonil		50
132	氟砜灵	Fluensulfone		10
133	氟烯草酸	Flumiclorac－pentyl		10
134	氟吡菌胺	Fluopicolide		10
135	氟吡菌酰胺	Fluopyram		500
136	氟嘧啶	Flupyrimin		40
137	氟喹唑	Fluquinconazole		20
138	氟草定	Fluroxypyr		50
139	氟硅唑	Flusilazole		200
140	氟酰胺	Flutolanil		50

序号	药品中文名称	药品英文名称	中国限量	日本限量
141	粉唑醇	Flutriafol		50
142	氟胺氰菊酯	Fluvalinate	10	
143	氟唑菌酰胺	Fluxapyroxad		50
144	草胺膦	Glufosinate		50
145	4,5-二甲酰胺咪唑	Glycalpyramide		30
146	草甘膦	Glyphosate		50
147	常山酮	Halofuginone		50
148	吡氟氯禾灵	Haloxyfop		10
149	七氯	Heptachlor		200
150	六氯苯	Hexachlorobenzene		600
151	噻螨酮	Hexythiazox		50
152	磷化氢	Hydrogen phosphide		10
153	抑霉唑	Imazalil		20
154	铵基咪草啶酸	Imazamox – ammonium		10
155	甲咪唑烟酸	Imazapic		10
156	灭草烟	Imazapyr		10
157	咪草烟铵盐	Imazethapyr ammonium		100
158	吡虫啉	Imidacloprid		20
159	茚虫威	Indoxacarb		10
160	碘甲磺隆	Iodosulfuron – methyl		10
161	2-[(7,8-二氟-2-甲基-3-喹啉基)氧基]-6-氟-A,A-二甲基苯甲醇	Ipflufenoquin		30
162	异菌脲	Iprodione		2000
163	异丙噻菌胺	Isofetamid		10
164	吡唑萘菌胺	Isopyrazam		10
165	异噁唑草酮	Isoxaflutole		10
166	醚菌酯	Kresoxim – methyl		50
167	拉沙洛西	Lasalocid		1000
168	左旋咪唑	Levamisole	10	10
169	林可霉素	Lincomycin	100	
170	林丹	Lindane		100
171	利谷隆	Linuron		50
172	虱螨脲	Lufenuron		200
173	马度米星	Maduramicin		100
174	马拉硫磷	Malathion	4000	

续表

序号	药品中文名称	药品英文名称	中国限量	日本限量
175	2 - 甲基 - 4 - 氯苯氧基乙酸	Mcpa		50
176	2 - 甲基 - 4 - 氯戊氧基丙酸	Mecoprop		50
177	精甲霜灵	Mefenoxam		50
178	氯氟醚菌唑	Mefentrifluconazole		20
179	醋酸美伦孕酮	Melengestrol acetate		不得检出
180	缩节胺	Mepiquat - chloride		50
181	甲磺胺磺隆	Mesosulfuron - methyl		10
182	氰氟虫腙	Metaflumizone		900
183	甲霜灵	Metalaxyl		50
184	甲胺磷	Methamidophos		10
185	杀扑磷	Methidathion		20
186	灭多威	Methomyl（Thiodicarb）		20
187	烯虫酯	Methoprene		1000
188	甲氧滴滴涕	Methoxychlor		10
189	甲氧虫酰肼	Methoxyfenozide		20
190	嗪草酮	Metribuzin		700
191	莫能菌素	Monensin		100
192	腈菌唑	Myclobutanil		10
193	萘夫西林	Nafcillin		5
194	二溴磷	Naled		50
195	甲基盐霉素	Narasin		50
196	新霉素	Neomycin	500	500
197	尼卡巴嗪	Nicarbazin		500
198	硝苯砷酸	Nitarsone		500
199	硝碘酚腈	Nitroxynil		1000
200	诺孕美特	Norgestomet		0.1
201	氟酰脲	Novaluron		500
202	氧乐果	Omethoate		50
203	奥美普林	Ormetoprim		100
204	苯唑西林	Oxacillin	300	
205	杀线威	Oxamyl		20
206	氟噻唑吡乙酮	Oxathiapiprolin		10
207	2 - [3 - (乙基磺酰基) - 2 - 吡啶基] - 5 - [(三氟甲基)磺酰基]苯并[d]恶唑	Oxazosulfyl		20
208	奥芬达唑	Oxfendazole		10

序号	药品中文名称	药品英文名称	中国限量	日本限量
209	砜吸磷	Oxydemeton – methyl		20
210	乙氧氟草醚	Oxyfluorfen		200
211	土霉素	Oxytetracycline		200
212	百草枯	Paraquat		50
213	对硫磷	Parathion		50
214	戊菌唑	Penconazole		50
215	吡噻菌胺	Penthiopyrad		30
216	氯菊酯	Permethrin		100
217	甲拌磷	Phorate		50
218	毒莠定	Picloram		50
219	啶氧菌酯	Picoxystrobin		10
220	杀鼠酮	Pindone		1
221	唑啉草酯	Pinoxaden		60
222	增效醚	Piperonyl butoxide		7000
223	抗蚜威	Pirimicarb		100
224	甲基嘧啶磷	Pirimiphos – methyl		100
225	咪鲜胺	Prochloraz		50
226	丙溴磷	Profenofos		50
227	霜霉威	Propamocarb		10
228	敌稗	Propanil		10
229	克螨特	Propargite		100
230	丙环唑	Propiconazole		40
231	残杀威	Propoxur		50
232	氟磺隆	Prosulfuron		50
233	丙硫菌唑	Prothioconazol		10
234	吡唑醚菌酯	Pyraclostrobin		50
235	磺酰草吡唑	Pyrasulfotole		20
236	除虫菊酯	Pyrethrins		200
237	哒草特	Pyridate		200
238	二氯喹啉酸	Quinclorac		50
239	喹氧灵	Quinoxyfen		20
240	五氯硝基苯	Quintozene		10
241	喹禾灵	Quizalofop – ethyl		50
242	糖草酯	Quizalofop – P – tefuryl		50
243	苄蚨菊酯	Resmethrin		100

续表

序号	药品中文名称	药品英文名称	中国限量	日本限量
244	氯苯胍	Robenidine	200 ▲	1000
245	洛克沙胂	Roxarsone		500
246	盐霉素	Salinomycin		200
247	沙拉沙星	Sarafloxacin		20
248	氟唑环菌胺	Sedaxane		10
249	烯禾啶	Sethoxydim		100
250	氟硅菊酯	Silafluofen		1000
251	西玛津	Simazine		20
252	大观霉素	Spectinomycin		2000
253	乙基多杀菌素	Spinetoram		10
254	多杀菌素	Spinosad		1000
255	链霉素	Streptmnycin		500
256	磺胺嘧啶	Sulfadiazine		100
257	磺胺二甲氧嗪	Sulfadimethoxine		100
258	磺胺二甲嘧啶	Sulfamethazine	100	100
259	磺胺喹恶啉	Sulfaquinoxaline		100
260	磺胺噻唑	Sulfathiazole		100
261	磺胺类	Sulfonamides	100	
262	磺酰磺隆	Sulfosulfuron		5
263	氟啶虫胺腈	Sulfoxaflor		30
264	戊唑醇	Tebuconazole		50
265	虫酰肼	Tebufenozide		20
266	四氯硝基苯	Tecnazene		50
267	氟苯脲	Teflubenzuron		10
268	七氟菊酯	Tefluthrin		1
269	得杀草	Tepraloxydim		100
270	特丁磷	Terbufos		50
271	氟醚唑	Tetraconazole		60
272	四环素	Tetracycline		200
273	噻菌灵	Thiabendazole		100
274	噻虫啉	Thiacloprid		20
275	噻虫嗪	Thiamethoxam		10
276	噻呋酰胺	Thifluzamide		70
277	禾草丹	Thiobencarb		30
278	硫菌灵	Thiophanate		90

序号	药品中文名称	药品英文名称	中国限量	日本限量
279	甲基硫菌灵	Thiophanate – methyl		90
280	噻酰菌胺	Tiadinil		10
281	泰妙菌素	Tiamulin		100
282	替米考星	Tilmicosin		70
283	3－苯基－5－(噻吩－2－基)－[1,2,4]噁二唑	Tioxazafen		20
284	托曲珠利	Toltrazuril	200▲	1000
285	三唑酮	Triadimefon		70
286	三唑醇	Triadimenol		70
287	野麦畏	Triallate		200
288	敌百虫	Trichlorfon		50
289	三氯吡氧乙酸	Triclopyr		80
290	十三吗啉	Tridemorph		50
291	肟菌酯	Trifloxystrobin		40
292	氟菌唑	Triflumizole		20
293	杀铃脲	Triflumuron		100
294	甲氧苄啶	Trimethoprim	50	50
295	灭菌唑	Triticonazole		50
296	乙烯菌核利	Vinclozolin		100
297	维吉尼亚霉素	Virginiamycin	400	200●
298	华法林	Warfarin		1
299	玉米赤霉醇	Zeranol		2

3.2.3 中国与欧盟

中国与欧盟关于鹅脂肪兽药残留限量标准比对情况见表3－2－3。该表显示，中国与欧盟关于鹅脂肪涉及的兽药残留限量指标共有25项。其中，欧盟关于鹅脂肪的兽药残留限量指标共有16项，与中国现行的已制定残留限量指标的18种兽药相比较，欧盟有限量规定而中国没有限量规定的兽药有6种，中国有限量规定而欧盟没有限量规定的兽药有8种，中国与欧盟均有限量规定的兽药有10种且指标相同。

表3－2－3　中国与欧盟鹅脂肪兽药残留限量标准比对　　　　单位：μg/kg

序号	药品中文名称	药品英文名称	中国限量	欧盟限量
1	阿苯达唑	Albendazole	100	
2	阿莫西林	Amoxicillin	50	50
3	氨苄西林	Ampicillin	50	50
4	阿维拉霉素	Avilamycin		100

续表

序号	药品中文名称	药品英文名称	中国限量	欧盟限量
5	青霉素	Benzylpenicillin		50
6	氯唑西林	Cloxacillin	300	300
7	黏菌素	Colistin		150
8	环丙氨嗪	Cyromazine	50	
9	达氟沙星	Danofloxacin	100	100
10	双氯西林	Dicloxacillin		300
11	红霉素	Erythromycin	200	200
12	倍硫磷	Fenthion	100	
13	氟胺氰菊酯	Fluvalinate	10	
14	卡那霉素	Kanamycin	100	100
15	左旋咪唑	Levamisole	10	10
16	林可霉素	Lincomycin	100	
17	马拉硫磷	Malathion	4000	
18	莫能菌素	Monensin		
19	新霉素	Neomycin	500	500
20	苯唑西林	Oxacillin	300	300
21	噁喹酸	Oxolinic acid		50
22	磺胺二甲嘧啶	Sulfamethazine	100	
23	磺胺类	Sulfonamides	100	
24	甲砜霉素	Thiamphenicol	50	50
25	泰乐菌素	Tylosin		100

3.2.4　中国与CAC

中国与CAC关于鹅脂肪兽药残留限量标准比对情况见表3-2-4。该表显示，中国与CAC关于鹅脂肪涉及的兽药残留限量指标共有15项。其中，CAC关于鹅脂肪的兽药残留限量指标共有3项，与中国现行的已制定残留限量指标的15种兽药相比较，CAC有12项限量指标未制定，中国与CAC均已制定限量指标的兽药有阿苯达唑（Albendazole）、左旋咪唑（Levamisole）、磺胺二甲嘧啶（Sulfamethazine）且指标相同。

表3-2-4　中国与CAC鹅脂肪兽药残留限量标准比对　　　单位：μg/kg

序号	药品中文名称	药品英文名称	中国限量	CAC限量
1	阿苯达唑	Albendazole	100	100
2	阿莫西林	Amoxicillin	50	
3	氨苄西林	Ampicillin	50	
4	氯唑西林	Cloxacillin	300	

续表

序号	药品中文名称	药品英文名称	中国限量	CAC限量
5	环丙氨嗪	Cyromazine	50	
6	达氟沙星	Danofloxacin	100	
7	倍硫磷	Fenthion	100	
8	氟胺氰菊酯	Fluvalinate	10	
9	左旋咪唑	Levamisole	10	10
10	林可霉素	Lincomycin	100	
11	马拉硫磷	Malathion	4000	
12	新霉素	Neomycin	500	
13	苯唑西林	Oxacillin	300	
14	磺胺二甲嘧啶	Sulfamethazine	100	100
15	磺胺类	Sulfonamides	100	

3.2.5 中国与美国

中国与美国关于鹅脂肪兽药残留限量标准比对情况见表3-2-5。该表显示，中国与美国关于鹅脂肪涉及的兽药残留限量指标共有19项。其中，美国关于鹅脂肪的兽药残留限量指标共有6项，与中国现行的已制定残留限量指标的16种兽药相比较，中国有限量规定而美国没有限量规定的兽药有13种，美国有限量规定而中国没有限量规定的兽药有3种；中国与美国均有限量规定的兽药有3种，其中阿莫西林（Amoxicillin）、氨苄西林（Ampicillin）2项指标美国严于中国，维吉尼亚霉素（Virginiamycin）的指标两国相同。

表3-2-5 中国与美国鹅脂肪兽药残留限量标准比对 单位：μg/kg

序号	药品中文名称	药品英文名称	中国限量	美国限量
1	阿苯达唑	Albendazole	100	
2	阿莫西林	Amoxicillin	50	10●
3	氨苄西林	Ampicillin	50	10●
4	氯唑西林	Cloxacillin	300	
5	环丙氨嗪	Cyromazine	50	
6	达氟沙星	Danofloxacin	100	
7	芬前列林	Fenprostalene		40
8	倍硫磷	Fenthion	100	
9	氟胺氰菊酯	Fluvalinate	10	
10	左旋咪唑	Levamisole	10	
11	林可霉素	Lincomycin	100	
12	马拉硫磷	Malathion	4000	
13	新霉素	Neomycin	500	

续表

序号	药品中文名称	药品英文名称	中国限量	美国限量
14	苯唑西林	Oxacillin	300	
15	黄体酮	Progesterone		12
16	磺胺二甲嘧啶	Sulfamethazine	100	
17	磺胺类	Sulfonamides	100	
18	丙酸睾酮	Testosterone propionate		2.6
19	维吉尼亚霉素	Virginiamycin	400	400

3.3　鹅肝的兽药残留限量

3.3.1　中国与韩国

中国与韩国关于鹅肝兽药残留限量标准比对情况见表 3-3-1。该表显示，中国与韩国关于鹅肝涉及的兽药残留限量指标共有 60 项。其中，韩国关于鹅肝的兽药残留限量指标共有 46 项，与中国现行的已制定残留限量指标的 33 种兽药相比较，韩国有限量规定而中国没有限量规定的兽药有 27 种，中国有限量规定而韩国没有限量规定的兽药有 14 种，中国与韩国均有限量规定的兽药有 19 种。在 19 种兽药中，中国的限量指标比韩国严格的兽药有 6 种，为金霉素（Chlortetracycline）、多西环素（Doxycycline）、恩诺沙星（Enrofloxacin）、卡那霉素（Kanamycin）、土霉素（Oxytetracycline）、四环素（Tetracycline）；韩国的限量指标比中国严格的兽药有 5 种，为二氟沙星（Difloxacin）、红霉素（Erythromycin）、氟苯尼考（Florfenicol）、托曲珠利（Toltrazuril）、维吉尼亚霉素（Virginiamycin）；其余的 8 项指标两国相同。

表 3-3-1　中国与韩国鹅肝兽药残留限量标准比对　　　单位：μg/kg

序号	药品中文名称	药品英文名称	中国限量	韩国限量
1	阿苯达唑	Albendazole	5000	
2	阿莫西林	Amoxicillin	50	50
3	氨苄西林	Ampicillin	50	
4	氨丙啉	Amprolium		1000
5	杆菌肽	Bacitracin	500	500
6	青霉素	Benzylpenicillin	50	
7	金霉素	Chlortetracycline	600▲	1200
8	氯羟吡啶	Clopidol		20000
9	氯唑西林	Cloxacillin	300	300
10	黏菌素	Colistin		200
11	氟氯氰菊酯	Cyfluthrin		80
12	达氟沙星	Danofloxacin	400	400
13	癸氧喹酯	Decoquinate		2000

序号	药品中文名称	药品英文名称	中国限量	韩国限量
14	溴氰菊酯	Deltamethrin		50
15	地塞米松	Dexamethasone		1
16	敌菌净	Diaveridine		50
17	地克珠利	Diclazuril	3000	
18	双氯西林	Dicloxacillin		300
19	二氟沙星	Difloxacin	1900	600 ●
20	双氢链霉素	Dihydrostreptmiycin		1000
21	多西环素	Doxycycline	300 ▲	600
22	恩诺沙星	Enrofloxacin	200 ▲	300
23	红霉素	Erythromycin	200	100 ●
24	芬苯达唑	Fenbendazole	500	
25	氟苯尼考	Florfenicol	2500	750 ●
26	氟苯达唑	Flubendazole	500	
27	氟甲喹	Flumequine		1000
28	庆大霉素	Gentamicin		100
29	匀霉素	Hygromycin		50
30	交沙霉素	Josamycin		40
31	卡那霉素	Kanamycin	600 ▲	2500
32	吉他霉素	Kitasamycin	200	200
33	拉沙洛西	Lasalocid		20
34	左旋咪唑	Levamisole	100	
35	林可霉素	Lincomycin	500	500
36	马度米星	Maduramycin		1000
37	甲苯咪唑	Mebendazole		60
38	莫能菌素	Monensin		50
39	甲基盐霉素	Narasin		300
40	新霉素	Neomycin	5500	
41	尼卡巴嗪	Nycarbazine		200
42	苯唑西林	Oxacillin	300	
43	土霉素	Oxytetracycline	600 ▲	1200
44	哌嗪	Piperazine		100
45	普鲁卡因青霉素	Procaine benzylpenicillin	50	
46	氯苯胍	Robenidine	100	100
47	盐霉素	Salinomycin		500
48	沙拉沙星	Sarafloxacin		50

续表

序号	药品中文名称	药品英文名称	中国限量	韩国限量
49	赛杜霉素	Semduramicin		200
50	链霉素	Streptmnycin		1000
51	磺胺二甲嘧啶	Sulfamethazine	100	
52	磺胺类	Sulfonamides	100	
53	四环素	Tetracycline	600▲	1200
54	甲砜霉素	Thiamphenicol	50	
55	泰妙菌素	Tiamulin		100
56	托曲珠利	Toltrazuril	600	400●
57	甲氧苄啶	Trimethoprim	50	50
58	泰乐菌素	Tylosin		100
59	泰万菌素	Tylvalosin	50	
60	维吉尼亚霉素	Virginiamycin	300	200●

3.3.2　中国与日本

中国与日本关于鹅肝兽药残留限量标准比对情况见表 3-3-2。该表显示，中国与日本关于鹅肝涉及的兽药残留限量指标共有 300 项。其中，中国对阿苯达唑等 33 种兽药残留进行了限量规定，日本对阿莫西林等 286 种兽药残留进行了限量规定；有 14 项指标中国已制定而日本未制定，267 项指标日本已制定而中国未制定。有 19 种兽药残留两国都对其进行了限量规定，其中托曲珠利（Toltrazuril）、芬苯达唑（Fenbendazole）2 项指标中国严于日本，恩诺沙星（Enrofloxacin）、红霉素（Erythromycin）、新霉素（Neomycin）、维吉尼亚霉素（Virginiamycin）4 项指标日本严于中国；其余的 13 项指标两国相同。

表 3-3-2　中国与日本鹅肝兽药残留限量标准比对　　　　单位：μg/kg

序号	药品中文名称	药品英文名称	中国限量	日本限量
1	2,4-二氯苯氧乙酸	2,4-D		700
2	2,4-二氯苯氧丁酸	2,4-DB		50
3	乙酰甲胺磷	Acephate		10
4	啶虫脒	Acetamiprid		50
5	S-甲基苯并[1,2,3]噻二唑-7-硫代羧酸酯	Acibenzolar-S-methyl		20
6	甲草胺	Alachlor		20
7	阿苯达唑	Albendazole	5000	
8	唑嘧菌胺	Ametoctradin		30
9	阿莫西林	Amoxicillin	50	50
10	氨苄西林	Ampicillin	50	50
11	氨丙啉	Amprolium		1000

序号	药品中文名称	药品英文名称	中国限量	日本限量
12	阿特拉津	Atrazine		20
13	阿维拉霉素	Avilamycin		300
14	嘧菌酯	Azoxystrobin		10
15	杆菌肽	Bacitracin	500	500
16	苯霜灵	Benalaxyl		500
17	恶虫威	Bendiocarb		50
18	苯菌灵	Benomyl		100
19	苯达松	Bentazone		50
20	苯并烯氟菌唑	Benzovindiflupyr		10
21	青霉素	Benzylpenicillin	50	
22	倍他米松	Betamethasone		不得检出
23	联苯肼酯	Bifenazate		10
24	联苯菊酯	Bifenthrin		50
25	生物苄呋菊酯	Bioresmethrin		500
26	联苯三唑醇	Bitertanol		10
27	联苯吡菌胺	Bixafen		50
28	啶酰菌胺	Boscalid		20
29	溴鼠灵	Brodifacoum		1
30	溴化物	Bromide		50000
31	溴螨酯	Bromopropylate		50
32	溴苯腈	Bromoxynil		100
33	溴替唑仑	Brotizolam		不得检出
34	氟丙嘧草酯	Butafenacil		20
35	斑蝥黄	Canthaxanthin		100
36	多菌灵	Carbendazim		100
37	三唑酮草酯	Carfentrazone – ethyl		50
38	氯虫苯甲酰胺	Chlorantraniliprole		70
39	氯丹	Chlordane		80
40	虫螨腈	Chlorfenapyr		10
41	氟啶脲	Chlorfluazuron		20
42	氯地孕酮	Chlormadinone		2
43	矮壮素	Chlormequat		100
44	百菌清	Chlorothalonil		10
45	毒死蜱	Chlorpyrifos		10
46	甲基毒死蜱	Chlorpyrifos – methyl		200

续表

序号	药品中文名称	药品英文名称	中国限量	日本限量
47	金霉素	Chlortetracycline	600	600
48	氯酞酸二甲酯	Chlorthal – dimethyl		50
49	克伦特罗	Clenbuterol		不得检出
50	烯草酮	Clethodim		200
51	炔草酸	Clodinafop – propargyl		50
52	四螨嗪	Clofentezine		50
53	氯羟吡啶	Clopidol		20000
54	二氯吡啶酸	Clopyralid		100
55	解毒喹	Cloquintocet – mexyl		100
56	氯司替勃	Clostebol		0.5
57	噻虫胺	Clothianidin		100
58	氯唑西林	Cloxacillin	300	300
59	黏菌素	Colistin		150
60	溴氰虫酰胺	Cyantraniliprole		200
61	氟氯氰菊酯	Cyfluthrin		100
62	三氟氯氰菊酯	Cyhalothrin		20
63	氯氰菊酯	Cypermethrin		50
64	环唑醇	Cyproconazole		10
65	嘧菌环胺	Cyprodinil		10
66	环丙氨嗪	Cyromazine		100
67	达氟沙星	Danofloxacin	400	
68	滴滴涕	DDT		2000
69	溴氰菊酯	Deltamethrin		50
70	地塞米松	Dexamethasone		不得检出
71	丁醚脲	Diafenthiuron		20
72	二丁基羟基甲苯	Dibutylhydroxytoluene		200
73	麦草畏	Dicamba		70
74	敌敌畏	Dichlorvos		50
75	地克珠利	Diclazuril	3000	3000
76	禾草灵	Diclofop – methyl		50
77	双氯西林	Dicloxacillin		300
78	三氯杀螨醇	Dicofol		50
79	苯醚甲环唑	Difenoconazole		10
80	野燕枯	Difenzoquat		50
81	二氟沙星	Difloxacin	1900	

续表

序号	药品中文名称	药品英文名称	中国限量	日本限量
82	敌灭灵	Diflubenzuron		50
83	双氢链霉素	Dihydrostreptmiycin		500
84	二甲吩草胺	Dimethenamid		10
85	落长灵	Dimethipin		10
86	乐果	Dimethoate		50
87	烯酰吗啉	Dimethomorph		10
88	二硝托胺	Dinitolmide		4000
89	呋虫胺	Dinotefuran		20
90	二苯胺	Diphenylamine		10
91	驱蝇啶	Dipropyl isocinchomeronate		4
92	敌草快	Diquat		10
93	乙拌磷	Disulfoton		20
94	二噻农	Dithianon		10
95	二嗪农	Dithiocarbamates		100
96	多西环素	Doxycycline	300	
97	甲氨基阿维菌素苯甲酸盐	Emamectin benzoate		0.5
98	硫丹	Endosulfan		100
99	安特灵	Endrin		50
100	恩诺沙星	Enrofloxacin	200	100●
101	氟环唑	Epoxiconazole		10
102	茵草敌	Eptc		50
103	红霉素	Erythromycin	200	100●
104	胺苯磺隆	Ethametsulfuron – methyl		20
105	乙烯利	Ethephon		200
106	乙氧酰胺苯甲酯	Ethopabate		20000
107	乙氧基喹啉	Ethoxyquin		4000
108	1,2 – 二氯乙烷	Ethylene dichloride		100
109	醚菊酯	Etofenprox		70
110	乙螨唑	Etoxazole		40
111	氯唑灵	Etridiazole		100
112	恶唑菌酮	Famoxadone		10
113	非班太尔	Febantel		6000
114	苯线磷	Fenamiphos		10
115	氯苯嘧啶醇	Fenarimol		20
116	芬苯达唑	Fenbendazole	500▲	6000

序号	药品中文名称	药品英文名称	中国限量	日本限量
117	腈苯唑	Fenbuconazole		10
118	苯丁锡	Fenbutatin oxide		80
119	杀螟松	Fenitrothion		50
120	噁唑禾草灵	Fenoxaprop – ethyl		100
121	甲氰菊酯	Fenpropathrin		10
122	丁苯吗啉	Fenpropimorph		10
123	羟基三苯基锡	Fentin		50
124	氰戊菊酯	Fenvalerate		10
125	氟虫腈	Fipronil		20
126	氟啶虫酰胺	Flonicamid		100
127	氟苯尼考	Florfenicol	2500	
128	吡氟禾草隆	Fluazifop – butyl		100
129	氟苯达唑	Flubendazole	500	500
130	氟苯虫酰胺	Flubendiamide		20
131	氟氰菊酯	Flucythrinate		50
132	咯菌腈	Fludioxonil		50
133	氟砜灵	Fluensulfone		10
134	氟烯草酸	Flumiclorac – pentyl		10
135	氟吡菌胺	Fluopicolide		10
136	氟吡菌酰胺	Fluopyram		2000
137	氟嘧啶	Flupyrimin		100
138	氟喹唑	Fluquinconazole		20
139	氟草定	Fluroxypyr		50
140	氟硅唑	Flusilazole		200
141	氟酰胺	Flutolanil		50
142	粉唑醇	Flutriafol		50
143	氟唑菌酰胺	Fluxapyroxad		20
144	草胺膦	Glufosinate		100
145	4,5 – 二甲酰胺咪唑	Glycalpyramide		30
146	草甘膦	Glyphosate		500
147	常山酮	Halofuginone		600
148	吡氟氯禾灵	Haloxyfop		50
149	六氯苯	Hexachlorobenzene		600
150	噻螨酮	Hexythiazox		50
151	磷化氢	Hydrogen phosphide		10

续表

序号	药品中文名称	药品英文名称	中国限量	日本限量
152	抑霉唑	Imazalil		20
153	铵基咪草啶酸	Imazamox – ammonium		10
154	甲咪唑烟酸	Imazapic		10
155	灭草烟	Imazapyr		10
156	咪草烟铵盐	Imazethapyr ammonium		100
157	吡虫啉	Imidacloprid		50
158	茚虫威	Indoxacarb		10
159	碘甲磺隆	Iodosulfuron – methyl		10
160	2 –[(7,8 –二氟 –2 –甲基 –3 –喹啉基)氧基] –6 –氟 –A,A –二甲基苯甲醇	Ipflufenoquin		10
161	异菌脲	Iprodione		3000
162	异丙噻菌胺	Isofetamid		10
163	吡唑萘菌胺	Isopyrazam		10
164	异噁唑草酮	Isoxaflutole		200
165	卡那霉素	Kanamycin	600	
166	吉他霉素	Kitasamycin	200	
167	拉沙洛西	Lasalocid		400
168	左旋咪唑	Levamisole	100	100
169	林可霉素	Lincomycin	500	
170	林丹	Lindane		10
171	利谷隆	Linuron		50
172	虱螨脲	Lufenuron		30
173	马度米星	Maduramicin		800
174	2 –甲基 –4 –氯苯氧基乙酸	Mcpa		50
175	2 –甲基 –4 –氯戊氧基丙酸	Mecoprop		50
176	精甲霜灵	Mefenoxam		100
177	氯氟醚菌唑	Mefentrifluconazole		10
178	醋酸美伦孕酮	Melengestrol acetate		不得检出
179	缩节胺	Mepiquat – chloride		50
180	甲磺胺磺隆	Mesosulfuron – methyl		10
181	氰氟虫腙	Metaflumizone		80
182	甲霜灵	Metalaxyl		100
183	甲胺磷	Methamidophos		10
184	杀扑磷	Methidathion		20
185	灭多威	Methomyl（Thiodicarb）		20

序号	药品中文名称	药品英文名称	中国限量	日本限量
186	烯虫酯	Methoprene		100
187	甲氧滴滴涕	Methoxychlor		10
188	甲氧虫酰肼	Methoxyfenozide		10
189	嗪草酮	Metribuzin		400
190	莫能菌素	Monensin		10
191	腈菌唑	Myclobutanil		10
192	萘夫西林	Nafcillin		5
193	二溴磷	Naled		50
194	甲基盐霉素	Narasin		50
195	新霉素	Neomycin	5500	500 ●
196	尼卡巴嗪	Nicarbazin		500
197	硝苯砷酸	Nitarsone		2000
198	硝碘酚腈	Nitroxynil		1000
199	诺孕美特	Norgestomet		0.1
200	氟酰脲	Novaluron		100
201	氧乐果	Omethoate		50
202	奥美普林	Ormetoprim		100
203	苯唑西林	Oxacillin	300	
204	杀线威	Oxamyl		20
205	氟噻唑吡乙酮	Oxathiapiprolin		10
206	2－[3－(乙基磺酰基)－2－吡啶基]－5－[(三氟甲基)磺酰基]苯并[d]恶唑	Oxazosulfyl		50
207	砜吸磷	Oxydemeton－methyl		20
208	乙氧氟草醚	Oxyfluorfen		10
209	土霉素	Oxytetracycline	600	600
210	百草枯	Paraquat		50
211	对硫磷	Parathion		50
212	戊菌唑	Penconazole		50
213	吡噻菌胺	Penthiopyrad		30
214	氯菊酯	Permethrin		100
215	甲拌磷	Phorate		50
216	毒莠定	Picloram		100
217	啶氧菌酯	Picoxystrobin		10
218	杀鼠酮	Pindone		1
219	唑啉草酯	Pinoxaden		60

序号	药品中文名称	药品英文名称	中国限量	日本限量
220	增效醚	Piperonyl butoxide		10000
221	抗蚜威	Pirimicarb		100
222	甲基嘧啶磷	Pirimiphos – methyl		10
223	普鲁卡因青霉素	Procaine benzylpenicillin	50	
224	咪鲜胺	Prochloraz		200
225	丙溴磷	Profenofos		50
226	霜霉威	Propamocarb		10
227	敌稗	Propanil		10
228	克螨特	Propargite		100
229	丙环唑	Propiconazole		40
230	残杀威	Propoxur		50
231	氟磺隆	Prosulfuron		50
232	丙硫菌唑	Prothioconazol		100
233	吡唑醚菌酯	Pyraclostrobin		50
234	磺酰草吡唑	Pyrasulfotole		20
235	除虫菊酯	Pyrethrins		200
236	哒草特	Pyridate		200
237	二氯喹啉酸	Quinclorac		50
238	喹氧灵	Quinoxyfen		10
239	五氯硝基苯	Quintozene		10
240	喹禾灵	Quizalofop – ethyl		50
241	糖草酯	Quizalofop – P – tefuryl		50
242	苄呋菊酯	Resmethrin		100
243	氯苯胍	Robenidine	100	100
244	洛克沙胂	Roxarsone		2000
245	盐霉素	Salinomycin		200
246	沙拉沙星	Sarafloxacin		80
247	氟唑环菌胺	Sedaxane		10
248	氟硅菊酯	Silafluofen		500
249	西玛津	Simazine		20
250	大观霉素	Spectinomycin		2000
251	乙基多杀菌素	Spinetoram		10
252	多杀菌素	Spinosad		100
253	链霉素	Streptmnycin		500
254	磺胺嘧啶	Sulfadiazine		100

续表

序号	药品中文名称	药品英文名称	中国限量	日本限量
255	磺胺二甲氧嗪	Sulfadimethoxine		100
256	磺胺二甲嘧啶	Sulfamethazine	100	100
257	磺胺喹恶啉	Sulfaquinoxaline		100
258	磺胺噻唑	Sulfathiazole		100
259	磺胺类	Sulfonamides	100	
260	磺酰磺隆	Sulfosulfuron		5
261	氟啶虫胺腈	Sulfoxaflor		300
262	戊唑醇	Tebuconazole		50
263	四氯硝基苯	Tecnazene		50
264	氟苯脲	Teflubenzuron		10
265	七氟菊酯	Tefluthrin		1
266	得杀草	Tepraloxydim		300
267	特丁磷	Terbufos		50
268	氟醚唑	Tetraconazole		30
269	四环素	Tetracycline	600	600
270	噻菌灵	Thiabendazole		100
271	噻虫啉	Thiacloprid		20
272	噻虫嗪	Thiamethoxam		10
273	甲砜霉素	Thiamphenicol	50	
274	噻呋酰胺	Thifluzamide		30
275	禾草丹	Thiobencarb		30
276	硫菌灵	Thiophanate		100
277	甲基硫菌灵	Thiophanate - methyl		100
278	噻酰菌胺	Tiadinil		10
279	泰妙菌素	Tiamulin		300
280	替米考星	Tilmicosin		500
281	3－苯基－5－(噻吩－2－基)－[1,2,4]噁二唑	Tioxazafen		20
282	托曲珠利	Toltrazuril	600 ▲	2000
283	四溴菊酯	Tralomethrin		50
284	群勃龙醋酸酯	Trenbolone acetate		不得检出
285	三唑酮	Triadimefon		60
286	三唑醇	Triadimenol		60
287	野麦畏	Triallate		200
288	敌百虫	Trichlorfon		50
289	三氯吡氧乙酸	Triclopyr		80

序号	药品中文名称	药品英文名称	中国限量	日本限量
290	十三吗啉	Tridemorph		50
291	肟菌酯	Trifloxystrobin		40
292	氟菌唑	Triflumizole		50
293	杀铃脲	Triflumuron		10
294	甲氧苄啶	Trimethoprim	50	50
295	灭菌唑	Triticonazole		50
296	泰万菌素	Tylvalosin	50	
297	乙烯菌核利	Vinclozolin		100
298	维吉尼亚霉素	Virginiamycin	300	200 ●
299	华法林	Warfarin		1
300	玉米赤霉醇	Zeranol		2

3.3.3 中国与欧盟

中国与欧盟关于鹅肝兽药残留限量标准比对情况见表 3 - 3 - 3。该表显示，中国与欧盟关于鹅肝涉及的兽药残留限量指标共有 41 项。其中，欧盟关于鹅肝的兽药残留限量指标共有 29 项，与中国现行的已制定残留限量指标的 31 种兽药相比较，中国与欧盟均有限量规定的兽药有 19 种。在 19 种药物中，欧盟比中国限量指标严格的兽药有氟苯达唑（Flubendazole）、新霉素（Neomycin），其余的 17 项指标中国与欧盟相同。另外，欧盟有限量规定而中国没有限量规定的兽药有 10 种，中国有限量规定而欧盟没有限量规定的兽药有 12 种。

表 3 - 3 - 3　中国与欧盟鹅肝兽药残留限量标准比对　　　　单位：µg/kg

序号	药品中文名称	药品英文名称	中国限量	欧盟限量
1	阿苯达唑	Albendazole	5000	
2	阿莫西林	Amoxicillin	50	50
3	氨苄西林	Ampicillin	50	50
4	阿维拉霉素	Avilamycin		300
5	青霉素	Benzylpenicillin	50	50
6	金霉素	Chlortetracycline	600	
7	氯唑西林	Cloxacillin	300	300
8	黏菌素	Colistin		150
9	达氟沙星	Danofloxacin	400	400
10	地克珠利	Diclazuril	3000	
11	双氯西林	Dicloxacillin		300
12	二氟沙星	Difloxacin	1900	1900

续表

序号	药品中文名称	药品英文名称	中国限量	欧盟限量
13	多西环素	Doxycycline	300	300
14	恩诺沙星	Enrofloxacin	200	200
15	红霉素	Erythromycin	200	200
16	芬苯达唑	Fenbendazole	500	
17	氟苯尼考	Florfenicol	2500	2500
18	氟苯达唑	Flubendazole	500	400●
19	氟甲喹	Flumequine		800
20	卡那霉素	Kanamycin	600	600
21	吉他霉素	Kitasamycin	200	
22	拉沙洛西	Lasalocid		100
23	左旋咪唑	Levamisole	100	100
24	林可霉素	Lincomycin	500	
25	新霉素	Neomycin	5500	500●
26	苯唑西林	Oxacillin	300	300
27	噁喹酸	Oxolinic acid		150
28	土霉素	Oxytetracycline	600	
29	巴龙霉素	Paromomycin		1500
30	苯氧甲基青霉素	Phenoxymethylpenicillin		25
31	普鲁卡因青霉素	Procaine benzylpenicillin	50	50
32	磺胺二甲嘧啶	Sulfamethazine	100	
33	磺胺类	Sulfonamides	100	
34	四环素	Tetracycline	600	
35	甲砜霉素	Thiamphenicol	50	50
36	替米考星	Tilmicosin		1000
37	托曲珠利	Toltrazuril	600	600
38	甲氧苄啶	Trimethoprim	50	
39	泰乐菌素	Tylosin		100
40	泰万菌素	Tylvalosin	50	50
41	维吉尼亚霉素	Virginiamycin	300	

3.3.4　中国与 CAC

中国与 CAC 关于鹅肝兽药残留限量标准比对情况见表 3 - 3 - 4。该表显示，中国与 CAC 关于鹅肝涉及的兽药残留限量指标共有 30 项。其中，CAC 关于鹅肝的兽药残留限量指标共有 8 项，与中国现行的已制定残留限量指标的 30 种兽药相比较，中国有限量规定而 CAC 没有限量规定的兽药有 22 种，中国与 CAC 均有限量规定的兽药有 8 种且指标相同。

表 3 - 3 - 4　中国与 CAC 鹅肝兽药残留限量标准比对　　　　单位：μg/kg

序号	药品中文名称	药品英文名称	中国限量	CAC 限量
1	阿苯达唑	Albendazole	5000	5000
2	阿莫西林	Amoxicillin	50	
3	氨苄西林	Ampicillin	50	
4	青霉素	Benzylpenicillin	50	
5	金霉素	Chlortetracycline	600	600
6	氯唑西林	Cloxacillin	300	
7	达氟沙星	Danofloxacin	400	
8	地克珠利	Diclazuril	3000	3000
9	二氟沙星	Difloxacin	1900	
10	多西环素	Doxycycline	300	
11	恩诺沙星	Enrofloxacin	200	
12	芬苯达唑	Fenbendazole	500	
13	氟苯尼考	Florfenicol	2500	
14	氟苯达唑	Flubendazole	500	500
15	卡那霉素	Kanamycin	600	
16	吉他霉素	Kitasamycin	200	
17	左旋咪唑	Levamisole	100	100
18	林可霉素	Lincomycin	500	
19	新霉素	Neomycin	5500	
20	苯唑西林	Oxacillin	300	
21	土霉素	Oxytetracycline	600	600
22	普鲁卡因青霉素	Procaine benzylpenicillin	50	
23	磺胺二甲嘧啶	Sulfamethazine	100	100
24	磺胺类	Sulfonamides	100	
25	四环素	Tetracycline	600	600
26	甲砜霉素	Thiamphenicol	50	
27	托曲珠利	Toltrazuril	600	
28	甲氧苄啶	Trimethoprim	50	
29	泰万菌素	Tylvalosin	50	
30	维吉尼亚霉素	Virginiamycin	300	

3.3.5　中国与美国

中国与美国关于鹅肝兽药残留限量标准比对情况见表 3 - 3 - 5。该表显示，中国与美国关于鹅肝涉及的兽药残留限量指标共有 39 项。其中，美国关于鹅肝的兽药残留限量指标共有 13 项，与中国现行的已制定残留限量指标的 30 种兽药相比较，中国有限量规定而美国没有限量规定的兽药有26种，美国有限量规定而中国没有限量规定的兽药有9种；中国与美国均有限量规定的兽药有阿苯达唑（Albendazole）、阿莫西林（Amoxicillin）、氨苄西林（Ampicillin）、维吉尼亚霉素（Virginiamycin）4种，阿苯达唑（Albendazole）、阿莫西林（Amoxicillin）、氨苄西林（Ampicillin）的指标美国严于中国，维吉尼亚霉素（Virginiamycin）的指标两国相同。

表3－3－5 中国与美国鹅肝兽药残留限量标准比对 单位：μg/kg

序号	药品中文名称	药品英文名称	中国限量	美国限量
1	阿苯达唑	Albendazole	5000	200 ●
2	阿莫西林	Amoxicillin	50	10 ●
3	氨苄西林	Ampicillin	50	10 ●
4	青霉素	Benzylpenicillin	50	
5	卡巴氧	Carbadox		3000
6	头孢噻呋	Ceftiofur		2000
7	金霉素	Chlortetracycline	600	
8	氯唑西林	Cloxacillin	300	
9	达氟沙星	Danofloxacin	400	
10	地克珠利	Diclazuril	3000	
11	二氟沙星	Difloxacin	1900	
12	多西环素	Doxycycline	300	
13	恩诺沙星	Enrofloxacin	200	
14	芬苯达唑	Fenbendazole	500	
15	芬前列林	Fenprostalene		20
16	氟苯尼考	Florfenicol	2500	
17	氟苯达唑	Flubendazole	500	
18	卡那霉素	Kanamycin	600	
19	吉他霉素	Kitasamycin	200	
20	左旋咪唑	Levamisole	100	
21	林可霉素	Lincomycin	500	
22	莫西菌素	Moxidectin		200
23	新霉素	Neomycin	5500	
24	苯唑西林	Oxacillin	300	
25	土霉素	Oxytetracycline	600	
26	吡利霉素	Pirlimycin		500
27	普鲁卡因青霉素	Procaine benzylpenicillin	50	
28	黄体酮	Progesterone		6
29	酒石酸噻吩嘧啶	Pyrantel tartrate		10000
30	磺胺二甲嘧啶	Sulfamethazine	100	

序号	药品中文名称	药品英文名称	中国限量	美国限量
31	磺胺类	Sulfonamides	100	
32	丙酸睾酮	Testosterone propionate		1.3
33	四环素	Tetracycline	600	
34	甲砜霉素	Thiamphenicol	50	
35	泰妙菌素	Tiamulin		600
36	托曲珠利	Toltrazuril	600	
37	甲氧苄啶	Trimethoprim	50	
38	泰万菌素	Tylvalosin	50	
39	维吉尼亚霉素	Virginiamycin	300	300

3.4 鹅肾的兽药残留限量

3.4.1 中国与韩国

中国与韩国关于鹅肾兽药残留限量标准比对情况见表 3 – 4 – 1。该表显示，中国与韩国关于鹅肾涉及的兽药残留限量指标共有 59 项。其中，韩国关于鹅肾的兽药残留限量指标共有 47 项，与中国现行的已制定残留限量指标的 31 种兽药相比较，韩国有限量规定而中国没有限量规定的兽药有 28 种，中国有限量规定而韩国没有限量规定的兽药有 12 种，中国与韩国均有限量规定的兽药有 19 种。在 19 种兽药中，红霉素（Erythromycin）、维吉尼亚霉素（Virginiamycin）2 项指标韩国严于中国，其余的 17 项指标两国相同。

表 3 – 4 – 1　中国与韩国鹅肾兽药残留限量标准比对　　　　单位：µg/kg

序号	药品中文名称	药品英文名称	中国限量	韩国限量
1	阿苯达唑	Albendazole	5000	
2	阿莫西林	Amoxicillin	50	50
3	氨苄西林	Ampicillin	50	
4	氨丙啉	Amprolium		1000
5	安普霉素	Apramycin		800
6	杆菌肽	Bacitracin	500	500
7	青霉素	Benzylpenicillin	50	
8	金霉素	Chlortetracycline	1200	1200
9	氯羟吡啶	Clopidol		20000
10	氯唑西林	Cloxacillin	300	300
11	黏菌素	Colistin		200
12	氟氯氰菊酯	Cyfluthrin		80
13	达氟沙星	Danofloxacin	400	400
14	癸氧喹酯	Decoquinate		2000

序号	药品中文名称	药品英文名称	中国限量	韩国限量
15	溴氰菊酯	Deltamethrin		50
16	地塞米松	Dexamethasone		1
17	敌菌净	Diaveridine		50
18	地克珠利	Diclazuril	2000	
19	双氯西林	Dicloxacillin		300
20	二氟沙星	Difloxacin	600	600
21	双氢链霉素	Dihydrostreptmiycin		1000
22	多西环素	Doxycycline	600	600
23	恩诺沙星	Enrofloxacin	300	300
24	红霉素	Erythromycin	200	100 ●
25	芬苯达唑	Fenbendazole	50	
26	氟苯尼考	Florfenicol	750	750
27	氟甲喹	Flumequine		1000
28	庆大霉素	Gentamicin		100
29	匀霉素	Hygromycin		50
30	交沙霉素	Josamycin		40
31	卡那霉素	Kanamycin	2500	2500
32	吉他霉素	Kitasamycin	200	200
33	拉沙洛西	Lasalocid		20
34	左旋咪唑	Levamisole	10	
35	林可霉素	Lincomycin	500	500
36	马度米星	Maduramycin		1000
37	甲苯咪唑	Mebendazole		60
38	莫能菌素	Monensin		50
39	甲基盐霉素	Narasin		300
40	新霉素	Neomycin	9000	
41	尼卡巴嗪	Nycarbazine		200
42	苯唑西林	Oxacillin	300	
43	土霉素	Oxytetracycline	1200	1200
44	哌嗪	Piperazine		100
45	普鲁卡因青霉素	Procaine benzylpenicillin	50	
46	氯苯胍	Robenidine	100	100
47	盐霉素	Salinomycin		500
48	沙拉沙星	Sarafloxacin		50
49	赛杜霉素	Semduramicin		200

序号	药品中文名称	药品英文名称	中国限量	韩国限量
50	链霉素	Streptmnycin		1000
51	磺胺二甲嘧啶	Sulfamethazine	100	
52	磺胺类	Sulfonamides	100	
53	四环素	Tetracycline	1200	1200
54	甲砜霉素	Thiamphenicol	50	
55	泰妙菌素	Tiamulin		100
56	托曲珠利	Toltrazuril	400	400
57	甲氧苄啶	Trimethoprim	50	50
58	泰乐菌素	Tylosin		100
59	维吉尼亚霉素	Virginiamycin	400	200●

3.4.2　中国与日本

中国与日本关于鹅肾兽药残留限量标准比对情况见表3-4-2。该表显示，中国与日本关于鹅肾涉及的兽药残留限量指标共有299项。其中，中国对阿苯达唑等31种兽药残留进行了限量规定，日本对阿莫西林等286种兽药残留进行了限量规定；有13种兽药中国已制定限量指标而日本未制定，268种兽药日本已制定限量指标而中国未制定；有18种兽药残留两国都对其进行了限量规定，其中新霉素（Neomycin）、托曲珠利（Toltrazuril）2项指标中国严于日本，金霉素（Chlortetracycline）、恩诺沙星（Enrofloxacin）、芬苯达唑（Fenbendazole）、土霉素（Oxytetracycline）、红霉素（Erythromycin）、四环素（Tetracycline）、维吉尼亚霉素（Virginiamycin）7项指标日本严于中国，其余的9项指标两国相同。

表3-4-2　中国与日本鹅肾兽药残留限量标准比对　　　　单位：μg/kg

序号	药品中文名称	药品英文名称	中国限量	日本限量
1	2,4-二氯苯氧乙酸	2,4-D		700
2	2,4-二氯苯氧丁酸	2,4-DB		50
3	乙酰甲胺磷	Acephate		10
4	啶虫脒	Acetamiprid		50
5	S-甲基苯并[1,2,3]噻二唑-7-硫代羧酸酯	Acibenzolar-S-methyl		20
6	甲草胺	Alachlor		20
7	阿苯达唑	Albendazole	5000	
8	唑嘧菌胺	Ametoctradin		30
9	阿莫西林	Amoxicillin	50	50
10	氨苄西林	Ampicillin	50	50
11	氨丙啉	Amprolium		1000

续表

序号	药品中文名称	药品英文名称	中国限量	日本限量
12	阿特拉津	Atrazine		20
13	阿维拉霉素	Avilamycin		200
14	嘧菌酯	Azoxystrobin		10
15	杆菌肽	Bacitracin	500	500
16	苯霜灵	Benalaxyl		500
17	恶虫威	Bendiocarb		50
18	苯菌灵	Benomyl		90
19	苯达松	Bentazone		50
20	苯并烯氟菌唑	Benzovindiflupyr		10
21	青霉素	Benzylpenicillin	50	
22	倍他米松	Betamethasone		不得检出
23	联苯肼酯	Bifenazate		10
24	联苯菊酯	Bifenthrin		50
25	生物苄呋菊酯	Bioresmethrin		500
26	联苯三唑醇	Bitertanol		10
27	联苯吡菌胺	Bixafen		50
28	啶酰菌胺	Boscalid		20
29	溴鼠灵	Brodifacoum		1
30	溴化物	Bromide		50000
31	溴螨酯	Bromopropylate		50
32	溴苯腈	Bromoxynil		100
33	溴替唑仑	Brotizolam		不得检出
34	氟丙嘧草酯	Butafenacil		20
35	斑蝥黄	Canthaxanthin		100
36	多菌灵	Carbendazim		90
37	三唑酮草酯	Carfentrazone – ethyl		50
38	氯虫苯甲酰胺	Chlorantraniliprole		70
39	氯丹	Chlordane		80
40	虫螨腈	Chlorfenapyr		10
41	氟啶脲	Chlorfluazuron		20
42	氯地孕酮	Chlormadinone		2
43	矮壮素	Chlormequat		100
44	百菌清	Chlorothalonil		10
45	毒死蜱	Chlorpyrifos		10
46	甲基毒死蜱	Chlorpyrifos – methyl		200

序号	药品中文名称	药品英文名称	中国限量	日本限量
47	金霉素	Chlortetracycline	1200	1000 ●
48	氯酞酸二甲酯	Chlorthal – dimethyl		50
49	克伦特罗	Clenbuterol		不得检出
50	烯草酮	Clethodim		200
51	炔草酸	Clodinafop – propargyl		50
52	四螨嗪	Clofentezine		50
53	氯羟吡啶	Clopidol		20000
54	二氯吡啶酸	Clopyralid		200
55	解毒喹	Cloquintocet – mexyl		100
56	氯司替勃	Clostebol		0.5
57	噻虫胺	Clothianidin		100
58	氯唑西林	Cloxacillin	300	300
59	黏菌素	Colistin		200
60	溴氰虫酰胺	Cyantraniliprole		200
61	氟氯氰菊酯	Cyfluthrin		100
62	三氟氯氰菊酯	Cyhalothrin		20
63	氯氰菊酯	Cypermethrin		50
64	环唑醇	Cyproconazole		10
65	嘧菌环胺	Cyprodinil		10
66	环丙氨嗪	Cyromazine		100
67	达氟沙星	Danofloxacin	400	
68	滴滴涕	DDT		2000
69	溴氰菊酯	Deltamethrin		50
70	地塞米松	Dexamethasone		不得检出
71	丁醚脲	Diafenthiuron		20
72	二丁基羟基甲苯	Dibutylhydroxytoluene		100
73	麦草畏	Dicamba		70
74	敌敌畏	Dichlorvos		50
75	地克珠利	Diclazuril	2000	2000
76	禾草灵	Diclofop – methyl		50
77	双氯西林	Dicloxacillin		300
78	三氯杀螨醇	Dicofol		50
79	苯醚甲环唑	Difenoconazole		10
80	野燕枯	Difenzoquat		50
81	二氟沙星	Difloxacin	600	

续表

序号	药品中文名称	药品英文名称	中国限量	日本限量
82	敌灭灵	Diflubenzuron		50
83	双氢链霉素	Dihydrostreptmiycin		1000
84	二甲吩草胺	Dimethenamid		10
85	落长灵	Dimethipin		10
86	乐果	Dimethoate		50
87	烯酰吗啉	Dimethomorph		10
88	二硝托胺	Dinitolmide		6000
89	呋虫胺	Dinotefuran		20
90	二苯胺	Diphenylamine		10
91	驱蝇啶	Dipropyl isocinchomeronate		4
92	敌草快	Diquat		10
93	乙拌磷	Disulfoton		20
94	二噻农	Dithianon		10
95	二嗪农	Dithiocarbamates		100
96	多西环素	Doxycycline	600	
97	甲氨基阿维菌素苯甲酸盐	Emamectin benzoate		0.5
98	硫丹	Endosulfan		100
99	安特灵	Endrin		50
100	恩诺沙星	Enrofloxacin	300	100 ●
101	氟环唑	Epoxiconazole		10
102	茵草敌	Eptc		50
103	红霉素	Erythromycin	200	100 ●
104	胺苯磺隆	Ethametsulfuron – methyl		20
105	乙烯利	Ethephon		200
106	乙氧酰胺苯甲酯	Ethopabate		20000
107	乙氧基喹啉	Ethoxyquin		7000
108	1,2－二氯乙烷	Ethylene dichloride		100
109	醚菊酯	Etofenprox		70
110	乙螨唑	Etoxazole		10
111	氯唑灵	Etridiazole		100
112	恶唑菌酮	Famoxadone		10
113	非班太尔	Febantel		10
114	苯线磷	Fenamiphos		10
115	氯苯嘧啶醇	Fenarimol		20
116	芬苯达唑	Fenbendazole	50	10 ●

序号	药品中文名称	药品英文名称	中国限量	日本限量
117	腈苯唑	Fenbuconazole		10
118	苯丁锡	Fenbutatin oxide		80
119	杀螟松	Fenitrothion		50
120	噁唑禾草灵	Fenoxaprop – ethyl		100
121	甲氰菊酯	Fenpropathrin		10
122	丁苯吗啉	Fenpropimorph		10
123	羟基三苯基锡	Fentin		50
124	氰戊菊酯	Fenvalerate		10
125	氟虫腈	Fipronil		20
126	氟啶虫酰胺	Flonicamid		100
127	氟苯尼考	Florfenicol	750	
128	吡氟禾草隆	Fluazifop – butyl		100
129	氟苯达唑	Flubendazole		400
130	氟苯虫酰胺	Flubendiamide		20
131	氟氰菊酯	Flucythrinate		50
132	咯菌腈	Fludioxonil		50
133	氟砜灵	Fluensulfone		10
134	氟烯草酸	Flumiclorac – pentyl		10
135	氟吡菌胺	Fluopicolide		10
136	氟吡菌酰胺	Fluopyram		2000
137	氟嘧啶	Flupyrimin		100
138	氟喹唑	Fluquinconazole		20
139	氟草定	Fluroxypyr		50
140	氟硅唑	Flusilazole		200
141	氟酰胺	Flutolanil		50
142	粉唑醇	Flutriafol		50
143	氟唑菌酰胺	Fluxapyroxad		20
144	草铵膦	Glufosinate		500
145	4,5 – 二甲酰胺咪唑	Glycalpyramide		30
146	草甘膦	Glyphosate		500
147	常山酮	Halofuginone		1000
148	吡氟氯禾灵	Haloxyfop		50
149	六氯苯	Hexachlorobenzene		600
150	噻螨酮	Hexythiazox		50
151	磷化氢	Hydrogen phosphide		10

续表

序号	药品中文名称	药品英文名称	中国限量	日本限量
152	抑霉唑	Imazalil		20
153	铵基咪草啶酸	Imazamox – ammonium		10
154	灭草烟	Imazapyr		10
155	咪草烟铵盐	Imazethapyr ammonium		100
156	吡虫啉	Imidacloprid		50
157	茚虫威	Indoxacarb		10
158	碘甲磺隆	Iodosulfuron – methyl		10
159	2－[（7,8－二氟－2－甲基－3－喹啉基）氧基]－6－氟－A,A－二甲基苯甲醇	Ipflufenoquin		10
160	异菌脲	Iprodione		500
161	异丙噻菌胺	Isofetamid		10
162	吡唑萘菌胺	Isopyrazam		10
163	异噁唑草酮	Isoxaflutole		200
164	卡那霉素	Kanamycin	2500	
165	吉他霉素	Kitasamycin	200	
166	拉沙洛西	Lasalocid		400
167	左旋咪唑	Levamisole	10	10
168	林可霉素	Lincomycin	500	
169	林丹	Lindane		10
170	利谷隆	Linuron		50
171	虱螨脲	Lufenuron		20
172	马度米星	Maduramicin		1000
173	2－甲基－4－氯苯氧基乙酸	Mcpa		50
174	2－甲基－4－氯戊氧基丙酸	Mecoprop		50
175	精甲霜灵	Mefenoxam		100
176	氯氟醚菌唑	Mefentrifluconazole		10
177	醋酸美伦孕酮	Melengestrol acetate		不得检出
178	缩节胺	Mepiquat – chloride		50
179	甲磺胺磺隆	Mesosulfuron – methyl		10
180	氰氟虫腙	Metaflumizone		80
181	甲霜灵	Metalaxyl		100
182	甲胺磷	Methamidophos		10
183	杀扑磷	Methidathion		20
184	灭多威	Methomyl（Thiodicarb）		20
185	烯虫酯	Methoprene		100

序号	药品中文名称	药品英文名称	中国限量	日本限量
186	甲氧滴滴涕	Methoxychlor		10
187	甲氧虫酰肼	Methoxyfenozide		10
188	嗪草酮	Metribuzin		400
189	莫能菌素	Monensin		10
190	腈菌唑	Myclobutanil		10
191	萘夫西林	Nafcillin		5
192	二溴磷	Naled		50
193	甲基盐霉素	Narasin		20
194	新霉素	Neomycin	9000 ▲	10000
195	尼卡巴嗪	Nicarbazin		500
196	硝苯砷酸	Nitarsone		2000
197	硝碘酚腈	Nitroxynil		1000
198	诺孕美特	Norgestomet		0.1
199	氟酰脲	Novaluron		100
200	氧乐果	Omethoate		50
201	奥美普林	Ormetoprim		100
202	苯唑西林	Oxacillin	300	
203	杀线威	Oxamyl		20
204	氟噻唑吡乙酮	Oxathiapiprolin		10
205	2-［3-（乙基磺酰基）-2-吡啶基］-5-［（三氟甲基）磺酰基]苯并[d]恶唑	Oxazosulfyl		50
206	奥芬达唑	Oxfendazole		10
207	砜吸磷	Oxydemeton-methyl		20
208	乙氧氟草醚	Oxyfluorfen		10
209	土霉素	Oxytetracycline	1200	1000 ●
210	百草枯	Paraquat		50
211	对硫磷	Parathion		50
212	戊菌唑	Penconazole		50
213	吡噻菌胺	Penthiopyrad		30
214	氯菊酯	Permethrin		100
215	甲拌磷	Phorate		50
216	毒莠定	Picloram		100
217	啶氧菌酯	Picoxystrobin		10
218	杀鼠酮	Pindone		1
219	唑啉草酯	Pinoxaden		60

续表

序号	药品中文名称	药品英文名称	中国限量	日本限量
220	增效醚	Piperonyl butoxide		10000
221	抗蚜威	Pirimicarb		100
222	甲基嘧啶磷	Pirimiphos－methyl		10
223	普鲁卡因青霉素	Procaine benzylpenicillin	50	
224	咪鲜胺	Prochloraz		200
225	丙溴磷	Profenofos		50
226	霜霉威	Propamocarb		10
227	敌稗	Propanil		10
228	克螨特	Propargite		100
229	丙环唑	Propiconazole		40
230	残杀威	Propoxur		50
231	氟磺隆	Prosulfuron		50
232	丙硫菌唑	Prothioconazol		100
233	吡唑醚菌酯	Pyraclostrobin		50
234	磺酰草吡唑	Pyrasulfotole		20
235	除虫菊酯	Pyrethrins		200
236	哒草特	Pyridate		200
237	二氯喹啉酸	Quinclorac		50
238	喹氧灵	Quinoxyfen		10
239	五氯硝基苯	Quintozene		10
240	喹禾灵	Quizalofop－ethyl		50
241	糖草酯	Quizalofop－P－tefuryl		50
242	苄蚨菊酯	Resmethrin		100
243	氯苯胍	Robenidine	100	100
244	洛克沙胂	Roxarsone		2000
245	盐霉素	Salinomycin		40
246	沙拉沙星	Sarafloxacin		80
247	氟唑环菌胺	Sedaxane		10
248	烯禾啶	Sethoxydim		200
249	氟硅菊酯	Silafluofen		100
250	西玛津	Simazine		20
251	大观霉素	Spectinomycin		5000
252	乙基多杀菌素	Spinetoram		10
253	多杀菌素	Spinosad		100
254	链霉素	Streptmnycin		1000

续表

序号	药品中文名称	药品英文名称	中国限量	日本限量
255	磺胺嘧啶	Sulfadiazine		100
256	磺胺二甲氧嗪	Sulfadimethoxine		100
257	磺胺二甲嘧啶	Sulfamethazine	100	100
258	磺胺喹恶啉	Sulfaquinoxaline		100
259	磺胺噻唑	Sulfathiazole		100
260	磺胺类	Sulfonamides	100	
261	磺酰磺隆	Sulfosulfuron		5
262	氟啶虫胺腈	Sulfoxaflor		300
263	戊唑醇	Tebuconazole		50
264	四氯硝基苯	Tecnazene		50
265	氟苯脲	Teflubenzuron		10
266	七氟菊酯	Tefluthrin		1
267	得杀草	Tepraloxydim		300
268	特丁磷	Terbufos		50
269	氟醚唑	Tetraconazole		20
270	四环素	Tetracycline	1200	1000 ●
271	噻菌灵	Thiabendazole		100
272	噻虫啉	Thiacloprid		20
273	噻虫嗪	Thiamethoxam		10
274	甲砜霉素	Thiamphenicol	50	
275	噻呋酰胺	Thifluzamide		30
276	禾草丹	Thiobencarb		30
277	硫菌灵	Thiophanate		90
278	甲基硫菌灵	Thiophanate – methyl		90
279	噻酰菌胺	Tiadinil		10
280	泰妙菌素	Tiamulin		100
281	替米考星	Tilmicosin		250
282	3 - 苯基 - 5 - (噻吩 - 2 - 基) - [1,2,4] 噁二唑	Tioxazafen		20
283	托曲珠利	Toltrazuril	400 ▲	2000
284	群勃龙醋酸酯	Trenbolone acetate		不得检出
285	三唑酮	Triadimefon		60
286	三唑醇	Triadimenol		60
287	野麦畏	Triallate		200
288	敌百虫	Trichlorfon		50
289	三氯吡氧乙酸	Triclopyr		80

续表

序号	药品中文名称	药品英文名称	中国限量	日本限量
290	十三吗啉	Tridemorph		50
291	肟菌酯	Trifloxystrobin		40
292	氟菌唑	Triflumizole		50
293	杀铃脲	Triflumuron		10
294	甲氧苄啶	Trimethoprim	50	50
295	灭菌唑	Triticonazole		50
296	乙烯菌核利	Vinclozolin		100
297	维吉尼亚霉素	Virginiamycin	400	200 ●
298	华法林	Warfarin		1
299	玉米赤霉醇	Zeranol		2

3.4.3　中国与欧盟

中国与欧盟关于鹅肾兽药残留限量标准比对情况见表 3 - 4 - 3。该表显示，中国与欧盟关于鹅肾涉及的兽药残留限量指标共有 40 项。其中，欧盟关于鹅肾的兽药残留限量指标共有 28 项，与中国现行的已制定限量指标的 29 种兽药相比较，欧盟有限量规定而中国没有限量规定的兽药有 11 种，中国有限量规定而欧盟没有限量规定的兽药有 12 种，中国与欧盟均有限量规定的兽药有 17 种。在 17 种兽药中，新霉素（Neomycin）的指标欧盟严于中国，其余的 16 项指标中国与欧盟相同。

表 3 - 4 - 3　中国与欧盟鹅肾兽药残留限量标准比对　　　单位：μg/kg

序号	药品中文名称	药品英文名称	中国限量	欧盟限量
1	阿苯达唑	Albendazole	5000	
2	阿莫西林	Amoxicillin	50	50
3	氨苄西林	Ampicillin	50	50
4	阿维拉霉素	Avilamycin		200
5	青霉素	Benzylpenicillin	50	50
6	金霉素	Chlortetracycline	1200	
7	氯唑西林	Cloxacillin	300	300
8	黏菌素	Colistin		200
9	达氟沙星	Danofloxacin	400	400
10	地克珠利	Diclazuril	2000	
11	双氯西林	Dicloxacillin		300
12	二氟沙星	Difloxacin	600	600
13	多西环素	Doxycycline	600	600
14	恩诺沙星	Enrofloxacin	300	300

序号	药品中文名称	药品英文名称	中国限量	欧盟限量
15	红霉素	Erythromycin	200	200
16	芬苯达唑	Fenbendazole	50	
17	氟苯尼考	Florfenicol	750	750
18	氟苯达唑	Flubendazole		300
19	氟甲喹	Flumequine		1000
20	卡那霉素	Kanamycin	2500	2500
21	吉他霉素	Kitasamycin	200	
22	拉沙洛西	Lasalocid		50
23	左旋咪唑	Levamisole	10	10
24	林可霉素	Lincomycin	500	
25	新霉素	Neomycin	9000	5000●
26	苯唑西林	Oxacillin	300	300
27	噁喹酸	Oxolinic acid		150
28	土霉素	Oxytetracycline	1200	
29	巴龙霉素	Paromomycin		1500
30	苯氧甲基青霉素	Phenoxymethylpenicillin		25
31	普鲁卡因青霉素	Procaine benzylpenicillin	50	50
32	磺胺二甲嘧啶	Sulfamethazine	100	
33	磺胺类	Sulfonamides	100	
34	四环素	Tetracycline	1200	
35	甲砜霉素	Thiamphenicol	50	50
36	替米考星	Tilmicosin		250
37	托曲珠利	Toltrazuril	400	400
38	甲氧苄啶	Trimethoprim	50	
39	泰乐菌素	Tylosin		100
40	维吉尼亚霉素	Virginiamycin	400	

3.4.4 中国与CAC

中国与CAC关于鹅肾兽药残留限量标准比对情况见表3-4-4。该表显示，中国与CAC关于鹅肾涉及的兽药残留限量指标共有28项。其中，CAC关于鹅肾的兽药残留限量指标共有7项，与中国现行的已制定残留限量指标的28种兽药相比较，中国有限量规定而CAC没有限量规定的兽药有21种，中国与CAC均有限量规定的兽药有7种且指标相同。

表 3 - 4 - 4　中国与 CAC 鹅肾兽药残留限量标准比对　　　　单位：μg/kg

序号	药品中文名称	药品英文名称	中国限量	CAC 限量
1	阿苯达唑	Albendazole	5000	5000
2	阿莫西林	Amoxicillin	50	
3	氨苄西林	Ampicillin	50	
4	青霉素	Benzylpenicillin	50	
5	金霉素	Chlortetracycline	1200	1200
6	氯唑西林	Cloxacillin	300	
7	达氟沙星	Danofloxacin	400	
8	地克珠利	Diclazuril	2000	2000
9	二氟沙星	Difloxacin	600	
10	多西环素	Doxycycline	600	
11	恩诺沙星	Enrofloxacin	300	
12	芬苯达唑	Fenbendazole	50	
13	氟苯尼考	Florfenicol	750	
14	卡那霉素	Kanamycin	2500	
15	吉他霉素	Kitasamycin	200	
16	左旋咪唑	Levamisole	10	10
17	林可霉素	Lincomycin	500	
18	新霉素	Neomycin	9000	
19	苯唑西林	Oxacillin	300	
20	土霉素	Oxytetracycline	1200	1200
21	普鲁卡因青霉素	Procaine benzylpenicillin	50	
22	磺胺二甲嘧啶	Sulfamethazine	100	100
23	磺胺类	Sulfonamides	100	
24	四环素	Tetracycline	1200	1200
25	甲砜霉素	Thiamphenicol	50	
26	托曲珠利	Toltrazuril	400	
27	甲氧苄啶	Trimethoprim	50	
28	维吉尼亚霉素	Virginiamycin	400	

3.4.5　中国与美国

中国与美国关于鹅肾兽药残留限量标准比对情况见表 3 - 4 - 5。该表显示，中国与美国关于鹅肾涉及的兽药残留限量指标共有 35 项。其中，美国关于鹅肾的兽药残留限量指标共有 10 项，与中国现行的已制定残留限量指标的 28 种兽药相比较，中国有限量规定而美国没有限量规定的兽药有 25 种，美国有限量规定而中国没有限量规定的兽药有 7 种，中国与美国均有限量规定的兽药有阿莫西林（Amoxicillin）、氨苄西林（Ampicillin）、维吉尼亚霉素（Virginiamycin）3 种，维吉尼亚霉素（Virginiamycin）的指标两国相同，阿莫西林（Amoxicillin）、氨苄西林（Ampicillin）2 项指标美国严于中国。

表 3 - 4 - 5　中国与美国鹅肾兽药残留限量标准比对　　　　单位：μg/kg

序号	药品中文名称	药品英文名称	中国限量	美国限量
1	阿苯达唑	Albendazole	5000	
2	阿莫西林	Amoxicillin	50	10●
3	氨苄西林	Ampicillin	50	10●
4	安普霉素	Apramycin		100
5	青霉素	Benzylpenicillin	50	
6	头孢噻呋	Ceftiofur		8000
7	金霉素	Chlortetracycline	1200	
8	氯舒隆	Clorsulon		1000
9	氯唑西林	Cloxacillin	300	
10	达氟沙星	Danofloxacin	400	
11	地克珠利	Diclazuril	2000	
12	二氟沙星	Difloxacin	600	
13	多西环素	Doxycycline	600	
14	恩诺沙星	Enrofloxacin	300	
15	芬苯达唑	Fenbendazole	50	
16	芬前列林	Fenprostalene		30
17	氟苯尼考	Florfenicol	750	
18	卡那霉素	Kanamycin	2500	
19	吉他霉素	Kitasamycin	200	
20	左旋咪唑	Levamisole	10	
21	林可霉素	Lincomycin	500	
22	新霉素	Neomycin	9000	
23	苯唑西林	Oxacillin	300	
24	土霉素	Oxytetracycline	1200	
25	普鲁卡因青霉素	Procaine benzylpenicillin	50	
26	黄体酮	Progesterone		9
27	酒石酸噻吩嘧啶	Pyrantel tartrate		10000
28	磺胺二甲嘧啶	Sulfamethazine	100	
29	磺胺类	Sulfonamides	100	
30	丙酸睾酮	Testosterone propionate		1.9
31	四环素	Tetracycline	1200	
32	甲砜霉素	Thiamphenicol	50	

序号	药品中文名称	药品英文名称	中国限量	美国限量
33	托曲珠利	Toltrazuril	400	
34	甲氧苄啶	Trimethoprim	50	
35	维吉尼亚霉素	Virginiamycin	400	400

3.5　鹅蛋的兽药残留限量

3.5.1　中国与韩国

中国与韩国关于鹅蛋兽药残留限量标准比对情况见表 3 - 5 - 1。该表显示，中国与韩国关于鹅蛋涉及的兽药残留限量指标共有 35 项。其中，中国对杆菌肽（Bacitracin）等 8 种兽药残留进行了限量规定，韩国对氟苯达唑（Flubendazole）等 31 种兽药残留进行了限量规定；有 4 项指标两国相同，4 项指标中国已制定而韩国未制定，27 项指标韩国已制定而中国未制定。

表 3 - 5 - 1　中国与韩国鹅蛋兽药残留限量标准比对　　　　单位：μg/kg

序号	药品中文名称	药品英文名称	中国限量	韩国限量
1	氨丙啉	Amprolium		4000
2	杆菌肽	Bacitracin	500	
3	班维霉素	Bamvermycin		20
4	毒死蜱	Chlorpyrifos		10
5	金霉素	Chlortetracycline	400	400
6	黏菌素	Colistin		300
7	氯氰菊酯	Cypermethrin		50
8	环丙氨嗪	Cyromazine		200
9	地塞米松	Dexamethasone		0.1
10	敌敌畏	Dichlorvos		10
11	芬苯达唑	Fenbendazole	1300	
12	仲丁威	Fenobucarb		10
13	氟苯达唑	Flubendazole	400	400
14	氟雷拉纳	Fluralaner		1300
15	潮霉素 B	Hygromycin B		50
16	卡那霉素	Kanamycin		500
17	吉他霉素	Kitasamycin		200
18	拉沙洛西	Lasalocid		50
19	林可霉素	Lincomycin		50
20	美托米	Methomil		10

序号	药品中文名称	药品英文名称	中国限量	韩国限量
21	新霉素	Neomycin	500	
22	奥苯达唑	Oxybendazole		30
23	土霉素	Oxytetracycline	400	400
24	氯菊酯	Permethrin		100
25	非那西丁	Phenacetin		10
26	哌嗪	Piperazine		2000
27	残杀威	Propoxur		10
28	沙拉沙星	Sarafloxacin		30
29	四氯烯磷	Tetrachrominphos		10
30	四环素	Tetracycline	400	400
31	泰妙菌素	Tiamulin		1000
32	敌百虫	Trichlorfone		10
33	甲氧苄啶	Trimethoprim		20
34	泰乐菌素	Tylosin		200
35	泰万菌素	Tylvalosin	200	

3.5.2 中国与日本

中国与日本关于鹅蛋兽药残留限量标准比对情况见表3-5-2。该表显示，中国与日本关于鹅蛋涉及的兽药残留限量指标共有260项。其中，中国对杆菌肽（Bacitracin）、芬苯达唑（Fenbendazole）等7种兽药残留进行了限量规定，日本对杆菌肽（Bacitracin）、氟苯达唑（Flubendazole）等259种兽药残留进行了限量规定；有6项指标两国相同，1项指标中国已制定而日本未制定，253项指标日本已制定而中国未制定。

表3-5-2 中国与日本鹅蛋兽药残留限量标准比对　　　单位：μg/kg

序号	药品中文名称	药品英文名称	中国限量	日本限量
1	2,4-二氯苯氧乙酸	2,4-D		10
2	2,4-二氯苯氧丁酸	2,4-DB		50
3	乙酰甲胺磷	Acephate		10
4	啶虫脒	Acetamiprid		10
5	S-甲基苯并[1,2,3]噻二唑-7-硫代羧酸酯	Acibenzolar-S-methyl		20
6	甲草胺	Alachlor		20
7	艾氏剂和狄氏剂	Aldrin and dieldrin		100
8	烯丙菊酯	Allethrin		50
9	唑嘧菌胺	Ametoctradin		30
10	氨丙啉	Amprolium		5000

续表

序号	药品中文名称	药品英文名称	中国限量	日本限量
11	阿特拉津	Atrazine		20
12	嘧菌酯	Azoxystrobin		10
13	杆菌肽	Bacitracin	500	500
14	苯霜灵	Benalaxyl		50
15	恶虫威	Bendiocarb		50
16	苯菌灵	Benomyl		90
17	苯达松	Bentazone		50
18	苯并烯氟菌唑	Benzovindiflupyr		10
19	苯并吡喃	Benzpyrimoxan		10
20	倍他米松	Betamethasone		不得检出
21	联苯肼酯	Bifenazate		10
22	联苯菊酯	Bifenthrin		10
23	生物苄呋菊酯	Bioresmethrin		50
24	联苯三唑醇	Bitertanol		10
25	联苯吡菌胺	Bixafen		50
26	啶酰菌胺	Boscalid		20
27	溴鼠灵	Brodifacoum		1
28	溴化物	Bromide		50000
29	溴螨酯	Bromopropylate		80
30	溴苯腈	Bromoxynil		40
31	溴替唑仑	Brotizolam		不得检出
32	氟丙嘧草酯	Butafenacil		10
33	斑蝥黄	Canthaxanthin		100
34	多菌灵	Carbendazim		90
35	三唑酮草酯	Carfentrazone – ethyl		50
36	氯虫苯甲酰胺	Chlorantraniliprole		200
37	氯丹	Chlordane		20
38	虫螨腈	Chlorfenapyr		10
39	氟啶脲	Chlorfluazuron		20
40	氯地孕酮	Chlormadinone		2
41	矮壮素	Chlormequat		100
42	百菌清	Chlorothalonil		10
43	毒死蜱	Chlorpyrifos		10
44	甲基毒死蜱	Chlorpyrifos – methyl		50
45	金霉素	Chlortetracycline	400	400

序号	药品中文名称	药品英文名称	中国限量	日本限量
46	氯酞酸二甲酯	Chlorthal – dimethyl		50
47	克伦特罗	Clenbuterol		不得检出
48	烯草酮	Clethodim		50
49	炔草酸	Clodinafop – propargyl		50
50	四螨嗪	Clofentezine		50
51	二氯吡啶酸	Clopyralid		80
52	解毒喹	Cloquintocet – mexyl		100
53	氯司替勃	Clostebol		0.5
54	噻虫胺	Clothianidin		20
55	溴氰虫酰胺	Cyantraniliprole		200
56	氟氯氰菊酯	Cyfluthrin		50
57	三氟氯氰菊酯	Cyhalothrin		20
58	环唑醇	Cyproconazole		10
59	嘧菌环胺	Cyprodinil		10
60	环丙氨嗪	Cyromazine		300
61	滴滴涕	DDT		100
62	溴氰菊酯	Deltamethrin		30
63	地塞米松	Dexamethasone		不得检出
64	丁醚脲	Diafenthiuron		20
65	二丁基羟基甲苯	Dibutylhydroxytoluene		600
66	麦草畏	Dicamba		10
67	敌敌畏	Dichlorvos		50
68	禾草灵	Diclofop – methyl		50
69	三氯杀螨醇	Dicofol		50
70	狄氏剂	Dieldrin		100
71	苯醚甲环唑	Difenoconazole		30
72	敌灭灵	Diflubenzuron		50
73	二甲吩草胺	Dimethenamid		10
74	落长灵	Dimethipin		10
75	乐果	Dimethoate		50
76	烯酰吗啉	Dimethomorph		10
77	呋虫胺	Dinotefuran		20
78	二苯胺	Diphenylamine		50
79	驱蝇啶	Dipropyl isocinchomeronate		4
80	敌草快	Diquat		10

续表

序号	药品中文名称	药品英文名称	中国限量	日本限量
81	乙拌磷	Disulfoton		20
82	二噻农	Dithianon		10
83	二嗪农	Dithiocarbamates		50
84	甲氨基阿维菌素苯甲酸盐	Emamectin benzoate		0.5
85	硫丹	Endosulfan		80
86	安特灵	Endrin		5
87	氟环唑	Epoxiconazole		10
88	茵草敌	Eptc		10
89	红霉素	Erythromycin		50
90	胺苯磺隆	Ethametsulfuron – methyl		20
91	乙烯利	Ethephon		200
92	乙氧基喹啉	Ethoxyquin		1000
93	1,2 – 二氯乙烷	Ethylene dichloride		100
94	醚菊酯	Etofenprox		400
95	乙螨唑	Etoxazole		200
96	氯唑灵	Etridiazole		50
97	法莫	Famoxadone		10
98	苯线磷	Fenamiphos		10
99	氯苯嘧啶醇	Fenarimol		20
100	芬苯达唑	Fenbendazole	1300	
101	腈苯唑	Fenbuconazole		10
102	苯丁锡	Fenbutatin oxide		50
103	杀螟松	Fenitrothion		50
104	噁唑禾草灵	Fenoxaprop – ethyl		20
105	甲氰菊酯	Fenpropathrin		10
106	丁苯吗啉	Fenpropimorph		10
107	羟基三苯基锡	Fentin		50
108	氰戊菊酯	Fenvalerate		10
109	氟虫腈	Fipronil		20
110	氟啶虫酰胺	Flonicamid		200
111	吡氟禾草隆	Fluazifop – butyl		40
112	氟苯达唑	Flubendazole	400	400
113	氟苯虫酰胺	Flubendiamide		10
114	氟氰菊酯	Flucythrinate		50
115	咯菌腈	Fludioxonil		10

序号	药品中文名称	药品英文名称	中国限量	日本限量
116	氟砜灵	Fluensulfone		10
117	氟烯草酸	Flumiclorac – pentyl		10
118	氟吡菌胺	Fluopicolide		10
119	氟吡菌酰胺	Fluopyram		1000
120	氟吡呋喃酮	Flupyradifurone		10
121	氟嘧啶	Flupyrimin		40
122	氟喹唑	Fluquinconazole		20
123	氟草定	Fluroxypyr		30
124	氟硅唑	Flusilazole		100
125	氟酰胺	Flutolanil		50
126	粉唑醇	Flutriafol		50
127	氟唑菌酰胺	Fluxapyroxad		20
128	草胺膦	Glufosinate		50
129	4,5 – 二甲酰胺咪唑	Glycalpyramide		30
130	草甘膦	Glyphosate		50
131	吡氟氯禾灵	Haloxyfop		10
132	七氯	Heptachlor		50
133	六氯苯	Hexachlorobenzene		500
134	噻螨酮	Hexythiazox		50
135	磷化氢	Hydrogen phosphide		10
136	抑霉唑	Imazalil		20
137	铵基咪草啶酸	Imazamox – ammonium		10
138	甲咪唑烟酸	Imazapic		10
139	灭草烟	Imazapyr		10
140	咪草烟铵盐	Imazethapyr ammonium		100
141	吡虫啉	Imidacloprid		20
142	茚虫威	Indoxacarb		10
143	碘甲磺隆	Iodosulfuron – methyl		10
144	2 – [（7,8 – 二氟 – 2 – 甲基 – 3 – 喹啉基）氧基] – 6 – 氟 – A,A – 二甲基苯甲醇	Ipflufenoquin		10
145	异菌脲	Iprodione		800
146	丙胺磷	Isofenphos		20
147	吡唑萘菌胺	Isopyrazam		10
148	异噁唑草酮	Isoxaflutole		10
149	拉沙洛西	Lasalocid		200

续表

序号	药品中文名称	药品英文名称	中国限量	日本限量
150	林丹	Lindane		10
151	利谷隆	Linuron		50
152	虱螨脲	Lufenuron		300
153	2-甲基-4-氯苯氧基乙酸	Mcpa		50
154	2-甲基-4-氯戊氧基丙酸	Mecoprop		50
155	精甲霜灵	Mefenoxam		50
156	氯氟醚菌唑	Mefentrifluconazole		10
157	醋酸美伦孕酮	Melengestrol acetate		不得检出
158	缩节胺	Mepiquat-chloride		50
159	甲磺胺磺隆	Mesosulfuron-methyl		10
160	氰氟虫腙	Metaflumizone		200
161	甲霜灵	Metalaxyl		50
162	甲胺磷	Methamidophos		10
163	杀扑磷	Methidathion		20
164	灭多威	Methomyl（Thiodicarb）		20
165	烯虫酯	Methoprene		50
166	甲氧滴滴涕	Methoxychlor		10
167	甲氧虫酰肼	Methoxyfenozide		10
168	嗪草酮	Metribuzin		30
169	腈菌唑	Myclobutanil		10
170	萘夫西林	Nafcillin		5
171	新霉素	Neomycin	500	500
172	诺孕美特	Norgestomet		0.1
173	氟酰脲	Novaluron		100
174	氧乐果	Omethoate		50
175	杀线威	Oxamyl		20
176	氟噻唑吡乙酮	Oxathiapiprolin		10
177	2-[3-（乙基磺酰基）-2-吡啶基]-5-[（三氟甲基）磺酰基]苯并[d]恶唑	Oxazosulfyl		10
178	砜吸磷	Oxydemeton-methyl		20
179	乙氧氟草醚	Oxyfluorfen		30
180	土霉素	Oxytetracycline	400	400
181	百草枯	Paraquat		10
182	对硫磷	Parathion		50
183	甲基对硫磷	Parathion-methyl		50

序号	药品中文名称	药品英文名称	中国限量	日本限量
184	戊菌唑	Penconazole		50
185	吡噻菌胺	Penthiopyrad		30
186	氯菊酯	Permethrin		100
187	甲拌磷	Phorate		50
188	毒莠定	Picloram		50
189	啶氧菌酯	Picoxystrobin		10
190	杀鼠酮	Pindone		1
191	唑啉草酯	Pinoxaden		60
192	增效醚	Piperonyl butoxide		1000
193	抗蚜威	Pirimicarb		50
194	甲基嘧啶磷	Pirimiphos－methyl		10
195	咪鲜胺	Prochloraz		100
196	丙溴磷	Profenofos		20
197	霜霉威	Propamocarb		10
198	敌稗	Propanil		10
199	克螨特	Propargite		100
200	丙环唑	Propiconazole		40
201	残杀威	Propoxur		50
202	氟磺隆	Prosulfuron		50
203	丙硫菌唑	Prothioconazol		6
204	吡唑醚菌酯	Pyraclostrobin		50
205	磺酰草吡唑	Pyrasulfotole		20
206	除虫菊酯	Pyrethrins		100
207	哒草特	Pyridate		200
208	二氯喹啉酸	Quinclorac		50
209	喹氧灵	Quinoxyfen		10
210	五氯硝基苯	Quintozene		30
211	喹禾灵	Quizalofop－ethyl		20
212	糖草酯	Quizalofop－P－tefuryl		20
213	苄蚨菊酯	Resmethrin		100
214	洛克沙肿	Roxarsone		500
215	氟唑环菌胺	Sedaxane		10
216	烯禾啶	Sethoxydim		300
217	氟硅菊酯	Silafluofen		1000
218	西玛津	Simazine		20

续表

序号	药品中文名称	药品英文名称	中国限量	日本限量
219	大观霉素	Spectinomycin		2000
220	乙基多杀菌素	Spinetoram		10
221	多杀菌素	Spinosad		100
222	磺胺嘧啶	Sulfadiazine		20
223	磺胺二甲嘧啶	Sulfamethazine		10
224	磺胺喹恶啉	Sulfaquinoxaline		10
225	磺酰磺隆	Sulfosulfuron		5
226	氟啶虫胺腈	Sulfoxaflor		100
227	戊唑醇	Tebuconazole		50
228	虫酰肼	Tebufenozide		20
229	四氯硝基苯	Tecnazene		50
230	氟苯脲	Teflubenzuron		10
231	七氟菊酯	Tefluthrin		1
232	得杀草	Tepraloxydim		100
233	特丁磷	Terbufos		10
234	氟醚唑	Tetraconazole		20
235	四环素	Tetracycline	400	400
236	噻菌灵	Thiabendazole		100
237	噻虫啉	Thiacloprid		20
238	噻虫嗪	Thiamethoxam		10
239	噻呋酰胺	Thifluzamide		40
240	禾草丹	Thiobencarb		30
241	硫菌灵	Thiophanate		90
242	甲基硫菌灵	Thiophanate – methyl		90
243	噻酰菌胺	Tiadinil		10
244	3－苯基－5－（噻吩－2－基）－［1,2,4］噁二唑	Tioxazafen		20
245	四溴菊酯	Tralomethrin		30
246	群勃龙醋酸酯	Trenbolone acetate		不得检出
247	三唑酮	Triadimefon		50
248	三唑醇	Triadimenol		50
249	杀铃脲	Triasulfuron		50
250	三氯吡氧乙酸	Triclopyr		50
251	十三吗啉	Tridemorph		50
252	肟菌酯	Trifloxystrobin		40
253	氟菌唑	Triflumizole		20

序号	药品中文名称	药品英文名称	中国限量	日本限量
254	杀铃脲	Triflumuron		10
255	甲氧苄啶	Trimethoprim		20
256	灭菌唑	Triticonazole		50
257	乙烯菌核利	Vinclozolin		50
258	维吉尼亚霉素	Virginiamycin		100
259	华法林	Warfarin		1
260	玉米赤霉醇	Zeranol		2

3.5.3 中国与欧盟

中国与欧盟关于鹅蛋兽药残留限量标准比对情况见表 3 – 5 – 3。该表显示，中国与欧盟关于鹅蛋涉及的兽药残留限量指标共有 12 项。其中，中国对杆菌肽（Bacitracin）等 8 种兽药残留进行了限量规定，欧盟对氟苯达唑（Fenbendazole）等 6 种兽药残留进行了限量规定，有 2 项指标中国与欧盟相同；有 6 项指标中国已制定而欧盟未制定，4 项指标欧盟已制定而中国未制定。

表 3 – 5 – 3　中国与欧盟鹅蛋兽药残留限量标准比对　　　单位：μg/kg

序号	药品中文名称	药品英文名称	中国限量	欧盟限量
1	杆菌肽	Bacitracin	500	
2	金霉素	Chlortetracycline	400	
3	黏菌素	Colistin		300
4	红霉素	Erythromycin		150
5	芬苯达唑	Fenbendazole	1300	
6	氟苯达唑	Flubendazole	400	400
7	拉沙洛西	Lasalocid		150
8	新霉素	Neomycin	500	500
9	土霉素	Oxytetracycline	400	
10	四环素	Tetracycline	400	
11	泰乐菌素	Tylosin		200
12	泰万菌素	Tylvalosin	200	

3.5.4 中国与CAC

中国与 CAC 关于鹅蛋兽药残留限量标准比对情况见表 3 – 5 – 4。该表显示，中国与 CAC 关于鹅蛋涉及的兽药残留限量指标共有 8 项。其中，中国对杆菌肽（Bacitracin）等 8 种兽药残留进行了限量规定，CAC 对氟苯达唑（Flubendazole）等 4 种兽药残留进行了限量规定且指标与中国相同。

表 3 - 5 - 4　中国与 CAC 鹅蛋兽药残留限量标准比对　　　单位：μg/kg

序号	药品中文名称	药品英文名称	中国限量	CAC 限量
1	杆菌肽	Bacitracin	500	
2	金霉素	Chlortetracycline	400	400
3	芬苯达唑	Fenbendazole	1300	
4	氟苯达唑	Flubendazole	400	400
5	新霉素	Neomycin	500	
6	土霉素	Oxytetracycline	400	400
7	四环素	Tetracycline	400	400
8	泰万菌素	Tylvalosin	200	

3.6　鹅"皮 + 脂"的兽药残留限量

3.6.1　中国与韩国

中国与韩国关于鹅"皮 + 脂"兽药残留限量标准比对情况见表 3 - 6 - 1。该表显示，中国与韩国关于鹅"皮 + 脂"涉及的兽药残留限量指标共有 12 项。其中，中国对地克珠利（Diclazuril）等 12 种兽药残留进行了限量规定，韩国对二氟沙星（Difloxacin）等 8 种兽药残留进行了限量规定；有 6 项指标两国相同，多西环素（Doxycycline）、维吉尼亚霉素（Virginiamycin）2 项指标韩国严于中国。

表 3 - 6 - 1　中国与韩国鹅"皮 + 脂"兽药残留限量标准比对　　　单位：μg/kg

序号	药品中文名称	药品英文名称	中国限量	韩国限量
1	地克珠利	Diclazuril	1000	
2	二氟沙星	Difloxacin	400	400
3	多西环素	Doxycycline	300	100●
4	恩诺沙星	Enrofloxacin	100	100
5	芬苯达唑	Fenbendazole	50	
6	氟苯尼考	Florfenicol	200	200
7	卡那霉素	Kanamycin	100	100
8	甲砜霉素	Thiamphenicol	50	
9	托曲珠利	Toltrazuril	200	200
10	甲氧苄啶	Trimethoprim	50	50
11	泰万菌素	Tylvalosin	50	
12	维吉尼亚霉素	Virginiamycin	400	200●

3.6.2　中国与欧盟

中国与欧盟关于鹅"皮 + 脂"兽药残留限量标准比对情况见表 3 - 6 - 2。该表显示，中国与欧盟关于鹅"皮 + 脂"涉及的兽药残留限量指标共有 12 项。其中，中国对地克珠利（Diclazuril）等12种兽药残留进行了限量规定，欧盟对二氟沙星（Difloxacin）等6种兽药残留规定了残留限量且指标与中国相同，其余的6项指标中国已制定而欧盟未制定。

表3-6-2　中国与欧盟鹅"皮+脂"兽药残留限量标准比对　　单位：μg/kg

序号	药品中文名称	药品英文名称	中国限量	欧盟限量
1	地克珠利	Diclazuril	1000	
2	二氟沙星	Difloxacin	400	400
3	多西环素	Doxycycline	300	300
4	恩诺沙星	Enrofloxacin	100	100
5	芬苯达唑	Fenbendazole	50	
6	氟苯尼考	Florfenicol	200	200
7	卡那霉素	Kanamycin	100	
8	甲砜霉素	Thiamphenicol	50	
9	托曲珠利	Toltrazuril	200	200
10	甲氧苄啶	Trimethoprim	50	
11	泰万菌素	Tylvalosin	50	50
12	维吉尼亚霉素	Virginiamycin	400	

3.6.3　中国与CAC

中国与CAC鹅"皮+脂"兽药残留限量标准比对情况见表3-6-3。该表显示，中国与CAC关于鹅"皮+脂"涉及的兽药残留限量指标共有12项。其中，中国对地克珠利（Diclazuril）等12种兽药残留进行了限量规定，而CAC只对地克珠利（Diclazuril）规定了残留限量且指标与中国相同。

表3-6-3　中国与CAC鹅"皮+脂"兽药残留限量标准比对　　单位：μg/kg

序号	药品中文名称	药品英文名称	中国限量	CAC限量
1	地克珠利	Diclazuril	1000	1000
2	二氟沙星	Difloxacin	400	
3	多西环素	Doxycycline	300	
4	恩诺沙星	Enrofloxacin	100	
5	芬苯达唑	Fenbendazole	50	
6	氟苯尼考	Florfenicol	200	
7	卡那霉素	Kanamycin	100	
8	甲砜霉素	Thiamphenicol	50	
9	托曲珠利	Toltrazuril	200	
10	甲氧苄啶	Trimethoprim	50	
11	泰万菌素	Tylvalosin	50	
12	维吉尼亚霉素	Virginiamycin	400	

3.6.4　中国与美国

中国与美国关于鹅"皮＋脂"兽药残留限量标准比对情况见表3－6－4。该表显示，中国与美国关于鹅"皮＋脂"涉及的兽药残留限量指标共有12项。其中，中国对地克珠利（Diclazuril）等12种兽药残留进行了限量规定，美国仅对维吉尼亚霉素（Virginiamycin）规定了残留限量且指标与中国相同。

表3－6－4　中国与美国鹅"皮＋脂"兽药残留限量标准比对　　单位：μg/kg

序号	药品中文名称	药品英文名称	中国限量	美国限量
1	地克珠利	Diclazuril	1000	
2	二氟沙星	Difloxacin	400	
3	多西环素	Doxycycline	300	
4	恩诺沙星	Enrofloxacin	100	
5	芬苯达唑	Fenbendazole	50	
6	氟苯尼考	Florfenicol	200	
7	卡那霉素	Kanamycin	100	
8	甲砜霉素	Thiamphenicol	50	
9	托曲珠利	Toltrazuril	200	
10	甲氧苄啶	Trimethoprim	50	
11	泰万菌素	Tylvalosin	50	
12	维吉尼亚霉素	Virginiamycin	400	400

第4章　鸽子的兽药残留限量标准比对

4.1　国外肉鸽产业概况

4.1.1　美国肉鸽产业情况

美国的肉鸽品种主要有美国王鸽、银王鸽等，但目前纯种王鸽不多，品种明显退化。肉鸽养殖多采用小群散养方式，养殖户数有100多家，主要分布在美国的东南部，如美国佐治亚州的亚特兰大以及佛罗里达州、阿肯色州和密西西比州等，产量不高，其中，最大的鸽场存栏种鸽7万多对，年产乳鸽70万只~80万只。目前，全美肉鸽的存栏量大约为60万对，乳鸽的年产量约为400万只~500万只。

4.1.2　加拿大肉鸽产业情况

加拿大的肉鸽养殖主要集中在多伦多和温哥华，以华人饲养为主。肉鸽的产量不高，每年10只/对~12只/对，最大鸽场存栏7000对种鸽，年产乳鸽7万多只。

4.1.3　欧洲肉鸽产业情况

欧洲的肉鸽养殖量约为40万对，主要集中在法国。其中，最大的鸽场存栏6000对种鸽，最少的存栏4000多对，养殖品种主要集中在4个欧洲肉鸽品种。欧洲肉鸽的养殖方式以小群养殖为主，每群30对~50对，每栋鸽舍40群~60群，采用自动供料、乳头式自动供水的方式，每个料槽饲料可食用2天~3天。一般，每小群3个料槽，两边为玉米，中间为全价料，在每小群内放置一个保健砂槽供鸽自由采食。

4.1.4　其他地区肉鸽产业情况

（1）澳大利亚

澳大利亚的各个城市都有鸽养殖，但主要集中在悉尼和墨尔本等地，养殖的方式以立体笼养为主，悉尼存栏量约为2000对~3000对。

（2）越南

越南的鸽养殖量较少，品种为从广西引种饲养，并且以笼养为主。

（3）印尼

印尼的鸽饲养主要分布在雅加达、万隆、泗水等地，最大的鸽场存栏3000多对种鸽，并且饲养方式以木制的立体笼养方式为主。

4.2　中国肉鸽生产现状

二十世纪八十年代，我国肉鸽养殖开始出现于广东省，之后不断发展到全国各地，经过 40 多年的发展，目前已经逐步形成了较为完善的饲养方法和养殖技术。我国肉鸽养殖量约占世界总量的 80%，养殖水平位于世界前列。目前，全国产鸽存栏 5000 多万对，年出栏乳鸽 6 亿多羽，并且每年仍不断增加，肉鸽养殖已成为继鸡、鸭、鹅之后规模较大的特禽养殖业，是我国特禽养殖业中的重要组成部分。据统计数据显示，商品代种鸽存栏量和乳鸽出栏量在经历 2013 年大幅降低后，近年来均呈现逐步上升的趋势。图 4 - 1 - 1 所示为2011—2019 年我国商品代种鸽存栏量，图 4 - 1 - 2 所示为 2011—2019 年我国乳鸽出栏量。

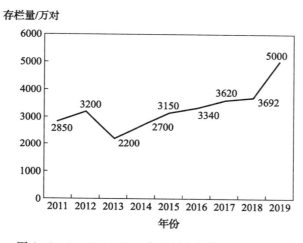

图 4 - 1 - 1　2011—2019 年我国商品代种鸽存栏量

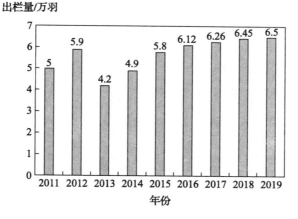

图 4 - 1 - 2　2011—2019 年我国乳鸽出栏量

4.3　中国现行的鸽标准

表 4 - 3 - 1 所示为我国现行标准体系中与鸽子相关的各类标准，总计 27 项，其中包括 1 项国家标准：《蛋鸽饲养管理技术规程》（GB/T 36196—2018）。

表 4 - 3 - 1   中国现行标准体系中与鸽子相关的标准

序号	标 准 编 号	标 准 名 称
1	GB/T 36196—2018	蛋鸽饲养管理技术规程
2	NY/T 3651—2020	肉鸽生产性能测定技术规范
3	DB45/T 93—2003	种鸽场生产技术规范
4	DB44/T 200—2004	石岐鸽饲养技术规程
5	DB45/T 245—2005	广西肉鸽养殖技术规范
6	DB62/T 1540—2007	无公害农产品 酒泉肉鸽饲养技术规程
7	DB23/T 1293—2008	无公害肉鸽饲养管理技术规程
8	DB46/T 174—2009	乳鸽生产技术规程
9	DB44/T 746—2010	肉鸽生产技术规程
10	DB32/T 2021—2011	肉用乳鸽生产技术规程
11	DB32/T 2022—2011	肉用乳鸽加工技术规程
12	DB32/T 2023—2011	肉用种鸽生产技术规程
13	DB34/T 1939—2013	肉鸽高致病性禽流感免疫技术规范
14	DB65/T 3553—2013	无公害农产品 肉鸽养殖 技术规程
15	DB11/T 1329—2016	肉鸽养殖技术规范
16	DB37/T 2903.77—2017	鲁菜 果木烤乳鸽
17	DB4104/T 084—2018	鸽人工孵化技术规程
18	DB31/T 1192—2019	肉鸽场生产技术规范
19	DB32/T 3621—2019	肉鸽生产性能测定技术规范
20	DB5115/T 46—2020	宜宾鸽生产技术规程
21	DB3201/T 1026—2020	肉鸽层叠式笼养技术规程
22	DB3201/T 1028—2020	肉用繁殖鸽选配技术规程
23	DB11/T 1760—2020	肉鸽人工孵化技术操作规程
24	DB45/T 2196—2020	鸽瘟综合防控技术规范
25	DB51/T 2711—2020	肉鸽养殖技术规范
26	DB3212/T 2017—2021	肉鸽人工孵化操作规程
27	DB32/T 3998—2021	鸽蛋人工孵化技术规程

4.4 鸽子肌肉的兽药残留限量

4.4.1 中国与韩国

中国与韩国关于鸽子肌肉兽药残留标准比对情况见表 4 - 4 - 1。该表显示，中国与韩国关于鸽子肌肉涉及的兽药残留限量指标共有 69 项。其中，中国对阿苯达唑等 36 种兽药残留进行了限量规定，韩国对阿莫西林等 52 种兽药残留进行了限量规定；阿苯达唑等 17 项指标中国已制定而韩国未制定，33 项指标韩国已制定而中国未制定；有 19 种兽药两国均制定了残留限量指标，其中 17 项指标两国相同，红霉素（Erythromycin）、甲氧苄啶（Trimethoprim）2 项指标韩国严于中国。

表 4－4－1　中国与韩国鸽子肌肉兽药残留限量标准比对　　　　单位：μg/kg

序号	药品中文名称	药品英文名称	中国限量	韩国限量
1	阿苯达唑	Albendazole	100	
2	阿莫西林	Amoxicillin	50	50
3	氨苄西林	Ampicillin	50	
4	氨丙啉	Amprolium		500
5	安普霉素	Apramycin		200
6	杆菌肽	Bacitracin	500	500
7	青霉素	Benzylpenicillin	50	
8	金霉素	Chlortetracycline	200	200
9	氯羟吡啶	Clopidol		5000
10	氯唑西林	Cloxacillin	300	300
11	黏菌素	Colistin		150
12	氟氯氰菊酯	Cyfluthrin		10
13	氯氰菊酯	Cypermethrin		50
14	环丙氨嗪	Cyromazine	50	
15	达氟沙星	Danofloxacin	200	200
16	癸氧喹酯	Decoquinate		1000
17	溴氰菊酯	Deltamethrin		50
18	地塞米松	Dexamethasone		1
19	敌菌净	Diaveridine		50
20	地克珠利	Diclazuril	500	
21	双氯西林	Dicloxacillin		300
22	二氟沙星	Difloxacin	300	300
23	双氢链霉素	Dihydrostreptmiycin		600
24	多西环素	Doxycycline	100	100
25	恩诺沙星	Enrofloxacin	100	100
26	红霉素	Erythromycin	200	100●
27	芬苯达唑	Fenbendazole	50	
28	倍硫磷	Fenthion	100	
29	氟苯尼考	Florfenicol	100	100
30	氟苯达唑	Flubendazole	200	
31	氟甲喹	Flumequine		400
32	氟胺氰菊酯	Fluvalinate	10	

序号	药品中文名称	药品英文名称	中国限量	韩国限量
33	庆大霉素	Gentamicin		100
34	氢溴酸谷氨酰胺镁盐	Glutamine hydrobromide magnesium salt		10
35	匀霉素	Hygromycin		50
36	交沙霉素	Josamycin		40
37	卡那霉素	Kanamycin	100	100
38	吉他霉素	Kitasamycin	200	200
39	拉沙洛西	Lasalocid		20
40	左旋咪唑	Levamisole	10	
41	林可霉素	Lincomycin	200	200
42	马度米星	Maduramycin		100
43	马拉硫磷	Malathion	4000	
44	甲苯咪唑	Mebendazole		60
45	莫能菌素	Monensin		50
46	甲基盐霉素	Narasin		100
47	新霉素	Neomycin	500	
48	尼卡巴嗪	Nycarbazine		200
49	苯唑西林	Oxacillin	300	
50	土霉素	Oxytetracycline	200	200
51	哌嗪	Piperazine		100
52	普鲁卡因青霉素	Procaine benzylpenicillin	50	
53	残杀威	Propoxur		10
54	氯苯胍	Robenidine	100	100
55	盐霉素	Salinomycin		100
56	沙拉沙星	Sarafloxacin		30
57	赛杜霉素	Semduramicin		100
58	链霉素	Streptmnycin		600
59	磺胺二甲嘧啶	Sulfamethazine	100	
60	磺胺类	Sulfonamides	100	
61	四环素	Tetracycline	200	200
62	甲砜霉素	Thiamphenicol	50	
63	泰妙菌素	Tiamulin		100
64	托曲珠利	Toltrazuril	100	100
65	四溴菊酯	Tralomethrin		50
66	敌百虫	Trichlorfone		10

续表

序号	药品中文名称	药品英文名称	中国限量	韩国限量
67	甲氧苄啶	Trimethoprim	50	20●
68	泰乐菌素	Tylosin		100
69	维吉尼亚霉素	Virginiamycin	100	100

4.4.2　中国与日本

中国与日本关于鸽子肌肉兽药残留限量标准比对情况见表 4 - 4 - 2。该表显示，中国与日本关于鸽子肌肉涉及的兽药残留限量指标共有 305 项。其中，中国对阿苯达唑等 35 种兽药残留进行了限量规定，日本对阿莫西林等 289 种兽药残留进行了限量规定；有 19 种兽药两国均制定了残留限量指标，其中 14 项指标两国相同，3 项指标中国严于日本，2 项指标日本严于中国；有 16 项指标中国已制定而日本未制定，270 项指标日本已制定而中国未制定。

表 4 - 4 - 2　中国与日本鸽子肌肉兽药残留限量标准比对　　单位：μg/kg

序号	药品中文名称	药品英文名称	中国限量	日本限量
1	2,4 - 二氯苯氧乙酸	2,4 - D		50
2	2,4 - 二氯苯氧丁酸	2,4 - DB		50
3	乙酰甲胺磷	Acephate		10
4	啶虫脒	Acetamiprid		10
5	S - 甲基苯并[1,2,3]噻二唑 - 7 - 硫代羧酸酯	Acibenzolar - S - methyl		20
6	甲草胺	Alachlor		20
7	阿苯达唑	Albendazole	100	
8	唑嘧菌胺	Ametoctradin		30
9	阿莫西林	Amoxicillin	50	50
10	氨苄西林	Ampicillin	50	50
11	氨丙啉	Amprolium		500
12	阿特拉津	Atrazine		20
13	阿维拉霉素	Avilamycin		200
14	嘧菌酯	Azoxystrobin		10
15	杆菌肽	Bacitracin	500	500
16	苯霜灵	Benalaxyl		500
17	恶虫威	Bendiocarb		50
18	苯菌灵	Benomyl		90
19	苯达松	Bentazone		50
20	苯并烯氟菌唑	Benzovindiflupyr		10

序号	药品中文名称	药品英文名称	中国限量	日本限量
21	青霉素	Benzylpenicillin	50	
22	倍他米松	Betamethasone		不得检出
23	联苯肼酯	Bifenazate		10
24	联苯菊酯	Bifenthrin		50
25	生物苄呋菊酯	Bioresmethrin		500
26	联苯三唑醇	Bitertanol		10
27	联苯吡菌胺	Bixafen		20
28	啶酰菌胺	Boscalid		20
29	溴鼠灵	Brodifacoum		1
30	溴化物	Bromide		50000
31	溴螨酯	Bromopropylate		50
32	溴苯腈	Bromoxynil		60
33	溴替唑仑	Brotizolam		不得检出
34	氟丙嘧草酯	Butafenacil		10
35	斑蝥黄	Canthaxanthin		100
36	多菌灵	Carbendazim		90
37	三唑酮草酯	Carfentrazone – ethyl		50
38	氯虫苯甲酰胺	Chlorantraniliprole		20
39	氯丹	Chlordane		80
40	虫螨腈	Chlorfenapyr		10
41	氟啶脲	Chlorfluazuron		20
42	氯地孕酮	Chlormadinone		2
43	矮壮素	Chlormequat		50
44	百菌清	Chlorothalonil		10
45	毒死蜱	Chlorpyrifos		10
46	甲基毒死蜱	Chlorpyrifos – methyl		300
47	金霉素	Chlortetracycline	200	200
48	氯酞酸二甲酯	Chlorthal – dimethyl		50
49	克伦特罗	Clenbuterol		不得检出
50	烯草酮	Clethodim		200
51	炔草酸	Clodinafop – propargyl		50
52	四螨嗪	Clofentezine		50
53	氯羟吡啶	Clopidol		5000
54	二氯吡啶酸	Clopyralid		100
55	解毒喹	Cloquintocet – mexyl		100

续表

序号	药品中文名称	药品英文名称	中国限量	日本限量
56	氯司替勃	Clostebol		0.5
57	噻虫胺	Clothianidin		20
58	氯唑西林	Cloxacillin	300	300
59	黏菌素	Colistin		150
60	溴氰虫酰胺	Cyantraniliprole		20
61	氟氯氰菊酯	Cyfluthrin		200
62	三氟氯氰菊酯	Cyhalothrin		20
63	氯氰菊酯	Cypermethrin		50
64	环唑醇	Cyproconazole		10
65	嘧菌环胺	Cyprodinil		10
66	环丙氨嗪	Cyromazine	50▲	100
67	达氟沙星	Danofloxacin	200	
68	滴滴涕	DDT		300
69	溴氰菊酯	Deltamethrin		100
70	地塞米松	Dexamethasone		不得检出
71	丁醚脲	Diafenthiuron		20
72	二丁基羟基甲苯	Dibutylhydroxytoluene		50
73	麦草畏	Dicamba		20
74	敌敌畏	Dichlorvos		50
75	地克珠利	Diclazuril	500	500
76	禾草灵	Diclofop – methyl		50
77	双氯西林	Dicloxacillin		300
78	三氯杀螨醇	Dicofol		100
79	苯醚甲环唑	Difenoconazole		10
80	野燕枯	Difenzoquat		50
81	二氟沙星	Difloxacin	300	
82	敌灭灵	Diflubenzuron		50
83	双氢链霉素	Dihydrostreptmiycin		500
84	二甲吩草胺	Dimethenamid		10
85	落长灵	Dimethipin		10
86	乐果	Dimethoate		50
87	烯酰吗啉	Dimethomorph		10
88	二硝托胺	Dinitolmide		3000
89	呋虫胺	Dinotefuran		20
90	二苯胺	Diphenylamine		10

序号	药品中文名称	药品英文名称	中国限量	日本限量
91	驱蝇啶	Dipropyl isocinchomeronate		4
92	敌草快	Diquat		10
93	乙拌磷	Disulfoton		20
94	二噻农	Dithianon		10
95	二嗪农	Dithiocarbamates		100
96	多西环素	Doxycycline	100	
97	甲氨基阿维菌素苯甲酸盐	Emamectin benzoate		0.5
98	硫丹	Endosulfan		100
99	安特灵	Endrin		50
100	恩诺沙星	Enrofloxacin	100	50●
101	氟环唑	Epoxiconazole		10
102	茵草敌	Eptc		50
103	红霉素	Erythromycin	200	100●
104	胺苯磺隆	Ethametsulfuron - methyl		20
105	乙烯利	Ethephon		100
106	乙氧酰胺苯甲酯	Ethopabate		5000
107	乙氧基喹啉	Ethoxyquin		100
108	1,2 - 二氯乙烷	Ethylene dichloride		100
109	醚菊酯	Etofenprox		20
110	乙螨唑	Etoxazole		10
111	氯唑灵	Etridiazole		100
112	恶唑菌酮	Famoxadone		10
113	非班太尔	Febantel		2000
114	苯线磷	Fenamiphos		10
115	氯苯嘧啶醇	Fenarimol		20
116	腈苯唑	Fenbuconazole		10
117	苯丁锡	Fenbutatin oxide		80
118	杀螟松	Fenitrothion		50
119	噁唑禾草灵	Fenoxaprop - ethyl		10
120	甲氰菊酯	Fenpropathrin		10
121	丁苯吗啉	Fenpropimorph		10
122	倍硫磷	Fenthion	100	
123	羟基三苯基锡	Fentin		50
124	氰戊菊酯	Fenvalerate		10
125	氟虫腈	Fipronil		10

续表

序号	药品中文名称	药品英文名称	中国限量	日本限量
126	氟啶虫酰胺	Flonicamid		100
127	氟苯尼考	Florfenicol	100	
128	吡氟禾草隆	Fluazifop – butyl		40
129	氟苯达唑	Flubendazole	200	200
130	氟苯虫酰胺	Flubendiamide		10
131	氟氰菊酯	Flucythrinate		50
132	咯菌腈	Fludioxonil		10
133	氟砜灵	Fluensulfone		10
134	氟烯草酸	Flumiclorac – pentyl		10
135	氟吡菌胺	Fluopicolide		10
136	氟吡菌酰胺	Fluopyram		500
137	氟嘧啶	Flupyrimin		30
138	氟喹唑	Fluquinconazole		20
139	氟草定	Fluroxypyr		50
140	氟硅唑	Flusilazole		200
141	氟酰胺	Flutolanil		50
142	粉唑醇	Flutriafol		50
143	氟胺氰菊酯	Fluvalinate	10	
144	氟唑菌酰胺	Fluxapyroxad		20
145	草胺膦	Glufosinate		50
146	4,5 – 二甲酰胺咪唑	Glycalpyramide		30
147	草甘膦	Glyphosate		50
148	常山酮	Halofuginone		50
149	吡氟氯禾灵	Haloxyfop		10
150	六氯苯	Hexachlorobenzene		200
151	噻螨酮	Hexythiazox		50
152	磷化氢	Hydrogen phosphide		10
153	抑霉唑	Imazalil		20
154	铵基咪草啶酸	Imazamox – ammonium		10
155	甲咪唑烟酸	Imazapic		10
156	灭草烟	Imazapyr		10
157	咪草烟铵盐	Imazethapyr ammonium		100
158	吡虫啉	Imidacloprid		20
159	茚虫威	Indoxacarb		10
160	碘甲磺隆	Iodosulfuron – methyl		10

序号	药品中文名称	药品英文名称	中国限量	日本限量
161	2－[（7,8－二氟－2－甲基－3－喹啉基）氧基]－6－氟－A,A－二甲基苯甲醇	Ipflufenoquin		10
162	异菌脲	Iprodione		500
163	异丙噻菌胺	Isofetamid		10
164	吡唑萘菌胺	Isopyrazam		10
165	异噁唑草酮	Isoxaflutole		10
166	卡那霉素	Kanamycin	100	
167	吉他霉素	Kitasamycin	200	
168	醚菌酯	Kresoxim－methyl		50
169	拉沙洛西	Lasalocid		100
170	左旋咪唑	Levamisole	10	10
171	林可霉素	Lincomycin	200	
172	林丹	Lindane		700
173	利谷隆	Linuron		50
174	虱螨脲	Lufenuron		10
175	马度米星	Maduramicin		100
176	马拉硫磷	Malathion	4000	
177	2－甲基－4－氯苯氧基乙酸	Mcpa		50
178	2－甲基－4－氯戊氧基丙酸	Mecoprop		50
179	精甲霜灵	Mefenoxam		50
180	氯氟醚菌唑	Mefentrifluconazole		10
181	醋酸美伦孕酮	Melengestrol acetate		不得检出
182	缩节胺	Mepiquat－chloride		50
183	甲磺胺磺隆	Mesosulfuron－methyl		10
184	氰氟虫腙	Metaflumizone		30
185	甲霜灵	Metalaxyl		50
186	甲胺磷	Methamidophos		10
187	杀扑磷	Methidathion		20
188	灭多威	Methomyl（Thiodicarb）		20
189	烯虫酯	Methoprene		100
190	甲氧滴滴涕	Methoxychlor		10
191	甲氧虫酰肼	Methoxyfenozide		10
192	嗪草酮	Metribuzin		400
193	莫能菌素	Monensin		10
194	腈菌唑	Myclobutanil		10

序号	药品中文名称	药品英文名称	中国限量	日本限量
195	萘夫西林	Nafcillin		5
196	二溴磷	Naled		50
197	甲基盐霉素	Narasin		20
198	新霉素	Neomycin	500	500
199	尼卡巴嗪	Nicarbazin		500
200	硝苯砷酸	Nitarsone		500
201	硝碘酚腈	Nitroxynil		1000
202	诺孕美特	Norgestomet		0.1
203	氟酰脲	Novaluron		100
204	氧乐果	Omethoate		50
205	奥美普林	Ormetoprim		100
206	苯唑西林	Oxacillin	300	
207	杀线威	Oxamyl		20
208	氟噻唑吡乙酮	Oxathiapiprolin		10
209	2-[3-（乙基磺酰基）-2-吡啶基]-5-[（三氟甲基）磺酰基]苯并[d]恶唑	Oxazosulfyl		10
210	奥芬达唑	Oxfendazole		2000
211	土霉素	Oxytetracycline	200	200
212	砜吸磷	Oxydemeton-methyl		20
213	乙氧氟草醚	Oxyfluorfen		10
214	百草枯	Paraquat		50
215	对硫磷	Parathion		50
216	戊菌唑	Penconazole		50
217	吡噻菌胺	Penthiopyrad		30
218	氯菊酯	Permethrin		100
219	甲拌磷	Phorate		50
220	毒莠定	Picloram		50
221	啶氧菌酯	Picoxystrobin		10
222	杀鼠酮	Pindone		1
223	唑啉草酯	Pinoxaden		60
224	增效醚	Piperonyl butoxide		3000
225	抗蚜威	Pirimicarb		100
226	甲基嘧啶磷	Pirimiphos-methyl		10
227	普鲁卡因青霉素	Procaine benzylpenicillin	50	
228	咪鲜胺	Prochloraz		50

序号	药品中文名称	药品英文名称	中国限量	日本限量
229	丙溴磷	Profenofos		50
230	霜霉威	Propamocarb		10
231	敌稗	Propanil		10
232	克螨特	Propargite		100
233	丙环唑	Propiconazole		40
234	残杀威	Propoxur		50
235	氟磺隆	Prosulfuron		50
236	丙硫菌唑	Prothioconazol		10
237	吡唑醚菌酯	Pyraclostrobin		50
238	磺酰草吡唑	Pyrasulfotole		20
239	除虫菊酯	Pyrethrins		200
240	哒草特	Pyridate		200
241	二氯喹啉酸	Quinclorac		50
242	喹氧灵	Quinoxyfen		10
243	五氯硝基苯	Quintozene		10
244	喹禾灵	Quizalofop – ethyl		20
245	糖草酯	Quizalofop – P – tefuryl		20
246	苄蚨菊酯	Resmethrin		100
247	氯苯胍	Robenidine	100 ▲	1000
248	洛克沙肿	Roxarsone		500
249	盐霉素	Salinomycin		20
250	沙拉沙星	Sarafloxacin		10
251	氟唑环菌胺	Sedaxane		10
252	烯禾啶	Sethoxydim		100
253	氟硅菊酯	Silafluofen		100
254	西玛津	Simazine		20
255	大观霉素	Spectinomycin		500
256	乙基多杀菌素	Spinetoram		10
257	多杀菌素	Spinosad		100
258	链霉素	Streptmnycin		500
259	磺胺嘧啶	Sulfadiazine		100
260	磺胺二甲氧嗪	Sulfadimethoxine		100
261	磺胺二甲嘧啶	Sulfamethazine	100	100
262	磺胺喹恶啉	Sulfaquinoxaline		100
263	磺胺噻唑	Sulfathiazole		100

序号	药品中文名称	药品英文名称	中国限量	日本限量
264	磺胺类	Sulfonamides	100	
265	磺酰磺隆	Sulfosulfuron		5
266	氟啶虫胺腈	Sulfoxaflor		100
267	戊唑醇	Tebuconazole		50
268	虫酰肼	Tebufenozide		20
269	四氯硝基苯	Tecnazene		50
270	氟苯脲	Teflubenzuron		10
271	七氟菊酯	Tefluthrin		1
272	得杀草	Tepraloxydim		100
273	特丁磷	Terbufos		50
274	氟醚唑	Tetraconazole		20
275	四环素	Tetracycline	200	200
276	噻菌灵	Thiabendazole		50
277	噻虫啉	Thiacloprid		20
278	噻虫嗪	Thiamethoxam		10
279	甲砜霉素	Thiamphenicol	50	
280	噻呋酰胺	Thifluzamide		20
281	禾草丹	Thiobencarb		30
282	硫菌灵	Thiophanate		90
283	甲基硫菌灵	Thiophanate – methyl		90
284	噻酰菌胺	Tiadinil		10
285	泰妙菌素	Tiamulin		100
286	替米考星	Tilmicosin		70
287	3－苯基－5－(噻吩－2－基)－[1,2,4]噁二唑	Tioxazafen		20
288	托曲珠利	Toltrazuril	100▲	500
289	四溴菊酯	Tralomethrin		100
290	群勃龙醋酸酯	Trenbolone acetate		不得检出
291	三唑酮	Triadimefon		50
292	三唑醇	Triadimenol		50
293	野麦畏	Triallate		100
294	敌百虫	Trichlorfone		50
295	三氯吡氧乙酸	Triclopyr		100
296	十三吗啉	Tridemorph		50
297	肟菌酯	Trifloxystrobin		40
298	氟菌唑	Triflumizole		20

序号	药品中文名称	药品英文名称	中国限量	日本限量
299	杀铃脲	Triflumuron		10
300	甲氧苄啶	Trimethoprim	50	50
301	灭菌唑	Triticonazole		50
302	乙烯菌核利	Vinclozolin		100
303	维吉尼亚霉素	Virginiamycin	100	100
304	华法林	Warfarin		1
305	玉米赤霉醇	Zeranol		2

4.4.3 中国与欧盟

中国与欧盟关于鸽子肌肉兽药残留限量标准比对情况见表4-4-3。该表显示，中国与欧盟关于鸽子肌肉涉及的兽药残留限量指标共有45项。其中，中国对阿苯达唑等34种兽药残留进行了限量规定，欧盟对阿莫西林等27种兽药残留进行了限量规定；有15项指标中国与欧盟相同，氟苯达唑（Flubendazole）的指标欧盟严于中国；有18项指标中国已制定而欧盟未制定，11项指标欧盟已制定而中国未制定。

表4-4-3 中国与欧盟鸽子肌肉兽药残留限量标准比对　　　　单位：μg/kg

序号	药品中文名称	药品英文名称	中国限量	欧盟限量
1	阿苯达唑	Albendazole	100	
2	阿莫西林	Amoxicillin	50	50
3	氨苄西林	Ampicillin	50	50
4	阿维拉霉素	Avilamycin		50
5	青霉素	Benzylpenicillin	50	50
6	金霉素	Chlortetracycline	200	
7	氯唑西林	Cloxacillin	300	300
8	黏菌素	Colistin		150
9	环丙氨嗪	Cyromazine	50	
10	达氟沙星	Danofloxacin	200	200
11	地克珠利	Diclazuril	500	
12	双氯西林	Dicloxacillin		300
13	二氟沙星	Difloxacin	300	300
14	多西环素	Doxycycline	100	100
15	恩诺沙星	Enrofloxacin	100	100
16	红霉素	Erythromycin	200	200
17	芬苯达唑	Fenbendazole	50	

续表

序号	药品中文名称	药品英文名称	中国限量	欧盟限量
18	倍硫磷	Fenthion	100	
19	氟苯尼考	Florfenicol	100	100
20	氟苯达唑	Flubendazole	200	50●
21	氟甲喹	Flumequine		400
22	氟胺氰菊酯	Fluvalinate	10	
23	卡那霉素	Kanamycin	100	100
24	吉他霉素	Kitasamycin	200	
25	拉沙洛西	Lasalocid		20
26	左旋咪唑	Levamisole	10	10
27	林可霉素	Lincomycin	200	
28	马拉硫磷	Malathion	4000	
29	莫能菌素	Monensin		
30	新霉素	Neomycin	500	500
31	苯唑西林	Oxacillin	300	300
32	噁喹酸	Oxolinic acid		100
33	土霉素	Oxytetracycline	200	
34	巴龙霉素	Paromomycin		500
35	苯氧甲基青霉素	Phenoxymethylpenicillin		25
36	普鲁卡因青霉素	Procaine benzylpenicillin	50	50
37	磺胺二甲嘧啶	Sulfamethazine	100	
38	磺胺类	Sulfonamides	100	
39	四环素	Tetracycline	200	
40	甲砜霉素	Thiamphenicol	50	
41	替米考星	Tilmicosin		75
42	托曲珠利	Toltrazuril	100	100
43	甲氧苄啶	Trimethoprim	50	
44	泰乐菌素	Tylosin		100
45	维吉尼亚霉素	Virginiamycin	100	

4.4.4　中国与 CAC

中国与 CAC 关于鸽子肌肉兽药残留限量标准比对情况见表 4-4-4。该表显示，中国与 CAC 关于鸽子肌肉涉及的兽药残留限量指标共有 33 项。其中，CAC 已制定 8 项指标且这 8 项指标均与中国相同。

表 4 - 4 - 4　中国与 CAC 鸽子肌肉兽药残留限量标准比对　　　　单位：μg/kg

序号	药品中文名称	药品英文名称	中国限量	CAC 限量
1	阿苯达唑	Albendazole	100	100
2	阿莫西林	Amoxicillin	50	
3	氨苄西林	Ampicillin	50	
4	青霉素	Benzylpenicillin	50	
5	金霉素	Chlortetracycline	200	200
6	氯唑西林	Cloxacillin	300	
7	环丙氨嗪	Cyromazine	50	
8	达氟沙星	Danofloxacin	200	
9	地克珠利	Diclazuril	500	500
10	二氟沙星	Difloxacin	300	
11	多西环素	Doxycycline	100	
12	恩诺沙星	Enrofloxacin	100	
13	芬苯达唑	Fenbendazole	50	
14	倍硫磷	Fenthion	100	
15	氟苯尼考	Florfenicol	100	
16	氟苯达唑	Flubendazole	200	200
17	氟胺氰菊酯	Fluvalinate	10	
18	卡那霉素	Kanamycin	100	
19	吉他霉素	Kitasamycin	200	
20	左旋咪唑	Levamisole	10	10
21	林可霉素	Lincomycin	200	
22	马拉硫磷	Malathion	4000	
23	新霉素	Neomycin	500	
24	苯唑西林	Oxacillin	300	
25	土霉素	Oxytetracycline	200	200
26	普鲁卡因青霉素	Procaine benzylpenicillin	50	
27	磺胺二甲嘧啶	Sulfamethazine	100	100
28	磺胺类	Sulfonamides	100	
29	四环素	Tetracycline	200	200
30	甲砜霉素	Thiamphenicol	50	
31	托曲珠利	Toltrazuril	100	
32	甲氧苄啶	Trimethoprim	50	
33	维吉尼亚霉素	Virginiamycin	100	

4.4.5　中国与美国

中国与美国关于鸽子肌肉兽药残留限量标准比对情况见表 4－4－5。该表显示，中国与美国关于鸽子肌肉涉及的兽药残留限量指标共有 42 项。其中，中国对 33 种兽药残留进行了限量规定，美国对 12 种兽药残留进行了限量规定；维吉尼亚霉素（Virginiamycin）的指标两国相同，阿苯达唑（Albendazole）等 3 项指标美国严于中国；有 29 项指标中国已制定而美国未制定，8 项指标美国已制定而中国未制定。

表 4－4－5　中国与美国鸽子肌肉兽药残留限量标准比对　　　　单位：μg/kg

序号	药品中文名称	药品英文名称	中国限量	美国限量
1	阿苯达唑	Albendazole	100	50●
2	阿莫西林	Amoxicillin	50	10●
3	氨苄西林	Ampicillin	50	10●
4	青霉素	Benzylpenicillin	50	
5	头孢噻呋	Ceftiofur		100
6	金霉素	Chlortetracycline	200	
7	氯舒隆	Clorsulon		100
8	氯唑西林	Cloxacillin	300	
9	环丙氨嗪	Cyromazine	50	
10	达氟沙星	Danofloxacin	200	
11	地克珠利	Diclazuril	500	
12	二氟沙星	Difloxacin	300	
13	多西环素	Doxycycline	100	
14	恩诺沙星	Enrofloxacin	100	
15	芬苯达唑	Fenbendazole	50	
16	芬前列林	Fenprostalene		10
17	倍硫磷	Fenthion	100	
18	氟苯尼考	Florfenicol	100	
19	氟苯达唑	Flubendazole	200	
20	氟胺氰菊酯	Fluvalinate	10	
21	卡那霉素	Kanamycin	100	
22	吉他霉素	Kitasamycin	200	
23	左旋咪唑	Levamisole	10	
24	林可霉素	Lincomycin	200	
25	马拉硫磷	Malathion	4000	
26	莫能菌素	Monensin		
27	莫西菌素	Moxidectin		50
28	新霉素	Neomycin	500	

序号	药品中文名称	药品英文名称	中国限量	美国限量
29	苯唑西林	Oxacillin	300	
30	土霉素	Oxytetracycline	200	
31	吡利霉素	Pirlimycin		300
32	普鲁卡因青霉素	Procaine benzylpenicillin	50	
33	黄体酮	Progesterone		3
34	酒石酸噻吩嘧啶	Pyrantel tartrate		1000
35	磺胺二甲嘧啶	Sulfamethazine	100	
36	磺胺类	Sulfonamides	100	
37	丙酸睾酮	Testosterone propionate		0.64
38	四环素	Tetracycline	200	
39	甲砜霉素	Thiamphenicol	50	
40	托曲珠利	Toltrazuril	100	
41	甲氧苄啶	Trimethoprim	50	
42	维吉尼亚霉素	Virginiamycin	100	100

4.5 鸽子脂肪的兽药残留限量

4.5.1 中国与韩国

中国与韩国关于鸽子脂肪兽药残留限量标准比对情况见表 4 - 5 - 1。该表显示，中国与韩国关于鸽子脂肪涉及的兽药残留限量指标共有 47 项。其中，中国对 18 种兽药残留规定了限量，韩国对 36 种兽药残留规定了限量；有 7 种兽药两国均制定了残留限量指标，红霉素（Erythromycin）的指标韩国严于中国，其余的 6 项指标两国相同；有 11 项指标中国已制定而韩国未制定，29 项指标韩国已制定而中国未制定。

表 4 - 5 - 1　中国与韩国鸽子脂肪兽药残留限量标准比对　　　单位：μg/kg

序号	药品中文名称	药品英文名称	中国限量	韩国限量
1	阿苯达唑	Albendazole	100	
2	阿莫西林	Amoxicillin	50	50
3	氨苄西林	Ampicillin	50	
4	氨丙啉	Amprolium		500
5	安普霉素	Apramycin		200
6	杆菌肽	Bacitracin	500	500
7	氯羟吡啶	Clopidol		5000
8	氯唑西林	Cloxacillin	300	300
9	黏菌素	Colistin		150
10	氟氯氰菊酯	Cyfluthrin		20

续表

序号	药品中文名称	药品英文名称	中国限量	韩国限量
11	环丙氨嗪	Cyromazine	50	
12	达氟沙星	Danofloxacin	100	100
13	癸氧喹酯	Decoquinate		2000
14	溴氰菊酯	Deltamethrin		50
15	敌菌净	Diaveridine		50
16	双氯西林	Dicloxacillin		300
17	双氢链霉素	Dihydrostreptmiycin		600
18	红霉素	Erythromycin	200	100●
19	倍硫磷	Fenthion	100	
20	氟甲喹	Flumequine		300
21	氟胺氰菊酯	Fluvalinate	10	
22	庆大霉素	Gentamicin		100
23	匀霉素	Hygromycin		50
24	交沙霉素	Josamycin		40
25	卡那霉素	Kanamycin		100
26	吉他霉素	Kitasamycin		200
27	拉沙洛西	Lasalocid		20
28	左旋咪唑	Levamisole	10	
29	林可霉素	Lincomycin	100	100
30	马度米星	Maduramycin		400
31	马拉硫磷	Malathion	4000	
32	甲苯咪唑	Mebendazole		60
33	莫能菌素	Monensin		50
34	甲基盐霉素	Narasin		500
35	新霉素	Neomycin	500	
36	尼卡巴嗪	Nycarbazine		200
37	苯唑西林	Oxacillin	300	
38	哌嗪	Piperazine		100
39	氯苯胍	Robenidine	200	200
40	盐霉素	Salinomycin		400
41	沙拉沙星	Sarafloxacin		500
42	赛杜霉素	Semduramicin		500
43	链霉素	Streptmnycin		600
44	磺胺二甲嘧啶	Sulfamethazine	100	

序号	药品中文名称	药品英文名称	中国限量	韩国限量
45	磺胺类	Sulfonamides	100	
46	泰妙菌素	Tiamulin		100
47	泰乐菌素	Tylosin		100

4.5.2　中国与日本

中国与日本关于鸽子脂肪兽药残留限量标准比对情况见表4-5-2。该表显示，中国与日本关于鸽子脂肪涉及的兽药残留限量指标共有299项。其中，中国对24种兽药残留规定了限量，日本对291种兽药残留规定了限量；有16种兽药两国均制定了残留限量指标，4项指标日本严于中国，2项指标中国严于日本，其余的10项指标两国相同；有8项指标中国已制定而日本未制定，275项指标日本已制定而中国未制定。

表4-5-2　中国与日本鸽子脂肪兽药残留限量标准比对　　　　单位：μg/kg

序号	药品中文名称	药品英文名称	中国限量	日本限量
1	2,4-二氯苯氧乙酸	2,4-D		50
2	2,4-二氯苯氧丁酸	2,4-DB		50
3	乙酰甲胺磷	Acephate		100
4	啶虫脒	Acetamiprid		10
5	S-甲基苯并[1,2,3]噻二唑-7-硫代羧酸酯	Acibenzolar-S-methyl		20
6	甲草胺	Alachlor		20
7	阿苯达唑	Albendazole	100	
8	艾氏剂和狄氏剂	Aldrin and dieldrin		200
9	唑嘧菌胺	Ametoctradin		30
10	阿莫西林	Amoxicillin	50	50
11	氨苄西林	Ampicillin	50	50
12	氨丙啉	Amprolium		500
13	阿特拉津	Atrazine		20
14	阿维拉霉素	Avilamycin		200
15	嘧菌酯	Azoxystrobin		10
16	杆菌肽	Bacitracin	500	500
17	苯霜灵	Benalaxyl		500
18	恶虫威	Bendiocarb		50
19	苯菌灵	Benomyl		90
20	苯达松	Bentazone		50
21	苯并烯氟菌唑	Benzovindiflupyr		10
22	倍他米松	Betamethasone		不得检出

续表

序号	药品中文名称	药品英文名称	中国限量	日本限量
23	联苯肼酯	Bifenazate		10
24	联苯菊酯	Bifenthrin		50
25	生物苄呋菊酯	Bioresmethrin		500
26	联苯三唑醇	Bitertanol		50
27	联苯吡菌胺	Bixafen		50
28	啶酰菌胺	Boscalid		20
29	溴鼠灵	Brodifacoum		1
30	溴化物	Bromide		50000
31	溴螨酯	Bromopropylate		50
32	溴苯腈	Bromoxynil		50
33	溴替唑仑	Brotizolam		不得检出
34	氟丙嘧草酯	Butafenacil		10
35	斑蝥黄	Canthaxanthin		100
36	多菌灵	Carbendazim		90
37	三唑酮草酯	Carfentrazone – ethyl		50
38	氯虫苯甲酰胺	Chlorantraniliprole		80
39	氯丹	Chlordane		500
40	虫螨腈	Chlorfenapyr		10
41	氟啶脲	Chlorfluazuron		200
42	氯地孕酮	Chlormadinone		2
43	矮壮素	Chlormequat		50
44	百菌清	Chlorothalonil		10
45	毒死蜱	Chlorpyrifos		10
46	甲基毒死蜱	Chlorpyrifos – methyl		200
47	金霉素	Chlortetracycline		200
48	氯酞酸二甲酯	Chlorthal – dimethyl		50
49	克伦特罗	Clenbuterol		不得检出
50	烯草酮	Clethodim		200
51	炔草酸	Clodinafop – propargyl		50
52	四螨嗪	Clofentezine		50
53	氯羟吡啶	Clopidol		5000
54	二氯吡啶酸	Clopyralid		100
55	解毒喹	Cloquintocet – mexyl		100
56	氯司替勃	Clostebol		0.5
57	噻虫胺	Clothianidin		20

序号	药品中文名称	药品英文名称	中国限量	日本限量
58	氯唑西林	Cloxacillin	300	300
59	黏菌素	Colistin		150
60	溴氰虫酰胺	Cyantraniliprole		40
61	氟氯氰菊酯	Cyfluthrin		1000
62	三氟氯氰菊酯	Cyhalothrin		300
63	氯氰菊酯	Cypermethrin		100
64	环唑醇	Cyproconazole		10
65	嘧菌环胺	Cyprodinil		10
66	环丙氨嗪	Cyromazine	50	50
67	达氟沙星	Danofloxacin	100	
68	滴滴涕	DDT		2000
69	溴氰菊酯	Deltamethrin		500
70	地塞米松	Dexamethasone		不得检出
71	丁醚脲	Diafenthiuron		20
72	二丁基羟基甲苯	Dibutylhydroxytoluene		3000
73	麦草畏	Dicamba		40
74	敌敌畏	Dichlorvos		50
75	地克珠利	Diclazuril	1000	1000
76	禾草灵	Diclofop – methyl		50
77	双氯西林	Dicloxacillin		300
78	三氯杀螨醇	Dicofol		100
79	狄氏剂	Dieldrin		200
80	苯醚甲环唑	Difenoconazole		10
81	野燕枯	Difenzoquat		50
82	敌灭灵	Diflubenzuron		50
83	双氢链霉素	Dihydrostreptmiycin		500
84	二甲吩草胺	Dimethenamid		10
85	落长灵	Dimethipin		10
86	乐果	Dimethoate		50
87	烯酰吗啉	Dimethomorph		10
88	二硝托胺	Dinitolmide		3000
89	呋虫胺	Dinotefuran		20
90	二苯胺	Diphenylamine		10
91	驱蝇啶	Dipropyl isocinchomeronate		4
92	敌草快	Diquat		10

序号	药品中文名称	药品英文名称	中国限量	日本限量
93	乙拌磷	Disulfoton		20
94	二噻农	Dithianon		10
95	二嗪农	Dithiocarbamates		30
96	甲氨基阿维菌素苯甲酸盐	Emamectin benzoate		0.5
97	硫丹	Endosulfan		200
98	安特灵	Endrin		100
99	恩诺沙星	Enrofloxacin	100	50●
100	氟环唑	Epoxiconazole		10
101	茵草敌	Eptc		50
102	红霉素	Erythromycin	200	100●
103	胺苯磺隆	Ethametsulfuron – methyl		20
104	乙烯利	Ethephon		50
105	乙氧酰胺苯甲酯	Ethopabate		5000
106	乙氧基喹啉	Ethoxyquin		7000
107	1,2 – 二氯乙烷	Ethylene dichloride		100
108	醚菊酯	Etofenprox		1000
109	乙螨唑	Etoxazole		200
110	氯唑灵	Etridiazole		100
111	恶唑菌酮	Famoxadone		10
112	非班太尔	Febantel		10
113	苯线磷	Fenamiphos		10
114	氯苯嘧啶醇	Fenarimol		20
115	芬苯达唑	Fenbendazole	50	10●
116	腈苯唑	Fenbuconazole		10
117	苯丁锡	Fenbutatin oxide		80
118	杀螟松	Fenitrothion		400
119	噁唑禾草灵	Fenoxaprop – ethyl		10
120	甲氰菊酯	Fenpropathrin		10
121	丁苯吗啉	Fenpropimorph		10
122	倍硫磷	Fenthion	100	
123	羟基三苯基锡	Fentin		50
124	氰戊菊酯	Fenvalerate		10
125	氟虫腈	Fipronil		20
126	氟啶虫酰胺	Flonicamid		50
127	吡氟禾草隆	Fluazifop – butyl		40

序号	药品中文名称	药品英文名称	中国限量	日本限量
128	氟苯达唑	Flubendazole		50
129	氟苯虫酰胺	Flubendiamide		50
130	氟氰菊酯	Flucythrinate		50
131	咯菌腈	Fludioxonil		50
132	氟砜灵	Fluensulfone		10
133	氟烯草酸	Flumiclorac – pentyl		10
134	氟吡菌胺	Fluopicolide		10
135	氟吡菌酰胺	Fluopyram		500
136	氟嘧啶	Flupyrimin		40
137	氟喹唑	Fluquinconazole		20
138	氟草定	Fluroxypyr		50
139	氟硅唑	Flusilazole		200
140	氟酰胺	Flutolanil		50
141	粉唑醇	Flutriafol		50
142	氟胺氰菊酯	Fluvalinate	10	
143	氟唑菌酰胺	Fluxapyroxad		50
144	草胺膦	Glufosinate		50
145	4,5 – 二甲酰胺咪唑	Glycalpyramide		30
146	草甘膦	Glyphosate		50
147	常山酮	Halofuginone		50
148	吡氟氯禾灵	Haloxyfop		10
149	七氯	Heptachlor		200
150	六氯苯	Hexachlorobenzene		600
151	噻螨酮	Hexythiazox		50
152	磷化氢	Hydrogen phosphide		10
153	抑霉唑	Imazalil		20
154	铵基咪草啶酸	Imazamox – ammonium		10
155	甲咪唑烟酸	Imazapic		10
156	灭草烟	Imazapyr		10
157	咪草烟铵盐	Imazethapyr ammonium		100
158	吡虫啉	Imidacloprid		20
159	茚虫威	Indoxacarb		10
160	碘甲磺隆	Iodosulfuron – methyl		10
161	2 – [(7,8 – 二氟 – 2 – 甲基 – 3 – 喹啉基)氧基] – 6 – 氟 – A,A – 二甲基苯甲醇	Ipflufenoquin		30

续表

序号	药品中文名称	药品英文名称	中国限量	日本限量
162	异菌脲	Iprodione		2000
163	异丙噻菌胺	Isofetamid		10
164	吡唑萘菌胺	Isopyrazam		10
165	异噁唑草酮	Isoxaflutole		10
166	醚菌酯	Kresoxim – methyl		50
167	拉沙洛西	Lasalocid		1000
168	左旋咪唑	Levamisole	10	10
169	林可霉素	Lincomycin	100	
170	林丹	Lindane		100
171	利谷隆	Linuron		50
172	虱螨脲	Lufenuron		200
173	马度米星	Maduramicin		100
174	马拉硫磷	Malathion	4000	
175	2－甲基－4－氯苯氧基乙酸	Mcpa		50
176	2－甲基－4－氯戊氧基丙酸	Mecoprop		50
177	精甲霜灵	Mefenoxam		50
178	氯氟醚菌唑	Mefentrifluconazole		20
179	醋酸美伦孕酮	Melengestrol acetate		不得检出
180	缩节胺	Mepiquat – chloride		50
181	甲磺胺磺隆	Mesosulfuron – methyl		10
182	氰氟虫腙	Metaflumizone		900
183	甲霜灵	Metalaxyl		50
184	甲胺磷	Methamidophos		10
185	杀扑磷	Methidathion		20
186	灭多威	Methomyl（Thiodicarb）		20
187	烯虫酯	Methoprene		1000
188	甲氧滴滴涕	Methoxychlor		10
189	甲氧虫酰肼	Methoxyfenozide		20
190	嗪草酮	Metribuzin		700
191	莫能菌素	Monensin		100
192	腈菌唑	Myclobutanil		10
193	萘夫西林	Nafcillin		5
194	二溴磷	Naled		50
195	甲基盐霉素	Narasin		50
196	新霉素	Neomycin	500	500

序号	药品中文名称	药品英文名称	中国限量	日本限量
197	尼卡巴嗪	Nicarbazin		500
198	硝苯砷酸	Nitarsone		500
199	硝碘酚腈	Nitroxynil		1000
200	诺孕美特	Norgestomet		0.1
201	氟酰脲	Novaluron		500
202	氧乐果	Omethoate		50
203	奥美普林	Ormetoprim		100
204	苯唑西林	Oxacillin	300	
205	杀线威	Oxamyl		20
206	氟噻唑吡乙酮	Oxathiapiprolin		10
207	2-[3-（乙基磺酰基）-2-吡啶基]-5-[（三氟甲基)磺酰基]苯并[d]恶唑	Oxazosulfyl		20
208	奥芬达唑	Oxfendazole		10
209	土霉素	Oxytetracycline		200
210	砜吸磷	Oxydemeton-methyl		20
211	乙氧氟草醚	Oxyfluorfen		200
212	百草枯	Paraquat		50
213	对硫磷	Parathion		50
214	戊菌唑	Penconazole		50
215	吡噻菌胺	Penthiopyrad		30
216	氯菊酯	Permethrin		100
217	甲拌磷	Phorate		50
218	毒莠定	Picloram		50
219	啶氧菌酯	Picoxystrobin		10
220	杀鼠酮	Pindone		1
221	唑啉草酯	Pinoxaden		60
222	增效醚	Piperonyl butoxide		7000
223	抗蚜威	Pirimicarb		100
224	甲基嘧啶磷	Pirimiphos-methyl		100
225	咪鲜胺	Prochloraz		50
226	丙溴磷	Profenofos		50
227	霜霉威	Propamocarb		10
228	敌稗	Propanil		10
229	克螨特	Propargite		100
230	丙环唑	Propiconazole		40

续表

序号	药品中文名称	药品英文名称	中国限量	日本限量
231	残杀威	Propoxur		50
232	氟磺隆	Prosulfuron		50
233	丙硫菌唑	Prothioconazol		10
234	吡唑醚菌酯	Pyraclostrobin		50
235	磺酰草吡唑	Pyrasulfotole		20
236	除虫菊酯	Pyrethrins		200
237	哒草特	Pyridate		200
238	二氯喹啉酸	Quinclorac		50
239	喹氧灵	Quinoxyfen		20
240	五氯硝基苯	Quintozene		10
241	喹禾灵	Quizalofop – ethyl		50
242	糖草酯	Quizalofop – P – tefuryl		50
243	苄呋菊酯	Resmethrin		100
244	氯苯胍	Robenidine	100 ▲	1000
245	洛克沙胂	Roxarsone		500
246	盐霉素	Salinomycin		200
247	沙拉沙星	Sarafloxacin		20
248	氟唑环菌胺	Sedaxane		10
249	烯禾啶	Sethoxydim		100
250	氟硅菊酯	Silafluofen		1000
251	西玛津	Simazine		20
252	大观霉素	Spectinomycin		2000
253	乙基多杀菌素	Spinetoram		10
254	多杀菌素	Spinosad		1000
255	链霉素	Streptmnycin		500
256	磺胺嘧啶	Sulfadiazine		100
257	磺胺二甲氧嗪	Sulfadimethoxine		100
258	磺胺二甲嘧啶	Sulfamethazine	100	100
259	磺胺喹恶啉	Sulfaquinoxaline		100
260	磺胺噻唑	Sulfathiazole		100
261	磺胺类	Sulfonamides	100	
262	磺酰磺隆	Sulfosulfuron		5
263	氟啶虫胺腈	Sulfoxaflor		30
264	戊唑醇	Tebuconazole		50
265	虫酰肼	Tebufenozide		20

序号	药品中文名称	药品英文名称	中国限量	日本限量
266	四氯硝基苯	Tecnazene		50
267	氟苯脲	Teflubenzuron		10
268	七氟菊酯	Tefluthrin		1
269	得杀草	Tepraloxydim		100
270	特丁磷	Terbufos		50
271	氟醚唑	Tetraconazole		60
272	四环素	Tetracycline		200
273	噻菌灵	Thiabendazole		100
274	噻虫啉	Thiacloprid		20
275	噻虫嗪	Thiamethoxam		10
276	噻呋酰胺	Thifluzamide		70
277	禾草丹	Thiobencarb		30
278	硫菌灵	Thiophanate		90
279	甲基硫菌灵	Thiophanate – methyl		90
280	噻酰菌胺	Tiadinil		10
281	泰妙菌素	Tiamulin		100
282	替米考星	Tilmicosin		70
283	3－苯基－5－（噻吩－2－基）－[1,2,4]噁二唑	Tioxazafen		20
284	托曲珠利	Toltrazuril	200 ▲	1000
285	三唑酮	Triadimefon		70
286	三唑醇	Triadimenol		70
287	野麦畏	Triallate		200
288	敌百虫	Trichlorfon		50
289	三氯吡氧乙酸	Triclopyr		80
290	十三吗啉	Tridemorph		50
291	肟菌酯	Trifloxystrobin		40
292	氟菌唑	Triflumizole		20
293	杀铃脲	Triflumuron		100
294	甲氧苄啶	Trimethoprim	50	50
295	灭菌唑	Triticonazole		50
296	乙烯菌核利	Vinclozolin		100
297	维吉尼亚霉素	Virginiamycin	400	200 ●
298	华法林	Warfarin		1
299	玉米赤霉醇	Zeranol		2

4.5.3　中国与欧盟

中国与欧盟关于鸽子脂肪兽药残留限量标准比对情况见表 4 − 5 − 3。该表显示，中国与欧盟关于鸽子脂肪涉及的兽药残留限量指标共有 24 项。其中，中国对 18 种兽药残留规定了限量，欧盟对 16 种兽药残留规定了限量；有 10 种兽药中国与欧盟均制定了限量指标且这 10 项指标相同；有 8 项指标中国已制定而欧盟未制定，6 项指标欧盟已制定而中国未制定。

表 4 − 5 − 3　中国与欧盟鸽子脂肪兽药残留限量标准比对　　单位：μg/kg

序号	药品中文名称	药品英文名称	中国限量	欧盟限量
1	阿苯达唑	Albendazole	100	
2	阿莫西林	Amoxicillin	50	50
3	氨苄西林	Ampicillin	50	50
4	阿维拉霉素	Avilamycin		100
5	青霉素	Benzylpenicillin		50
6	氯唑西林	Cloxacillin	300	300
7	黏菌素	Colistin		150
8	环丙氨嗪	Cyromazine	50	
9	达氟沙星	Danofloxacin	100	100
10	双氯西林	Dicloxacillin		300
11	红霉素	Erythromycin	200	200
12	倍硫磷	Fenthion	100	
13	氟胺氰菊酯	Fluvalinate	10	
14	卡那霉素	Kanamycin	100	100
15	左旋咪唑	Levamisole	10	10
16	林可霉素	Lincomycin	100	
17	马拉硫磷	Malathion	4000	
18	新霉素	Neomycin	500	500
19	苯唑西林	Oxacillin	300	300
20	噁喹酸	Oxolinic acid		50
21	磺胺二甲嘧啶	Sulfamethazine	100	
22	磺胺类	Sulfonamides	100	
23	甲砜霉素	Thiamphenicol	50	50
24	泰乐菌素	Tylosin		100

4.5.4　中国与 CAC

中国与 CAC 关于鸽子脂肪兽药残留限量标准比对情况见表 4 − 5 − 4。该表显示，中国与 CAC 关于鸽子脂肪涉及的兽药残留限量指标共有 16 项。其中，中国对 16 种兽药残留规定了限量，CAC 对 3 种兽药残留规定了限量且这 3 项指标与中国相同。

表 4 - 5 - 4　中国与 CAC 鸽子脂肪兽药残留限量标准比对　　　　单位：μg/kg

序号	药品中文名称	药品英文名称	中国限量	CAC 限量
1	阿苯达唑	Albendazole	100	100
2	阿莫西林	Amoxicillin	50	
3	氨苄西林	Ampicillin	50	
4	氯唑西林	Cloxacillin	300	
5	环丙氨嗪	Cyromazine	50	
6	达氟沙星	Danofloxacin	100	
7	倍硫磷	Fenthion	100	
8	氟胺氰菊酯	Fluvalinate	10	
9	左旋咪唑	Levamisole	10	10
10	林可霉素	Lincomycin	100	
11	马拉硫磷	Malathion	4000	
13	新霉素	Neomycin	500	
14	苯唑西林	Oxacillin	300	
15	磺胺二甲嘧啶	Sulfamethazine	100	100
16	磺胺类	Sulfonamides	100	

4.5.5　中国与美国

中国与美国关于鸽子脂肪兽药残留限量标准比对情况见表 4 - 5 - 5。该表显示，中国与美国关于鸽子脂肪涉及的兽药残留限量指标共有 19 项。其中，中国对 16 种兽药残留规定了限量，美国对 6 种兽药残留规定了限量；有 3 种兽药两国均制定了限量指标，其中 2 项指标美国严于中国，1 项指标两国相同；有 13 项指标中国已制定而美国未制定，3 项指标美国已制定而中国未制定。

表 4 - 5 - 5　中国与美国鸽子脂肪兽药残留限量标准比对　　　　单位：μg/kg

序号	药品中文名称	药品英文名称	中国限量	美国限量
1	阿苯达唑	Albendazole	100	
2	阿莫西林	Amoxicillin	50	10●
3	氨苄西林	Ampicillin	50	10●
4	氯唑西林	Cloxacillin	300	
5	环丙氨嗪	Cyromazine	50	
6	达氟沙星	Danofloxacin	100	
7	芬前列林	Fenprostalene		40
8	倍硫磷	Fenthion	100	
9	氟胺氰菊酯	Fluvalinate	10	
10	左旋咪唑	Levamisole	10	

续表

序号	药品中文名称	药品英文名称	中国限量	美国限量
11	林可霉素	Lincomycin	100	
12	马拉硫磷	Malathion	4000	
13	新霉素	Neomycin	500	
14	苯唑西林	Oxacillin	300	
15	黄体酮	Progesterone		12
16	磺胺二甲嘧啶	Sulfamethazine	100	
17	磺胺类	Sulfonamides	100	
18	丙酸睾酮	Testosterone propionate		2.6
19	维吉尼亚霉素	Virginiamycin	400	400

4.6　鸽子肝的兽药残留限量

4.6.1　中国与韩国

中国与韩国关于鸽子肝兽药残留限量标准比对情况见表 4 - 6 - 1。该表显示，中国与韩国关于鸽子肝涉及的兽药残留限量指标共有 60 项。其中，中国对 33 种兽药残留规定了限量，韩国对 46 种兽药残留规定了限量；有 19 种兽药两国均制定了限量指标，其中 5 项指标韩国严于中国，6 项指标中国严于韩国，其余的 8 项指标两国相同；有 14 项指标中国已制定而韩国未制定，27 项指标韩国已制定而中国未制定。

表 4 - 6 - 1　中国与韩国鸽子肝兽药残留限量标准比对　　单位：μg/kg

序号	药品中文名称	药品英文名称	中国限量	韩国限量
1	阿苯达唑	Albendazole	5000	
2	阿莫西林	Amoxicillin	50	50
3	氨苄西林	Ampicillin	50	
4	氨丙啉	Amprolium		1000
5	杆菌肽	Bacitracin	500	500
6	青霉素	Benzylpenicillin	50	
7	金霉素	Chlortetracycline	600▲	1200
8	氯羟吡啶	Clopidol		20000
9	氯唑西林	Cloxacillin	300	300
10	黏菌素	Colistin		200
11	氟氯氰菊酯	Cyfluthrin		80
12	达氟沙星	Danofloxacin	400	400
13	癸氧喹酯	Decoquinate		2000
14	溴氰菊酯	Deltamethrin		50
15	地塞米松	Dexamethasone		1

序号	药品中文名称	药品英文名称	中国限量	韩国限量
16	敌菌净	Diaveridine		50
17	地克珠利	Diclazuril	3000	
18	双氯西林	Dicloxacillin		300
19	二氟沙星	Difloxacin	1900	600 ●
20	双氢链霉素	Dihydrostreptmiycin		1000
21	多西环素	Doxycycline	300 ▲	600
22	恩诺沙星	Enrofloxacin	200 ▲	300
23	红霉素	Erythromycin	200	100 ●
24	芬苯达唑	Fenbendazole	500	
25	氟苯尼考	Florfenicol	2500	750 ●
26	氟苯达唑	Flubendazole	500	
27	氟甲喹	Flumequine		1000
28	庆大霉素	Gentamicin		100
29	匀霉素	Hygromycin		50
30	交沙霉素	Josamycin		40
31	卡那霉素	Kanamycin	600 ▲	2500
32	吉他霉素	Kitasamycin	200	200
33	拉沙洛西	Lasalocid		20
34	左旋咪唑	Levamisole	100	
35	林可霉素	Lincomycin	500	500
36	马度米星	Maduramycin		1000
37	甲苯咪唑	Mebendazole		60
38	莫能菌素	Monensin		50
39	甲基盐霉素	Narasin		300
40	新霉素	Neomycin	5500	
41	尼卡巴嗪	Nycarbazine		200
42	苯唑西林	Oxacillin	300	
43	土霉素	Oxytetracycline	600 ▲	1200
44	哌嗪	piperazine		100
45	普鲁卡因青霉素	Procaine benzylpenicillin	50	
46	氯苯胍	Robenidine	100	100
47	盐霉素	Salinomycin		500
48	沙拉沙星	Sarafloxacin		50
49	赛杜霉素	Semduramicin		200
50	链霉素	Streptmnycin		1000

续表

序号	药品中文名称	药品英文名称	中国限量	韩国限量
51	磺胺二甲嘧啶	Sulfamethazine	100	
52	磺胺类	Sulfonamides	100	
53	四环素	Tetracycline	600▲	1200
54	甲砜霉素	Thiamphenicol	50	
55	泰妙菌素	Tiamulin		100
56	托曲珠利	Toltrazuril	600	400●
57	甲氧苄啶	Trimethoprim	50	50
58	泰乐菌素	Tylosin		100
59	泰万菌素	Tylvalosin	50	
60	维吉尼亚霉素	Virginiamycin	300	200●

4.6.2　中国与日本

中国与日本关于鸽子肝兽药残留限量标准比对情况见表 4 – 6 – 2。该表显示，中国与日本关于鸽子肝涉及的兽药残留限量指标共有 301 项。其中，中国对 33 种兽药残留规定了限量，日本对 287 种兽药残留规定了限量；有 19 种兽药两国均制定了限量指标，其中 4 项指标日本严于中国，2 项指标中国严于日本，其余的 13 项指标两国相同；有 14 项指标中国已制定而日本未制定，268 项指标日本已制定而中国未制定。

表 4 – 6 – 2　中国与日本鸽子肝兽药残留限量标准比对　　　　单位：μg/kg

序号	药品中文名称	药品英文名称	中国限量	日本限量
1	2,4 – 二氯苯氧乙酸	2,4 – D		700
2	2,4 – 二氯苯氧丁酸	2,4 – DB		50
3	乙酰甲胺磷	Acephate		10
4	啶虫脒	Acetamiprid		50
5	S – 甲基苯并[1,2,3]噻二唑 – 7 – 硫代羧酸酯	Acibenzolar – S – methyl		20
6	甲草胺	Alachlor		20
7	阿苯达唑	Albendazole	5000	
8	唑嘧菌胺	Ametoctradin		30
9	阿莫西林	Amoxicillin	50	50
10	氨苄西林	Ampicillin	50	50
11	氨丙啉	Amprolium		1000
12	阿特拉津	Atrazine		20
13	阿维拉霉素	Avilamycin		300
14	嘧菌酯	Azoxystrobin		10
15	杆菌肽	Bacitracin	500	500

序号	药品中文名称	药品英文名称	中国限量	日本限量
16	苯霜灵	Benalaxyl		500
17	恶虫威	Bendiocarb		50
18	苯菌灵	Benomyl		100
19	苯达松	Bentazone		50
20	苯并烯氟菌唑	Benzovindiflupyr		10
21	青霉素	Benzylpenicillin	50	
22	倍他米松	Betamethasone		不得检出
23	联苯肼酯	Bifenazate		10
24	联苯菊酯	Bifenthrin		50
25	生物苄呋菊酯	Bioresmethrin		500
26	联苯三唑醇	Bitertanol		10
27	联苯吡菌胺	Bixafen		50
28	啶酰菌胺	Boscalid		20
29	溴鼠灵	Brodifacoum		1
30	溴化物	Bromide		50000
31	溴螨酯	Bromopropylate		50
32	溴苯腈	Bromoxynil		100
33	溴替唑仑	Brotizolam		不得检出
34	氟丙嘧草酯	Butafenacil		20
35	斑蝥黄	Canthaxanthin		100
36	多菌灵	Carbendazim		100
37	三唑酮草酯	Carfentrazone－ethyl		50
38	氯虫苯甲酰胺	Chlorantraniliprole		70
39	氯丹	Chlordane		80
40	虫螨腈	Chlorfenapyr		10
41	氟啶脲	Chlorfluazuron		20
42	氯地孕酮	Chlormadinone		2
43	矮壮素	Chlormequat		100
44	百菌清	Chlorothalonil		10
45	毒死蜱	Chlorpyrifos		10
46	甲基毒死蜱	Chlorpyrifos－methyl		200
47	金霉素	Chlortetracycline	600	600
48	氯酞酸二甲酯	Chlorthal－dimethyl		50
49	克伦特罗	Clenbuterol		不得检出
50	烯草酮	Clethodim		200

序号	药品中文名称	药品英文名称	中国限量	日本限量
51	炔草酸	Clodinafop – propargyl		50
52	四螨嗪	Clofentezine		50
53	氯羟吡啶	Clopidol		20000
54	二氯吡啶酸	Clopyralid		100
55	解毒喹	Cloquintocet – mexyl		100
56	氯司替勃	Clostebol		0.5
57	噻虫胺	Clothianidin		100
58	氯唑西林	Cloxacillin	300	300
59	黏菌素	Colistin		150
60	溴氰虫酰胺	Cyantraniliprole		200
61	氟氯氰菊酯	Cyfluthrin		100
62	三氟氯氰菊酯	Cyhalothrin		20
63	氯氰菊酯	Cypermethrin		50
64	环唑醇	Cyproconazole		10
65	嘧菌环胺	Cyprodinil		10
66	环丙氨嗪	Cyromazine		100
67	达氟沙星	Danofloxacin	400	
68	滴滴涕	DDT		2000
69	溴氰菊酯	Deltamethrin		50
70	地塞米松	Dexamethasone		不得检出
71	丁醚脲	Diafenthiuron		20
72	二丁基羟基甲苯	Dibutylhydroxytoluene		200
73	麦草畏	Dicamba		70
74	敌敌畏	Dichlorvos		50
75	地克珠利	Diclazuril	3000	3000
76	禾草灵	Diclofop – methyl		50
77	双氯西林	Dicloxacillin		300
78	三氯杀螨醇	Dicofol		50
79	苯醚甲环唑	Difenoconazole		10
80	野燕枯	Difenzoquat		50
81	二氟沙星	Difloxacin	1900	
82	敌灭灵	Diflubenzuron		50
83	双氢链霉素	Dihydrostreptmiycin		500
84	二甲吩草胺	Dimethenamid		10
85	落长灵	Dimethipin		10

序号	药品中文名称	药品英文名称	中国限量	日本限量
86	乐果	Dimethoate		50
87	烯酰吗啉	Dimethomorph		10
88	二硝托胺	Dinitolmide		4000
89	呋虫胺	Dinotefuran		20
90	二苯胺	Diphenylamine		10
91	驱蝇啶	Dipropyl isocinchomeronate		4
92	敌草快	Diquat		10
93	乙拌磷	Disulfoton		20
94	二噻农	Dithianon		10
95	二嗪农	Dithiocarbamates		100
96	多西环素	Doxycycline	300	
97	甲氨基阿维菌素苯甲酸盐	Emamectin benzoate		0.5
98	硫丹	Endosulfan		100
99	安特灵	Endrin		50
100	恩诺沙星	Enrofloxacin	200	100●
101	氟环唑	Epoxiconazole		10
102	茵草敌	Eptc		50
103	红霉素	Erythromycin	200	100●
104	胺苯磺隆	Ethametsulfuron – methyl		20
105	乙烯利	Ethephon		200
106	乙氧酰胺苯甲酯	Ethopabate		20000
107	乙氧基喹啉	Ethoxyquin		4000
108	1,2 – 二氯乙烷	Ethylene dichloride		100
109	醚菊酯	Etofenprox		70
110	乙螨唑	Etoxazole		40
111	氯唑灵	Etridiazole		100
112	恶唑菌酮	Famoxadone		10
113	非班太尔	Febantel		6000
114	苯线磷	Fenamiphos		10
115	氯苯嘧啶醇	Fenarimol		20
116	芬苯达唑	Fenbendazole	500▲	6000
117	腈苯唑	Fenbuconazole		10
118	苯丁锡	Fenbutatin oxide		80
119	杀螟松	Fenitrothion		50
120	噁唑禾草灵	Fenoxaprop – ethyl		100

序号	药品中文名称	药品英文名称	中国限量	日本限量
121	甲氰菊酯	Fenpropathrin		10
122	丁苯吗啉	Fenpropimorph		10
123	羟基三苯基锡	Fentin		50
124	氰戊菊酯	Fenvalerate		10
125	氟虫腈	Fipronil		20
126	氟啶虫酰胺	Flonicamid		100
127	氟苯尼考	Florfenicol	2500	
128	吡氟禾草隆	Fluazifop – butyl		100
129	氟苯达唑	Flubendazole	500	500
130	氟苯虫酰胺	Flubendiamide		20
131	氟氰菊酯	Flucythrinate		50
132	咯菌腈	Fludioxonil		50
133	氟砜灵	Fluensulfone		10
134	氟烯草酸	Flumiclorac – pentyl		10
135	氟吡菌胺	Fluopicolide		10
136	氟吡菌酰胺	Fluopyram		2000
137	氟嘧啶	Flupyrimin		100
138	氟喹唑	Fluquinconazole		20
139	氟草定	Fluroxypyr		50
140	氟硅唑	Flusilazole		200
141	氟酰胺	Flutolanil		50
142	粉唑醇	Flutriafol		50
143	氟唑菌酰胺	Fluxapyroxad		20
144	草铵膦	Glufosinate		100
145	4,5 – 二甲酰胺咪唑	Glycalpyramide		30
146	草甘膦	Glyphosate		500
147	常山酮	Halofuginone		600
148	吡氟氯禾灵	Haloxyfop		50
149	六氯苯	Hexachlorobenzene		600
150	噻螨酮	Hexythiazox		50
151	磷化氢	Hydrogen phosphide		10
152	抑霉唑	Imazalil		20
153	铵基咪草啶酸	Imazamox – ammonium		10
154	甲咪唑烟酸	Imazapic		10
155	灭草烟	Imazapyr		10

序号	药品中文名称	药品英文名称	中国限量	日本限量
156	咪草烟铵盐	Imazethapyr ammonium		100
157	吡虫啉	Imidacloprid		50
158	茚虫威	Indoxacarb		10
159	碘甲磺隆	Iodosulfuron – methyl		10
160	2 – [(7,8 – 二氟 – 2 – 甲基 – 3 – 喹啉基)氧基] – 6 – 氟 – A,A – 二甲基苯甲醇	Ipflufenoquin		10
161	异菌脲	Iprodione		3000
162	异丙噻菌胺	Isofetamid		10
163	吡唑萘菌胺	Isopyrazam		10
164	异噁唑草酮	Isoxaflutole		200
165	卡那霉素	Kanamycin	600	
166	吉他霉素	Kitasamycin	200	
167	拉沙洛西	Lasalocid		400
168	左旋咪唑	Levamisole	100	100
169	林可霉素	Lincomycin	500	
170	林丹	Lindane		10
171	利谷隆	Linuron		50
172	虱螨脲	Lufenuron		30
173	马度米星	Maduramicin		800
174	2 – 甲基 – 4 – 氯苯氧基乙酸	Mcpa		50
175	2 – 甲基 – 4 – 氯戊氧基丙酸	Mecoprop		50
176	精甲霜灵	Mefenoxam		100
177	氯氟醚菌唑	Mefentrifluconazole		10
178	醋酸美伦孕酮	Melengestrol acetate		不得检出
179	缩节胺	Mepiquat – chloride		50
180	甲磺胺磺隆	Mesosulfuron – methyl		10
181	氰氟虫腙	Metaflumizone		80
182	甲霜灵	Metalaxyl		100
183	甲胺磷	Methamidophos		10
184	杀扑磷	Methidathion		20
185	灭多威	Methomyl（Thiodicarb）		20
186	烯虫酯	Methoprene		100
187	甲氧滴滴涕	Methoxychlor		10
188	甲氧虫酰肼	Methoxyfenozide		10
189	嗪草酮	Metribuzin		400

续表

序号	药品中文名称	药品英文名称	中国限量	日本限量
190	莫能菌素	Monensin		10
191	腈菌唑	Myclobutanil		10
192	萘夫西林	Nafcillin		5
193	二溴磷	Naled		50
194	甲基盐霉素	Narasin		50
195	新霉素	Neomycin	5500	500●
196	尼卡巴嗪	Nicarbazin		500
197	硝苯砷酸	Nitarsone		2000
198	硝碘酚腈	Nitroxynil		1000
199	诺孕美特	Norgestomet		0.1
200	氟酰脲	Novaluron		100
201	氧乐果	Omethoate		50
202	奥美普林	Ormetoprim		100
203	苯唑西林	Oxacillin	300	
204	杀线威	Oxamyl		20
205	氟噻唑吡乙酮	Oxathiapiprolin		10
206	2－［3－（乙基磺酰基）－2－吡啶基］－5－［（三氟甲基）磺酰基］苯并［d］恶唑	Oxazosulfyl		50
207	土霉素	Oxytetracycline	600	600
208	砜吸磷	Oxydemeton－methyl		20
209	乙氧氟草醚	Oxyfluorfen		10
210	百草枯	Paraquat		50
211	对硫磷	Parathion		50
212	戊菌唑	Penconazole		50
213	吡噻菌胺	Penthiopyrad		30
214	氯菊酯	Permethrin		100
215	甲拌磷	Phorate		50
216	毒莠定	Picloram		100
217	啶氧菌酯	Picoxystrobin		10
218	杀鼠酮	Pindone		1
219	唑啉草酯	Pinoxaden		60
220	增效醚	Piperonyl butoxide		10000
221	抗蚜威	Pirimicarb		100
222	甲基嘧啶磷	Pirimiphos－methyl		10
223	普鲁卡因青霉素	Procaine benzylpenicillin	50	

续表

序号	药品中文名称	药品英文名称	中国限量	日本限量
224	咪鲜胺	Prochloraz		200
225	丙溴磷	Profenofos		50
226	霜霉威	Propamocarb		10
227	敌稗	Propanil		10
228	克螨特	Propargite		100
229	丙环唑	Propiconazole		40
230	残杀威	Propoxur		50
231	氟磺隆	Prosulfuron		50
232	丙硫菌唑	Prothioconazol		100
233	吡唑醚菌酯	Pyraclostrobin		50
234	磺酰草吡唑	Pyrasulfotole		20
235	除虫菊酯	Pyrethrins		200
236	哒草特	Pyridate		200
237	二氯喹啉酸	Quinclorac		50
238	喹氧灵	Quinoxyfen		10
239	五氯硝基苯	Quintozene		10
240	喹禾灵	Quizalofop – ethyl		50
241	糖草酯	Quizalofop – P – tefuryl		50
242	苄蚨菊酯	Resmethrin		100
243	氯苯胍	Robenidine	100	100
244	洛克沙胂	Roxarsone		2000
245	盐霉素	Salinomycin		200
246	沙拉沙星	Sarafloxacin		80
247	氟唑环菌胺	Sedaxane		10
248	赛杜霉素	Semduramicin		不得检出
249	氟硅菊酯	Silafluofen		500
250	西玛津	Simazine		20
251	大观霉素	Spectinomycin		2000
252	乙基多杀菌素	Spinetoram		10
253	多杀菌素	Spinosad		100
254	链霉素	Streptmnycin		500
255	磺胺嘧啶	Sulfadiazine		100
256	磺胺二甲氧嗪	Sulfadimethoxine		100
257	磺胺二甲嘧啶	Sulfamethazine	100	100
258	磺胺喹恶啉	Sulfaquinoxaline		100

序号	药品中文名称	药品英文名称	中国限量	日本限量
259	磺胺噻唑	Sulfathiazole		100
260	磺胺类	Sulfonamides	100	
261	磺酰磺隆	Sulfosulfuron		5
262	氟啶虫胺腈	Sulfoxaflor		300
263	戊唑醇	Tebuconazole		50
264	四氯硝基苯	Tecnazene		50
265	氟苯脲	Teflubenzuron		10
266	七氟菊酯	Tefluthrin		1
267	得杀草	Tepraloxydim		300
268	特丁磷	Terbufos		50
269	氟醚唑	Tetraconazole		30
270	四环素	Tetracycline	600	600
271	噻菌灵	Thiabendazole		100
272	噻虫啉	Thiacloprid		20
273	噻虫嗪	Thiamethoxam		10
274	甲砜霉素	Thiamphenicol	50	
275	噻呋酰胺	Thifluzamide		30
276	禾草丹	Thiobencarb		30
277	硫菌灵	Thiophanate		100
278	甲基硫菌灵	Thiophanate – methyl		100
279	噻酰菌胺	Tiadinil		10
280	泰妙菌素	Tiamulin		300
281	替米考星	Tilmicosin		500
282	3－苯基－5－（噻吩－2－基）－[1,2,4]噁二唑	Tioxazafen		20
283	托曲珠利	Toltrazuril	600▲	2000
284	四溴菊酯	Tralomethrin		50
285	群勃龙醋酸酯	Trenbolone acetate		不得检出
286	三唑酮	Triadimefon		60
287	三唑醇	Triadimenol		60
288	野麦畏	Triallate		200
289	敌百虫	Trichlorfon		50
290	三氯吡氧乙酸	Triclopyr		80
291	十三吗啉	Tridemorph		50
292	肟菌酯	Trifloxystrobin		40
293	氟菌唑	Triflumizole		50

序号	药品中文名称	药品英文名称	中国限量	日本限量
294	杀铃脲	Triflumuron		10
295	甲氧苄啶	Trimethoprim	50	50
296	灭菌唑	Triticonazole		50
297	泰万菌素	Tylvalosin	50	
298	乙烯菌核利	Vinclozolin		100
299	维吉尼亚霉素	Virginiamycin	300	200●
300	华法林	Warfarin		1
301	玉米赤霉醇	Zeranol		2

4.6.3 中国与欧盟

中国与欧盟关于鸽子肝兽药残留限量标准比对情况见表4-6-3。该表显示，中国已制定的鸽子肝兽药残留限量指标共有14项，欧盟对鸽子肝兽药残留限量并未给出明确的指标。

表4-6-3 中国与欧盟鸽子肝兽药残留限量标准比对 单位：μg/kg

序号	药品中文名称	药品英文名称	中国限量	欧盟限量
1	阿苯达唑	Albendazole	5000	
2	金霉素	Chlortetracycline	600	
3	地克珠利	Diclazuril	3000	
4	芬苯达唑	Fenbendazole	500	
5	吉他霉素	Kitasamycin	200	
6	林可霉素	Lincomycin	500	
7	土霉素	Oxytetracycline	600	
8	磺胺二甲嘧啶	Sulfamethazine	100	
9	磺胺类	Sulfonamides	100	
10	四环素	Tetracycline	600	
11	甲砜霉素	Thiamphenicol	50	
12	甲氧苄啶	Trimethoprim	50	
13	泰万菌素	Tylvalosin	50	
14	维吉尼亚霉素	Virginiamycin	300	

4.6.4 中国与CAC

中国与CAC关于鸽子肝兽药残留限量标准比对情况见表4-6-4。该表显示，中国与CAC关于鸽子肝涉及的兽药残留限量指标共有30项。其中，中国对30种兽药残留规定了限量，CAC对8种兽药残留规定了限量且这8项指标与中国相同。

表 4-6-4　中国与 CAC 鸽子肝兽药残留限量标准比对　　　　单位：μg/kg

序号	药品中文名称	药品英文名称	中国限量	CAC 限量
1	阿苯达唑	Albendazole	5000	5000
2	阿莫西林	Amoxicillin	50	
3	氨苄西林	Ampicillin	50	
4	青霉素	Benzylpenicillin	50	
5	金霉素	Chlortetracycline	600	600
6	氯唑西林	Cloxacillin	300	
7	达氟沙星	Danofloxacin	400	
8	地克珠利	Diclazuril	3000	3000
9	二氟沙星	Difloxacin	1900	
10	多西环素	Doxycycline	300	
11	恩诺沙星	Enrofloxacin	200	
12	芬苯达唑	Fenbendazole	500	
13	氟苯尼考	Florfenicol	2500	
14	氟苯达唑	Flubendazole	500	500
15	卡那霉素	Kanamycin	600	
16	吉他霉素	Kitasamycin	200	
17	左旋咪唑	Levamisole	100	100
18	林可霉素	Lincomycin	500	
19	新霉素	Neomycin	5500	
20	苯唑西林	Oxacillin	300	
21	土霉素	Oxytetracycline	600	600
22	普鲁卡因青霉素	Procaine benzylpenicillin	50	
23	磺胺二甲嘧啶	Sulfamethazine	100	100
24	磺胺类	Sulfonamides	100	
25	四环素	Tetracycline	600	600
26	甲砜霉素	Thiamphenicol	50	
27	托曲珠利	Toltrazuril	600	
28	甲氧苄啶	Trimethoprim	50	
29	泰万菌素	Tylvalosin	50	
30	维吉尼亚霉素	Virginiamycin	300	

4.6.5　中国与美国

中国与美国关于鸽子肝兽药残留限量标准比对情况见表 4-6-5。该表显示，中国与美国关于鸽子肝涉及的兽药残留限量指标共有 39 项。其中，中国对 30 种兽药残留规定了限量，美国对 13 种兽药残留规定了限量；有 4 种兽药残留两国均制定了限量指标，其中

3项指标美国严于中国，1项指标两国相同；有26项指标中国已制定而美国未制定，9项指标美国已制定而中国未制定。

表4-6-5　中国与美国鸽子肝兽药残留限量标准比对　　　　单位：μg/kg

序号	药品中文名称	药品英文名称	中国限量	美国限量
1	阿苯达唑	Albendazole	5000	200●
2	阿莫西林	Amoxicillin	50	10●
3	氨苄西林	Ampicillin	50	10●
4	青霉素	Benzylpenicillin	50	
5	卡巴氧	Carbadox		3000
6	头孢噻呋	Ceftiofur		2000
7	金霉素	Chlortetracycline	600	
8	氯唑西林	Cloxacillin	300	
9	达氟沙星	Danofloxacin	400	
10	地克珠利	Diclazuril	3000	
11	二氟沙星	Difloxacin	1900	
12	多西环素	Doxycycline	300	
13	恩诺沙星	Enrofloxacin	200	
14	芬苯达唑	Fenbendazole	500	
15	芬前列林	Fenprostalene		20
16	氟苯尼考	Florfenicol	2500	
17	氟苯达唑	Flubendazole	500	
18	卡那霉素	Kanamycin	600	
19	吉他霉素	Kitasamycin	200	
20	左旋咪唑	Levamisole	100	
21	林可霉素	Lincomycin	500	
22	莫西菌素	Moxidectin		200
23	新霉素	Neomycin	5500	
24	苯唑西林	Oxacillin	300	
25	土霉素	Oxytetracycline	600	
26	吡利霉素	Pirlimycin		500
27	普鲁卡因青霉素	Procaine benzylpenicillin	50	
28	黄体酮	Progesterone		6
29	酒石酸噻吩嘧啶	Pyrantel tartrate		10000
30	磺胺二甲嘧啶	Sulfamethazine	100	
31	磺胺类	Sulfonamides	100	
32	丙酸睾酮	Testosterone propionate		1.3

续表

序号	药品中文名称	药品英文名称	中国限量	美国限量
33	四环素	Tetracycline	600	
34	甲砜霉素	Thiamphenicol	50	
35	泰妙菌素	Tiamulin		600
36	托曲珠利	Toltrazuril	600	
37	甲氧苄啶	Trimethoprim	50	
38	泰万菌素	Tylvalosin	50	
39	维吉尼亚霉素	Virginiamycin	300	300

4.7　鸽子肾的兽药残留限量

4.7.1　中国与韩国

中国与韩国关于鸽子肾兽药残留限量标准比对情况见表 4 – 7 – 1。该表显示，中国与韩国关于鸽子肾涉及的兽药残留限量指标共有 59 项。其中，中国对 31 种兽药残留规定了限量，韩国对 47 种兽药残留规定了限量；有 19 种兽药两国均制定了残留限量指标，红霉素（Erythromycin）、维吉尼亚霉素（Virginiamycin）2 项指标韩国严于中国，其余的 17 项指标两国相同；有 12 项指标中国已制定而韩国未制定，28 项指标韩国已制定而中国未制定。

表 4 – 7 – 1　中国与韩国鸽子肾兽药残留限量标准比对　　　　单位：μg/kg

序号	药品中文名称	药品英文名称	中国限量	韩国限量
1	阿苯达唑	Albendazole	5000	
2	阿莫西林	Amoxicillin	50	50
3	氨苄西林	Ampicillin	50	
4	氨丙啉	Amprolium		1000
5	安普霉素	Apramycin		800
6	杆菌肽	Bacitracin	500	500
7	青霉素	Benzylpenicillin	50	
8	金霉素	Chlortetracycline	1200	1200
9	氯羟吡啶	Clopidol		20000
10	氯唑西林	Cloxacillin	300	300
11	黏菌素	Colistin		200
12	氟氯氰菊酯	Cyfluthrin		80
13	达氟沙星	Danofloxacin	400	400
14	癸氧喹酯	Decoquinate		2000
15	溴氰菊酯	Deltamethrin		50
16	地塞米松	Dexamethasone		1

序号	药品中文名称	药品英文名称	中国限量	韩国限量
17	敌菌净	Diaveridine		50
18	地克珠利	Diclazuril	2000	
19	双氯西林	Dicloxacillin		300
20	二氟沙星	Difloxacin	600	600
21	双氢链霉素	Dihydrostreptmiycin		1000
22	多西环素	Doxycycline	600	600
23	恩诺沙星	Enrofloxacin	300	300
24	红霉素	Erythromycin	200	100●
25	芬苯达唑	Fenbendazole	50	
26	氟苯尼考	Florfenicol	750	750
27	氟甲喹	Flumequine		1000
28	庆大霉素	Gentamicin		100
29	匀霉素	Hygromycin		50
30	交沙霉素	Josamycin		40
31	卡那霉素	Kanamycin	2500	2500
32	吉他霉素	Kitasamycin	200	200
33	拉沙洛西	Lasalocid		20
34	左旋咪唑	Levamisole	10	
35	林可霉素	Lincomycin	500	500
36	马度米星	Maduramycin		1000
37	甲苯咪唑	Mebendazole		60
38	莫能菌素	Monensin		50
39	甲基盐霉素	Narasin		300
40	新霉素	Neomycin	9000	
41	尼卡巴嗪	Nycarbazine		200
42	苯唑西林	Oxacillin	300	
43	土霉素	Oxytetracycline	1200	1200
44	哌嗪	Piperazine		100
45	普鲁卡因青霉素	Procaine benzylpenicillin	50	
46	氯苯胍	Robenidine	100	100
47	盐霉素	Salinomycin		500
48	沙拉沙星	Sarafloxacin		50
49	赛杜霉素	Semduramicin		200
50	链霉素	Streptmnycin		1000
51	磺胺二甲嘧啶	Sulfamethazine	100	

续表

序号	药品中文名称	药品英文名称	中国限量	韩国限量
52	磺胺类	Sulfonamides	100	
53	四环素	Tetracycline	1200	1200
54	甲砜霉素	Thiamphenicol	50	
55	泰妙菌素	Tiamulin		100
56	托曲珠利	Toltrazuril	400	400
57	甲氧苄啶	Trimethoprim	50	50
58	泰乐菌素	Tylosin		100
59	维吉尼亚霉素	Virginiamycin	400	200 ●

4.7.2　中国与日本

中国与日本关于鸽子肾兽药残留限量标准比对情况见表 4-7-2。该表显示，中国与日本关于鸽子肾涉及的兽药残留限量指标共有 299 项。其中，中国对 31 种兽药残留规定了限量，日本对 286 种兽药残留规定了限量；有 18 种兽药两国均制定了限量指标，土霉素（Oxytetracycline）等 7 项指标日本严于中国，新霉素（Neomycin）、托曲珠利（Toltrazuril）2 项指标中国严于日本，其余的 9 项指标两国相同；有 13 项指标中国已制定而日本未制定，268 项指标日本已制定而中国未制定。

表 4-7-2　中国与日本鸽子肾兽药残留限量标准比对　　　　单位：μg/kg

序号	药品中文名称	药品英文名称	中国限量	日本限量
1	2,4-二氯苯氧乙酸	2,4-D		700
2	2,4-二氯苯氧丁酸	2,4-DB		50
3	乙酰甲胺磷	Acephate		10
4	啶虫脒	Acetamiprid		50
5	S-甲基苯并[1,2,3]噻二唑-7-硫代羧酸酯	Acibenzolar-S-methyl		20
6	甲草胺	Alachlor		20
7	阿苯达唑	Albendazole	5000	
8	唑嘧菌胺	Ametoctradin		30
9	阿莫西林	Amoxicillin	50	50
10	氨苄西林	Ampicillin	50	50
11	氨丙啉	Amprolium		1000
12	阿特拉津	Atrazine		20
13	阿维拉霉素	Avilamycin		200
14	嘧菌酯	Azoxystrobin		10
15	杆菌肽	Bacitracin	500	500
16	苯霜灵	Benalaxyl		500

序号	药品中文名称	药品英文名称	中国限量	日本限量
17	恶虫威	Bendiocarb		50
18	苯菌灵	Benomyl		90
19	苯达松	Bentazone		50
20	苯并烯氟菌唑	Benzovindiflupyr		10
21	青霉素	Benzylpenicillin	50	
22	倍他米松	Betamethasone		不得检出
23	联苯肼酯	Bifenazate		10
24	联苯菊酯	Bifenthrin		50
25	生物苄呋菊酯	Bioresmethrin		500
26	联苯三唑醇	Bitertanol		10
27	联苯吡菌胺	Bixafen		50
28	啶酰菌胺	Boscalid		20
29	溴鼠灵	Brodifacoum		1
30	溴化物	Bromide		50000
31	溴螨酯	Bromopropylate		50
32	溴苯腈	Bromoxynil		100
33	溴替唑仑	Brotizolam		不得检出
34	氟丙嘧草酯	Butafenacil		20
35	斑蝥黄	Canthaxanthin		100
36	多菌灵	Carbendazim		90
37	三唑酮草酯	Carfentrazone – ethyl		50
38	氯虫苯甲酰胺	Chlorantraniliprole		70
39	氯丹	Chlordane		80
40	虫螨腈	Chlorfenapyr		10
41	氟啶脲	Chlorfluazuron		20
42	氯地孕酮	Chlormadinone		2
43	矮壮素	Chlormequat		100
44	百菌清	Chlorothalonil		10
45	毒死蜱	Chlorpyrifos		10
46	甲基毒死蜱	Chlorpyrifos – methyl		200
47	金霉素	Chlortetracycline	1200	1000●
48	氯酞酸二甲酯	Chlorthal – dimethyl		50
49	克伦特罗	Clenbuterol		不得检出
50	烯草酮	Clethodim		200
51	炔草酸	Clodinafop – propargyl		50

续表

序号	药品中文名称	药品英文名称	中国限量	日本限量
52	四螨嗪	Clofentezine		50
53	氯羟吡啶	Clopidol		20000
54	二氯吡啶酸	Clopyralid		200
55	解毒喹	Cloquintocet – mexyl		100
56	氯司替勃	Clostebol		0.5
57	噻虫胺	Clothianidin		100
58	氯唑西林	Cloxacillin	300	300
59	黏菌素	Colistin		200
60	溴氰虫酰胺	Cyantraniliprole		200
61	氟氯氰菊酯	Cyfluthrin		100
62	三氟氯氰菊酯	Cyhalothrin		20
63	氯氰菊酯	Cypermethrin		50
64	环唑醇	Cyproconazole		10
65	嘧菌环胺	Cyprodinil		10
66	环丙氨嗪	Cyromazine		100
67	达氟沙星	Danofloxacin	400	
68	滴滴涕	DDT		2000
69	溴氰菊酯	Deltamethrin		50
70	地塞米松	Dexamethasone		不得检出
71	丁醚脲	Diafenthiuron		20
72	二丁基羟基甲苯	Dibutylhydroxytoluene		100
73	麦草畏	Dicamba		70
74	敌敌畏	Dichlorvos		50
75	地克珠利	Diclazuril	2000	2000
76	禾草灵	Diclofop – methyl		50
77	双氯西林	Dicloxacillin		300
78	三氯杀螨醇	Dicofol		50
79	苯醚甲环唑	Difenoconazole		10
80	野燕枯	Difenzoquat		50
81	二氟沙星	Difloxacin	600	
82	敌灭灵	Diflubenzuron		50
83	双氢链霉素	Dihydrostreptmiycin		1000
84	二甲吩草胺	Dimethenamid		10
85	落长灵	Dimethipin		10
86	乐果	Dimethoate		50

序号	药品中文名称	药品英文名称	中国限量	日本限量
87	烯酰吗啉	Dimethomorph		10
88	二硝托胺	Dinitolmide		6000
89	呋虫胺	Dinotefuran		20
90	二苯胺	Diphenylamine		10
91	驱蝇啶	Dipropyl isocinchomeronate		4
92	敌草快	Diquat		10
93	乙拌磷	Disulfoton		20
94	二噻农	Dithianon		10
95	二嗪农	Dithiocarbamates		100
96	多西环素	Doxycycline	600	
97	甲氨基阿维菌素苯甲酸盐	Emamectin benzoate		0.5
98	硫丹	Endosulfan		100
99	安特灵	Endrin		50
100	恩诺沙星	Enrofloxacin	300	100●
101	氟环唑	Epoxiconazole		10
102	茵草敌	Eptc		50
103	红霉素	Erythromycin	200	100●
104	胺苯磺隆	Ethametsulfuron – methyl		20
105	乙烯利	Ethephon		200
106	乙氧酰胺苯甲酯	Ethopabate		20000
107	乙氧基喹啉	Ethoxyquin		7000
108	1,2 – 二氯乙烷	Ethylene dichloride		100
109	醚菊酯	Etofenprox		70
110	乙螨唑	Etoxazole		10
111	氯唑灵	Etridiazole		100
112	恶唑菌酮	Famoxadone		10
113	非班太尔	Febantel		10
114	苯线磷	Fenamiphos		10
115	氯苯嘧啶醇	Fenarimol		20
116	芬苯达唑	Fenbendazole	50	10●
117	腈苯唑	Fenbuconazole		10
118	苯丁锡	Fenbutatin oxide		80
119	杀螟松	Fenitrothion		50
120	噁唑禾草灵	Fenoxaprop – ethyl		100
121	甲氰菊酯	Fenpropathrin		10

续表

序号	药品中文名称	药品英文名称	中国限量	日本限量
122	丁苯吗啉	Fenpropimorph		10
123	羟基三苯基锡	Fentin		50
124	氰戊菊酯	Fenvalerate		10
125	氟虫腈	Fipronil		20
126	氟啶虫酰胺	Flonicamid		100
127	氟苯尼考	Florfenicol	750	
128	吡氟禾草隆	Fluazifop－butyl		100
129	氟苯达唑	Flubendazole		400
130	氟苯虫酰胺	Flubendiamide		20
131	氟氰菊酯	Flucythrinate		50
132	咯菌腈	Fludioxonil		50
133	氟砜灵	Fluensulfone		10
134	氟烯草酸	Flumiclorac－pentyl		10
135	氟吡菌胺	Fluopicolide		10
136	氟吡菌酰胺	Fluopyram		2000
137	氟嘧啶	Flupyrimin		100
138	氟喹唑	Fluquinconazole		20
139	氟草定	Fluroxypyr		50
140	氟硅唑	Flusilazole		200
141	氟酰胺	Flutolanil		50
142	粉唑醇	Flutriafol		50
143	氟唑菌酰胺	Fluxapyroxad		20
144	草铵膦	Glufosinate		500
145	4,5－二甲酰胺咪唑	Glycalpyramide		30
146	草甘膦	Glyphosate		500
147	常山酮	Halofuginone		1000
148	吡氟氯禾灵	Haloxyfop		50
149	六氯苯	Hexachlorobenzene		600
150	噻螨酮	Hexythiazox		50
151	磷化氢	Hydrogen phosphide		10
152	抑霉唑	Imazalil		20
153	铵基咪草啶酸	Imazamox－ammonium		10
154	灭草烟	Imazapyr		10
155	咪草烟铵盐	Imazethapyr ammonium		100
156	吡虫啉	Imidacloprid		50

续表

序号	药品中文名称	药品英文名称	中国限量	日本限量
157	茚虫威	Indoxacarb		10
158	碘甲磺隆	Iodosulfuron – methyl		10
159	2－[（7,8－二氟－2－甲基－3－喹啉基）氧基]－6－氟－A,A－二甲基苯甲醇	Ipflufenoquin		10
160	异菌脲	Iprodione		500
161	异丙噻菌胺	Isofetamid		10
162	吡唑萘菌胺	Isopyrazam		10
163	异噁唑草酮	Isoxaflutole		200
164	卡那霉素	Kanamycin	2500	
165	吉他霉素	Kitasamycin	200	
166	拉沙洛西	Lasalocid		400
167	左旋咪唑	Levamisole	10	10
168	林可霉素	Lincomycin	500	
169	林丹	Lindane		10
170	利谷隆	Linuron		50
171	虱螨脲	Lufenuron		20
172	马度米星	Maduramicin		1000
173	2－甲基－4－氯苯氧基乙酸	Mcpa		50
174	2－甲基－4－氯戊氧基丙酸	Mecoprop		50
175	精甲霜灵	Mefenoxam		100
176	氯氟醚菌唑	Mefentrifluconazole		10
177	醋酸美伦孕酮	Melengestrol acetate		不得检出
178	缩节胺	Mepiquat – chloride		50
179	甲磺胺磺隆	Mesosulfuron – methyl		10
180	氰氟虫腙	Metaflumizone		80
181	甲霜灵	Metalaxyl		100
182	甲胺磷	Methamidophos		10
183	杀扑磷	Methidathion		20
184	灭多威	Methomyl（Thiodicarb）		20
185	烯虫酯	Methoprene		100
186	甲氧滴滴涕	Methoxychlor		10
187	甲氧虫酰肼	Methoxyfenozide		10
188	嗪草酮	Metribuzin		400
189	莫能菌素	Monensin		10
190	腈菌唑	Myclobutanil		10

续表

序号	药品中文名称	药品英文名称	中国限量	日本限量
191	萘夫西林	Nafcillin		5
192	二溴磷	Naled		50
193	甲基盐霉素	Narasin		20
194	新霉素	Neomycin	9000 ▲	10000
195	尼卡巴嗪	Nicarbazin		500
196	硝苯砷酸	Nitarsone		2000
197	硝碘酚腈	Nitroxynil		1000
198	诺孕美特	Norgestomet		0.1
199	氟酰脲	Novaluron		100
200	氧乐果	Omethoate		50
201	奥美普林	Ormetoprim		100
202	苯唑西林	Oxacillin	300	
203	杀线威	Oxamyl		20
204	氟噻唑吡乙酮	Oxathiapiprolin		10
205	2－[3－（乙基磺酰基）－2－吡啶基]－5－[（三氟甲基）磺酰基]苯并[d]恶唑	Oxazosulfyl		50
206	奥芬达唑	Oxfendazole		10
207	土霉素	Oxytetracycline	1200	1000 ●
208	砜吸磷	Oxydemeton－methyl		20
209	乙氧氟草醚	Oxyfluorfen		10
210	百草枯	Paraquat		50
211	对硫磷	Parathion		50
212	戊菌唑	Penconazole		50
213	吡噻菌胺	Penthiopyrad		30
214	氯菊酯	Permethrin		100
215	甲拌磷	Phorate		50
216	毒莠定	Picloram		100
217	啶氧菌酯	Picoxystrobin		10
218	杀鼠酮	Pindone		1
219	唑啉草酯	Pinoxaden		60
220	增效醚	Piperonyl butoxide		10000
221	抗蚜威	Pirimicarb		100
222	甲基嘧啶磷	Pirimiphos－methyl		10
223	普鲁卡因青霉素	Procaine benzylpenicillin	50	
224	咪鲜胺	Prochloraz		200

序号	药品中文名称	药品英文名称	中国限量	日本限量
225	丙溴磷	Profenofos		50
226	霜霉威	Propamocarb		10
227	敌稗	Propanil		10
228	克螨特	Propargite		100
229	丙环唑	Propiconazole		40
230	残杀威	Propoxur		50
231	氟磺隆	Prosulfuron		50
232	丙硫菌唑	Prothioconazol		100
233	吡唑醚菌酯	Pyraclostrobin		50
234	磺酰草吡唑	Pyrasulfotole		20
235	除虫菊酯	Pyrethrins		200
236	哒草特	Pyridate		200
237	二氯喹啉酸	Quinclorac		50
238	喹氧灵	Quinoxyfen		10
239	五氯硝基苯	Quintozene		10
240	喹禾灵	Quizalofop – ethyl		50
241	糖草酯	Quizalofop – P – tefuryl		50
242	苄呋菊酯	Resmethrin		100
243	氯苯胍	Robenidine	100	100
244	洛克沙胂	Roxarsone		2000
245	盐霉素	Salinomycin		40
246	沙拉沙星	Sarafloxacin		80
247	氟唑环菌胺	Sedaxane		10
248	烯禾啶	Sethoxydim		200
249	氟硅菊酯	Silafluofen		100
250	西玛津	Simazine		20
251	大观霉素	Spectinomycin		5000
252	乙基多杀菌素	Spinetoram		10
253	多杀菌素	Spinosad		100
254	链霉素	Streptmnycin		1000
255	磺胺嘧啶	Sulfadiazine		100
256	磺胺二甲氧嗪	Sulfadimethoxine		100
257	磺胺二甲嘧啶	Sulfamethazine	100	100
258	磺胺喹恶啉	Sulfaquinoxaline		100
259	磺胺噻唑	Sulfathiazole		100

续表

序号	药品中文名称	药品英文名称	中国限量	日本限量
260	磺胺类	Sulfonamides	100	
261	磺酰磺隆	Sulfosulfuron		5
262	氟啶虫胺腈	Sulfoxaflor		300
263	戊唑醇	Tebuconazole		50
264	四氯硝基苯	Tecnazene		50
265	氟苯脲	Teflubenzuron		10
266	七氟菊酯	Tefluthrin		1
267	得杀草	Tepraloxydim		300
268	特丁磷	Terbufos		50
269	氟醚唑	Tetraconazole		20
270	四环素	Tetracycline	1200	1000 ●
271	噻菌灵	Thiabendazole		100
272	噻虫啉	Thiacloprid		20
273	噻虫嗪	Thiamethoxam		10
274	甲砜霉素	Thiamphenicol	50	
275	噻呋酰胺	Thifluzamide		30
276	禾草丹	Thiobencarb		30
277	硫菌灵	Thiophanate		90
278	甲基硫菌灵	Thiophanate - methyl		90
279	噻酰菌胺	Tiadinil		10
280	泰妙菌素	Tiamulin		100
281	替米考星	Tilmicosin		250
282	3－苯基－5－(噻吩－2－基)－[1,2,4]噁二唑	Tioxazafen		20
283	托曲珠利	Toltrazuril	400 ▲	2000
284	群勃龙醋酸酯	Trenbolone acetate		不得检出
285	三唑酮	Triadimefon		60
286	三唑醇	Triadimenol		60
287	野麦畏	Triallate		200
288	敌百虫	Trichlorfon		50
289	三氯吡氧乙酸	Triclopyr		80
290	十三吗啉	Tridemorph		50
291	肟菌酯	Trifloxystrobin		40
292	氟菌唑	Triflumizole		50
293	杀铃脲	Triflumuron		10
294	甲氧苄啶	Trimethoprim	50	50

序号	药品中文名称	药品英文名称	中国限量	日本限量
295	灭菌唑	Triticonazole		50
296	乙烯菌核利	Vinclozolin		100
297	维吉尼亚霉素	Virginiamycin	400	200 ●
298	华法林	Warfarin		1
299	玉米赤霉醇	Zeranol		2

4.7.3 中国与欧盟

中国与欧盟关于鸽子肾兽药残留限量标准比对情况见表4-7-3。该表显示，中国关于鸽子肾涉及的兽药残留限量指标共有12项，欧盟对鸽子肾的兽药残留限量未做明确规定。

表4-7-3 中国与欧盟鸽子肾兽药残留限量标准比对　　　　单位：μg/kg

序号	药品中文名称	药品英文名称	中国限量	欧盟限量
1	阿苯达唑	Albendazole	5000	
2	金霉素	Chlortetracycline	1200	
3	地克珠利	Diclazuril	2000	
4	芬苯达唑	Fenbendazole	50	
5	吉他霉素	Kitasamycin	200	
6	林可霉素	Lincomycin	500	
7	土霉素	Oxytetracycline	1200	
8	磺胺二甲嘧啶	Sulfamethazine	100	
9	磺胺类	Sulfonamides	100	
10	四环素	Tetracycline	1200	
11	甲氧苄啶	Trimethoprim	50	
12	维吉尼亚霉素	Virginiamycin	400	

4.7.4 中国与CAC

中国与CAC关于鸽子肾兽药残留限量标准比对情况见表4-7-4。该表显示，中国与CAC关于鸽子肾涉及的兽药残留限量指标共有28项。其中，中国对阿苯达唑（Albendazole）等28种兽药残留规定了限量，CAC对金霉素（Chlortetracycline）等7种兽药残留规定了限量且这7项指标与中国相同。

表4-7-4 中国与CAC鸽子肾兽药残留限量标准比对　　　　单位：μg/kg

序号	药品中文名称	药品英文名称	中国限量	CAC限量
1	阿苯达唑	Albendazole	5000	5000
2	阿莫西林	Amoxicillin	50	

续表

序号	药品中文名称	药品英文名称	中国限量	CAC 限量
3	氨苄西林	Ampicillin	50	
4	青霉素	Benzylpenicillin	50	
5	金霉素	Chlortetracycline	1200	1200
6	氯唑西林	Cloxacillin	300	
7	达氟沙星	Danofloxacin	400	
8	地克珠利	Diclazuril	2000	2000
9	二氟沙星	Difloxacin	600	
10	多西环素	Doxycycline	600	
11	恩诺沙星	Enrofloxacin	300	
12	芬苯达唑	Fenbendazole	50	
13	氟苯尼考	Florfenicol	750	
14	卡那霉素	Kanamycin	2500	
15	吉他霉素	Kitasamycin	200	
16	左旋咪唑	Levamisole	10	10
17	林可霉素	Lincomycin	500	
18	新霉素	Neomycin	9000	
19	苯唑西林	Oxacillin	300	
20	土霉素	Oxytetracycline	1200	1200
21	普鲁卡因青霉素	Procaine benzylpenicillin	50	
22	磺胺二甲嘧啶	Sulfamethazine	100	100
23	磺胺类	Sulfonamides	100	
24	四环素	Tetracycline	1200	1200
25	甲砜霉素	Thiamphenicol	50	
26	托曲珠利	Toltrazuril	400	
27	甲氧苄啶	Trimethoprim	50	
28	维吉尼亚霉素	Virginiamycin	400	

4.7.5 中国与美国

中国与美国关于鸽子肾兽药残留限量标准比对情况见表 4-7-5。该表显示，中国与美国关于鸽子肾涉及的兽药残留限量指标共有 35 项。其中，中国对 28 种兽药残留规定了限量，美国对 10 种兽药残留规定了限量；有 3 种兽药两国均规定了残留限量，阿莫西林（Amoxicillin）、氨苄西林（Ampicillin）2 项指标美国严于中国，维吉尼亚霉素（Virginiamycin）的指标两国相同；有 25 项指标中国已制定而美国未制定，7 项指标美国已制定而中国未制定。

表4-7-5　中国与美国鸽子肾兽药残留限量标准比对　　　　单位：μg/kg

序号	药品中文名称	药品英文名称	中国限量	美国限量
1	阿苯达唑	Albendazole	5000	
2	阿莫西林	Amoxicillin	50	10●
3	氨苄西林	Ampicillin	50	10●
4	安普霉素	Apramycin		100
5	青霉素	Benzylpenicillin	50	
6	头孢噻呋	Ceftiofur		8000
7	金霉素	Chlortetracycline	1200	
8	氯舒隆	Clorsulon		1000
9	氯唑西林	Cloxacillin	300	
10	达氟沙星	Danofloxacin	400	
11	地克珠利	Diclazuril	2000	
12	二氟沙星	Difloxacin	600	
13	多西环素	Doxycycline	600	
14	恩诺沙星	Enrofloxacin	300	
15	芬苯达唑	Fenbendazole	50	
16	芬前列林	Fenprostalene		30
17	氟苯尼考	Florfenicol	750	
18	卡那霉素	Kanamycin	2500	
19	吉他霉素	Kitasamycin	200	
20	左旋咪唑	Levamisole	10	
21	林可霉素	Lincomycin	500	
22	新霉素	Neomycin	9000	
23	苯唑西林	Oxacillin	300	
24	土霉素	Oxytetracycline	1200	
25	普鲁卡因青霉素	Procaine benzylpenicillin	50	
26	黄体酮	Progesterone		9
27	酒石酸噻吩嘧啶	Pyrantel tartrate		10000
28	磺胺二甲嘧啶	Sulfamethazine	100	
29	磺胺类	Sulfonamides	100	
30	丙酸睾酮	Testosterone propionate		1.9
31	四环素	Tetracycline	1200	
32	甲砜霉素	Thiamphenicol	50	
33	托曲珠利	Toltrazuril	400	
34	甲氧苄啶	Trimethoprim	50	
35	维吉尼亚霉素	Virginiamycin	400	400

4.8　鸽子蛋的兽药残留限量

4.8.1　中国与韩国

中国与韩国关于鸽子蛋兽药残留限量标准比对情况见表 4 – 8 – 1。该表显示，中国与韩国关于鸽子蛋涉及的兽药残留限量指标共有 34 项。其中，中国对 8 种兽药残留规定了限量，韩国对 30 种兽药残留规定了限量；有 4 种兽药两国均规定了残留限量且指标相同；有 4 项指标中国已制定而韩国未制定，26 项指标韩国已制定而中国未制定。

表 4 – 8 – 1　中国与韩国鸽子蛋兽药残留限量标准比对　　　　单位：μg/kg

序号	药品中文名称	药品英文名称	中国限量	韩国限量
1	氨丙啉	Amprolium		4000
2	杆菌肽	Bacitracin	500	
3	黄霉素	Bambermycin		20
4	毒死蜱	Chlorpyrifos		10
5	金霉素	Chlortetracycline	400	400
6	黏菌素	Colistin		300
7	氯氰菊酯	Cypermethrin		50
8	环丙氨嗪	Cyromazine		200
9	地塞米松	Dexamethasone		0.1
10	敌敌畏	Dichlorvos		10
11	芬苯达唑	Fenbendazole	1300	
12	仲丁威	Fenobucarb		10
13	氟苯达唑	Flubendazole	400	400
14	氟雷拉纳	Fluralaner		1300
15	潮霉素 B	Hygromycin B		50
16	卡那霉素	Kanamycin		500
17	吉他霉素	Kitasamycin		200
18	拉沙洛西	Lasalocid		50
19	林可霉素	Lincomycin		50
20	新霉素	Neomycin	500	
21	土霉素	Oxytetracycline	400	400
22	奥苯达唑	Oxybendazole		30
23	氯菊酯	Permethrin		100
24	非那西丁	Phenacetin		10
25	哌嗪	Piperazine		2000
26	残杀威	Propoxur		10

续表

序号	药品中文名称	药品英文名称	中国限量	韩国限量
27	沙拉沙星	Sarafloxacin		30
28	杀虫畏	Tetrachlorvinphos		10
29	四环素	Tetracycline	400	400
30	泰妙菌素	Tiamulin		1000
31	敌百虫	Trichlorfone		10
32	甲氧苄啶	Trimethoprim		20
33	泰乐菌素	Tylosin		200
34	泰万菌素	Tylvalosin	200	

4.8.2 中国与日本

中国与日本关于鸽子蛋兽药残留限量标准比对情况见表4-8-2。该表显示，中国与日本关于鸽子蛋涉及的兽药残留限量指标共有261项。其中，中国对杆菌肽（Bacitracin）等9种兽药残留规定了限量，日本对乙酰甲胺磷（Acephate）等259种兽药残留规定了限量；有7种兽药两国均规定了残留限量，红霉素（Erythromycin）的指标日本严于中国，其余的6项指标两国相同；有2项指标中国已制定而日本未制定，252项指标日本已制定而中国未制定。

表4-8-2　中国与日本鸽子蛋兽药残留限量标准比对　　　单位：μg/kg

序号	药品中文名称	药品英文名称	中国限量	日本限量
1	2,4-二氯苯氧乙酸	2,4-D		10
2	2,4-二氯苯氧丁酸	2,4-DB		50
3	乙酰甲胺磷	Acephate		10
4	啶虫脒	Acetamiprid		10
5	S-甲基苯并[1,2,3]噻二唑-7-硫代羧酸酯	Acibenzolar-S-methyl		20
6	甲草胺	Alachlor		20
7	艾氏剂和狄氏剂	Aldrin and dieldrin		100
8	烯丙菊酯	Allethrin		50
9	唑嘧菌胺	Ametoctradin		30
10	氨丙啉	Amprolium		5000
11	阿特拉津	Atrazine		20
12	嘧菌酯	Azoxystrobin		10
13	杆菌肽	Bacitracin	500	500
14	苯霜灵	Benalaxyl		50
15	恶虫威	Bendiocarb		50
16	苯菌灵	Benomyl		90

续表

序号	药品中文名称	药品英文名称	中国限量	日本限量
17	苯达松	Bentazone		50
18	苯并烯氟菌唑	Benzovindiflupyr		10
19	倍他米松	Betamethasone		不得检出
20	联苯肼酯	Bifenazate		10
21	联苯菊酯	Bifenthrin		10
22	生物苄呋菊酯	Bioresmethrin		50
23	联苯三唑醇	Bitertanol		10
24	联苯吡菌胺	Bixafen		50
25	啶酰菌胺	Boscalid		20
26	溴鼠灵	Brodifacoum		1
27	溴化物	Bromide		50000
28	溴螨酯	Bromopropylate		80
29	溴苯腈	Bromoxynil		40
30	溴替唑仑	Brotizolam		不得检出
31	氟丙嘧草酯	Butafenacil		10
32	斑蝥黄	Canthaxanthin		100
33	多菌灵	Carbendazim		90
34	三唑酮草酯	Carfentrazone – ethyl		50
35	氯虫苯甲酰胺	Chlorantraniliprole		200
36	氯丹	Chlordane		20
37	虫螨腈	Chlorfenapyr		10
38	氟啶脲	Chlorfluazuron		20
39	氯地孕酮	Chlormadinone		2
40	矮壮素	Chlormequat		100
41	百菌清	Chlorothalonil		10
42	毒死蜱	Chlorpyrifos		10
43	甲基毒死蜱	Chlorpyrifos – methyl		50
44	金霉素	Chlortetracycline	400	400
45	氯酞酸二甲酯	Chlorthal – dimethyl		50
46	克伦特罗	Clenbuterol		不得检出
47	烯草酮	Clethodim		50
48	炔草酸	Clodinafop – propargyl		50
49	四螨嗪	Clofentezine		50
50	二氯吡啶酸	Clopyralid		80
51	解毒喹	Cloquintocet – mexyl		100

续表

序号	药品中文名称	药品英文名称	中国限量	日本限量
52	氯司替勃	Clostebol		0.5
53	噻虫胺	Clothianidin		20
54	溴氰虫酰胺	Cyantraniliprole		200
55	氟氯氰菊酯	Cyfluthrin		50
56	三氟氯氰菊酯	Cyhalothrin		20
57	氯氰菊酯	Cypermethrin		50
58	环唑醇	Cyproconazole		10
59	嘧菌环胺	Cyprodinil		10
60	环丙氨嗪	Cyromazine		300
61	滴滴涕	DDT		100
62	溴氰菊酯	Deltamethrin		30
63	地塞米松	Dexamethasone		不得检出
64	丁醚脲	Diafenthiuron		20
65	二丁基羟基甲苯	Dibutylhydroxytoluene		600
66	麦草畏	Dicamba		10
67	敌敌畏	Dichlorvos		50
68	禾草灵	Diclofop – methyl		50
69	三氯杀螨醇	Dicofol		50
70	狄氏剂	Dieldrin		100
71	苯醚甲环唑	Difenoconazole		30
72	敌灭灵	Diflubenzuron		50
73	二甲吩草胺	Dimethenamid		10
74	落长灵	Dimethipin		10
75	乐果	Dimethoate		50
76	烯酰吗啉	Dimethomorph		10
77	呋虫胺	Dinotefuran		20
78	二苯胺	Diphenylamine		50
79	驱蝇啶	Dipropyl isocinchomeronate		4
80	敌草快	Diquat		10
81	乙拌磷	Disulfoton		20
82	二噻农	Dithianon		10
83	二嗪农	Dithiocarbamates		50
84	甲氨基阿维菌素苯甲酸盐	Emamectin benzoate		0.5
85	硫丹	Endosulfan		80
86	安特灵	Endrin		5

续表

序号	药品中文名称	药品英文名称	中国限量	日本限量
87	氟环唑	Epoxiconazole		10
88	茵草敌	Eptc		10
89	红霉素	Erythromycin	150	50●
90	胺苯磺隆	Ethametsulfuron – methyl		20
91	乙烯利	Ethephon		200
92	乙氧基喹啉	Ethoxyquin		1000
93	1,2 – 二氯乙烷	Ethylene dichloride		100
94	醚菊酯	Etofenprox		400
95	乙螨唑	Etoxazole		200
96	氯唑灵	Etridiazole		50
97	恶唑菌酮	Famoxadone		10
98	苯线磷	Fenamiphos		10
99	氯苯嘧啶醇	Fenarimol		20
100	芬苯达唑	Fenbendazole	1300	
101	腈苯唑	Fenbuconazole		10
102	苯丁锡	Fenbutatin oxide		50
103	杀螟松	Fenitrothion		50
104	噁唑禾草灵	Fenoxaprop – ethyl		20
105	甲氰菊酯	Fenpropathrin		10
106	丁苯吗啉	Fenpropimorph		10
107	羟基三苯基锡	Fentin		50
108	氰戊菊酯	Fenvalerate		10
109	氟虫腈	Fipronil		20
110	氟啶虫酰胺	Flonicamid		200
111	吡氟禾草隆	Fluazifop – butyl		40
112	氟苯达唑	Flubendazole	400	400
113	氟苯虫酰胺	Flubendiamide		10
114	氟氰菊酯	Flucythrinate		50
115	咯菌腈	Fludioxonil		10
116	氟砜灵	Fluensulfone		10
117	氟烯草酸	Flumiclorac – pentyl		10
118	氟吡菌胺	Fluopicolide		10
119	氟吡菌酰胺	Fluopyram		1000
120	氟吡呋喃酮	Flupyradifurone		10
121	氟嘧啶	Flupyrimin		40

序号	药品中文名称	药品英文名称	中国限量	日本限量
122	氟喹唑	Fluquinconazole		20
123	氟草定	Fluroxypyr		30
124	氟硅唑	Flusilazole		100
125	氟酰胺	Flutolanil		50
126	粉唑醇	Flutriafol		50
127	氟唑菌酰胺	Fluxapyroxad		20
128	草胺膦	Glufosinate		50
129	4,5-二甲酰胺咪唑	Glycalpyramide		30
130	草甘膦	Glyphosate		50
131	吡氟氯禾灵	Haloxyfop		10
132	七氯	Heptachlor		50
133	六氯苯	Hexachlorobenzene		500
134	噻螨酮	Hexythiazox		50
135	磷化氢	Hydrogen phosphide		10
136	抑霉唑	Imazalil		20
137	铵基咪草啶酸	Imazamox – ammonium		10
138	甲咪唑烟酸	Imazapic		10
139	灭草烟	Imazapyr		10
140	咪草烟铵盐	Imazethapyr ammonium		100
141	吡虫啉	Imidacloprid		20
142	茚虫威	Indoxacarb		10
143	碘甲磺隆	Iodosulfuron – methyl		10
144	2-[(7,8-二氟-2-甲基-3-喹啉基)氧基]-6-氟-A,A-二甲基苯甲醇	Ipflufenoquin		10
145	异菌脲	Iprodione		800
146	丙胺磷	Isofenphos		20
147	吡唑萘菌胺	Isopyrazam		10
148	异噁唑草酮	Isoxaflutole		10
149	拉沙洛西	Lasalocid		200
150	林丹	Lindane		10
151	利谷隆	Linuron		50
152	虱螨脲	Lufenuron		300
153	2-甲基-4-氯苯氧基乙酸	Mcpa		50
154	2-甲基-4-氯戊氧基丙酸	Mecoprop		50
155	精甲霜灵	Mefenoxam		50

续表

序号	药品中文名称	药品英文名称	中国限量	日本限量
156	氯氟醚菌唑	Mefentrifluconazole		10
157	醋酸美伦孕酮	Melengestrol acetate		不得检出
158	缩节胺	Mepiquat – chloride		50
159	甲磺胺磺隆	Mesosulfuron – methyl		10
160	氰氟虫腙	Metaflumizone		200
161	甲霜灵	Metalaxyl		50
162	甲胺磷	Methamidophos		10
163	杀扑磷	Methidathion		20
164	灭多威	Methomyl（Thiodicarb）		20
165	烯虫酯	Methoprene		50
166	甲氧滴滴涕	Methoxychlor		10
167	甲氧虫酰肼	Methoxyfenozide		10
168	嗪草酮	Metribuzin		30
169	腈菌唑	Myclobutanil		10
170	萘夫西林	Nafcillin		5
171	新霉素	Neomycin	500	500
172	诺孕美特	Norgestomet		0.1
173	氟酰脲	Novaluron		100
174	氧乐果	Omethoate		50
175	杀线威	Oxamyl		20
176	氟噻唑吡乙酮	Oxathiapiprolin		10
177	2 –［3 –（乙基磺酰基）– 2 – 吡啶基］– 5 –［（三氟甲基）磺酰基］苯并［d］恶唑	Oxazosulfyl		10
178	土霉素	Oxytetracycline	400	400
179	砜吸磷	Oxydemeton – methyl		20
180	乙氧氟草醚	Oxyfluorfen		30
181	百草枯	Paraquat		10
182	对硫磷	Parathion		50
183	甲基对硫磷	Parathion – methyl		50
184	戊菌唑	Penconazole		50
185	吡噻菌胺	Penthiopyrad		30
186	氯菊酯	Permethrin		100
187	甲拌磷	Phorate		50
188	毒莠定	Picloram		50
189	啶氧菌酯	Picoxystrobin		10

序号	药品中文名称	药品英文名称	中国限量	日本限量
190	杀鼠酮	Pindone		1
191	唑啉草酯	Pinoxaden		60
192	增效醚	Piperonyl butoxide		1000
193	抗蚜威	Pirimicarb		50
194	甲基嘧啶磷	Pirimiphos – methyl		10
195	咪鲜胺	Prochloraz		100
196	丙溴磷	Profenofos		20
197	霜霉威	Propamocarb		10
198	敌稗	Propanil		10
199	克螨特	Propargite		100
200	丙环唑	Propiconazole		40
201	残杀威	Propoxur		50
202	氟磺隆	Prosulfuron		50
203	丙硫菌唑	Prothioconazol		6
204	吡唑醚菌酯	Pyraclostrobin		50
205	磺酰草吡唑	Pyrasulfotole		20
206	除虫菊酯	Pyrethrins		100
207	哒草特	Pyridate		200
208	二氯喹啉酸	Quinclorac		50
209	喹氧灵	Quinoxyfen		10
210	五氯硝基苯	Quintozene		30
211	喹禾灵	Quizalofop – ethyl		20
212	糖草酯	Quizalofop – P – tefuryl		20
213	苄蚨菊酯	Resmethrin		100
214	洛克沙肿	Roxarsone		500
215	氟唑环菌胺	Sedaxane		10
216	烯禾啶	Sethoxydim		300
217	氟硅菊酯	Silafluofen		1000
218	西玛津	Simazine		20
219	大观霉素	Spectinomycin		2000
220	乙基多杀菌素	Spinetoram		10
221	多杀菌素	Spinosad		100
222	磺胺嘧啶	Sulfadiazine		20
223	磺胺二甲嘧啶	Sulfamethazine		10
224	磺胺喹恶啉	Sulfaquinoxaline		10

序号	药品中文名称	药品英文名称	中国限量	日本限量
225	磺酰磺隆	Sulfosulfuron		5
226	氟啶虫胺腈	Sulfoxaflor		100
227	戊唑醇	Tebuconazole		50
228	虫酰肼	Tebufenozide		20
229	四氯硝基苯	Tecnazene		50
230	氟苯脲	Teflubenzuron		10
231	七氟菊酯	Tefluthrin		1
232	得杀草	Tepraloxydim		100
233	特丁磷	Terbufos		10
234	氟醚唑	Tetraconazole		20
235	四环素	Tetracycline	400	400
236	噻菌灵	Thiabendazole		100
237	噻虫啉	Thiacloprid		20
238	噻虫嗪	Thiamethoxam		10
239	噻呋酰胺	Thifluzamide		40
240	禾草丹	Thiobencarb		30
241	硫菌灵	Thiophanate		90
242	甲基硫菌灵	Thiophanate – methyl		90
243	噻酰菌胺	Tiadinil		10
244	3 – 苯基 – 5 – (噻吩 – 2 – 基) – [1,2,4]噁二唑	Tioxazafen		20
245	四溴菊酯	Tralomethrin		30
246	群勃龙醋酸酯	Trenbolone acetate		不得检出
247	三唑酮	Triadimefon		50
248	三唑醇	Triadimenol		50
249	杀铃脲	Triasulfuron		50
250	三氯吡氧乙酸	Triclopyr		50
251	十三吗啉	Tridemorph		50
252	肟菌酯	Trifloxystrobin		40
253	氟菌唑	Triflumizole		20
254	杀铃脲	Triflumuron		10
255	甲氧苄啶	Trimethoprim		20
256	灭菌唑	Triticonazole		50
257	泰万菌素	Tylvalosin	200	
258	乙烯菌核利	Vinclozolin		50

序号	药品中文名称	药品英文名称	中国限量	日本限量
259	维吉尼亚霉素	Virginiamycin		100
260	华法林	Warfarin		1
261	玉米赤霉醇	Zeranol		2

4.8.3　中国与欧盟

中国与欧盟关于鸽子蛋兽药残留限量标准比对情况见表4-8-3。该表显示，中国关于鸽子蛋涉及的兽药残留限量指标共有6项，欧盟未制定鸽子蛋的兽药残留限量指标。

表4-8-3　中国与欧盟鸽子蛋兽药残留限量标准比对　　　　单位：μg/kg

序号	药品中文名称	药品英文名称	中国限量	欧盟限量
1	杆菌肽	Bacitracin	500	
2	金霉素	Chlortetracycline	400	
3	芬苯达唑	Fenbendazole	1300	
4	土霉素	Oxytetracycline	400	
5	四环素	Tetracycline	400	
6	泰万菌素	Tylvalosin	200	

4.8.4　中国与CAC

中国与CAC关于鸽子蛋兽药残留限量标准比对情况见表4-8-4。该表显示，中国与CAC关于鸽子蛋涉及的兽药残留限量指标共有8项。其中，中国对8种兽药残留规定了限量，CAC对4种兽药残留规定了限量且这4项指标与中国相同。

表4-8-4　中国与CAC鸽子蛋兽药残留限量标准比对　　　　单位：μg/kg

序号	药品中文名称	药品英文名称	中国限量	CAC限量
1	杆菌肽	Bacitracin	500	
2	金霉素	Chlortetracycline	400	400
3	芬苯达唑	Fenbendazole	1300	
4	氟苯达唑	Flubendazole	400	400
5	新霉素	Neomycin	500	
6	土霉素	Oxytetracycline	400	400
7	四环素	Tetracycline	400	400
8	泰万菌素	Tylvalosin	200	

4.8.5　中国与美国

中国与美国关于鸽子蛋兽药残留限量标准比对情况见表4-8-5。该表显示，中国关于鸽子蛋涉及的兽药残留限量指标共有 8 项，美国未制定鸽子蛋的兽药残留限量指标。

表 4 - 8 - 5　中国与美国鸽子蛋兽药残留限量标准比对　　单位：μg/kg

序号	药品中文名称	药品英文名称	中国限量	美国限量
1	杆菌肽	Bacitracin	500	
2	金霉素	Chlortetracycline	400	
3	芬苯达唑	Fenbendazole	1300	
4	氟苯达唑	Flubendazole	400	
5	新霉素	Neomycin	500	
6	土霉素	Oxytetracycline	400	
7	四环素	Tetracycline	400	
8	泰万菌素	Tylvalosin	200	

4.9　鸽子"皮+脂"的兽药残留限量

4.9.1　中国与韩国

中国与韩国关于鸽子"皮+脂"兽药残留限量标准比对情况见表 4 - 9 - 1。该表显示，中国与韩国关于鸽子"皮+脂"涉及的兽药残留限量指标共有 12 项。其中，中国对地克珠利（Diclazuril）等 12 种兽药残留规定了限量，韩国对二氟沙星（Difloxacin）等 8 种兽药残留规定了限量；有 8 种兽药两国均规定了残留限量，多西环素（Doxycycline）、维吉尼亚霉素（Virginiamycin）2 项指标韩国严于中国，其余的 6 项指标两国相同。

表 4 - 9 - 1　中国与韩国鸽子"皮+脂"兽药残留限量标准比对　　单位：μg/kg

序号	药品中文名称	药品英文名称	中国限量	韩国限量
1	地克珠利	Diclazuril	1000	
2	二氟沙星	Difloxacin	400	400
3	多西环素	Doxycycline	300	100 ●
4	恩诺沙星	Enrofloxacin	100	100
5	芬苯达唑	Fenbendazole	50	
6	氟苯尼考	Florfenicol	200	200
7	卡那霉素	Kanamycin	100	100
8	甲砜霉素	Thiamphenicol	50	
9	托曲珠利	Toltrazuril	200	200
10	甲氧苄啶	Trimethoprim	50	50
11	泰万菌素	Tylvalosin	50	
12	维吉尼亚霉素	Virginiamycin	400	200 ●

4.9.2 中国与日本

中国与日本关于鸽子"皮+脂"兽药残留限量标准比对情况见表4-9-2。该表显示，中国关于鸽子"皮+脂"涉及的兽药残留限量指标共有12项，日本对此未做明确规定。

表4-9-2 中国与日本鸽子"皮+脂"兽药残留残留标准比对 单位：μg/kg

序号	药品中文名称	药品英文名称	中国限量	日本限量
1	地克珠利	Diclazuril	1000	
2	二氟沙星	Difloxacin	400	
3	多西环素	Doxycycline	300	
4	恩诺沙星	Enrofloxacin	100	
5	芬苯达唑	Fenbendazole	50	
6	氟苯尼考	Florfenicol	200	
7	卡那霉素	Kanamycin	100	
8	甲砜霉素	Thiamphenicol	50	
9	托曲珠利	Toltrazuril	200	
10	甲氧苄啶	Trimethoprim	50	
11	泰万菌素	Tylvalosin	50	
12	维吉尼亚霉素	Virginiamycin	400	

4.9.3 中国与欧盟

中国与欧盟关于鸽子"皮+脂"兽药残留限量标准比对情况见表4-9-3。该表显示，中国关于鸽子"皮+脂"涉及的兽药残留限量指标共有6项，欧盟对此未做明确规定。

表4-9-3 中国与欧盟鸽子"皮+脂"兽药残留限量标准比对 单位：μg/kg

序号	药品中文名称	药品英文名称	中国限量	欧盟限量
1	地克珠利	Diclazuril	1000	
2	芬苯达唑	Fenbendazole	50	
3	卡那霉素	Kanamycin	100	
4	甲砜霉素	Thiamphenicol	50	
5	甲氧苄啶	Trimethoprim	50	
6	维吉尼亚霉素	Virginiamycin	400	

4.9.4 中国与CAC

中国与CAC关于鸽子"皮+脂"兽药残留限量标准比对情况见表4-9-4。该表显示，中国与CAC关于鸽子"皮+脂"涉及的兽药残留限量指标共有12项，中国对地克珠利（Diclazuril）等 12 种兽药残留规定了限量，CAC 对地克珠利（Diclazuril）规定了残留限量且指标与中国相同。

表 4 - 9 - 4　中国与 CAC 鸽子"皮＋脂"兽药残留限量标准比对　　单位：μg/kg

序号	药品中文名称	药品英文名称	中国限量	CAC 限量
1	地克珠利	Diclazuril	1000	1000
2	二氟沙星	Difloxacin	400	
3	多西环素	Doxycycline	300	
4	恩诺沙星	Enrofloxacin	100	
5	芬苯达唑	Fenbendazole	50	
6	氟苯尼考	Florfenicol	200	
7	卡那霉素	Kanamycin	100	
8	甲砜霉素	Thiamphenicol	50	
9	托曲珠利	Toltrazuril	200	
10	甲氧苄啶	Trimethoprim	50	
11	泰万菌素	Tylvalosin	50	
12	维吉尼亚霉素	Virginiamycin	400	

4.9.5　中国与美国

中国与美国关于鸽子"皮＋脂"兽药残留限量标准比对情况见表 4 - 9 - 5。该表显示，中国与美国关于鸽子"皮＋脂"涉及的兽药残留限量指标共有 12 项。其中，中国对地克珠利（Diclazuril）等 12 种兽药残留进行了限量规定，美国对维吉尼亚霉素（Virginiamycin）规定了残留限量且指标与中国相同。

表 4 - 9 - 5　中国与美国鸽子"皮＋脂"兽药残留限量标准比对　　单位：μg/kg

序号	药品中文名称	药品英文名称	中国限量	美国限量
1	地克珠利	Diclazuril	1000	
2	二氟沙星	Difloxacin	400	
3	多西环素	Doxycycline	300	
4	恩诺沙星	Enrofloxacin	100	
5	芬苯达唑	Fenbendazole	50	
6	氟苯尼考	Florfenicol	200	
7	卡那霉素	Kanamycin	100	
8	甲砜霉素	Thiamphenicol	50	
9	托曲珠利	Toltrazuril	200	
10	甲氧苄啶	Trimethoprim	50	
11	泰万菌素	Tylvalosin	50	
12	维吉尼亚霉素	Virginiamycin	400	400

第5章 鹌鹑的兽药残留限量标准比对

鹌鹑产业是仅次于鸡、鸭的第三大养禽业。鹌鹑分为野生鹌鹑和家养鹌鹑两类。各个国家和国际组织都针对鹌鹑有一定的兽药残留限量规定。

目前，全世界共有野生鹌鹑群体大约 20 个，主要有野生普通鹌鹑（Coturnix coturnix, commom quail）和野生日本鹌鹑（Coturnix japonica, Japanese quail）两种。家鹑主要有商品鹑和实验用鹑两种，商品鹑主要有日本鹌鹑、朝鲜鹌鹑以及中国白羽鹌鹑、黄羽鹌鹑、自别雌雄配套系鹌鹑等，肉用型品种有莎维麦脱肉鹑、法国迪法克 BC 系肉鹑、中国白羽鹑等。世界鹌鹑的饲养和消费主要在美国、欧洲、亚洲及南美部分地区，其中美国和欧洲地区饲养鹌鹑主要用作肉用，而亚洲、巴西等地主要饲养蛋用鹌鹑。

鹌鹑产业市场较大、养殖覆盖率高。鹌鹑蛋和鹌鹑肉营养丰富，具有极高的食用、药用价值。目前，我国的蛋用鹌鹑主产区集中在江苏、安徽、河北、山东、河南等地，基本每个地区都产有 5000 万只以上的蛋用鹌鹑。除此之外，重庆、四川、湖北、山西、天津、广东、江西等地的鹌鹑养殖业也发展迅猛，平均每个省（区、市）的鹌鹑养殖量都超过 2000 万只。

日本是将野鹑驯化为家鹑的最早国家，尤其在 1911—1926 年培育出高产蛋用型"日本改良鹑"后，推动了养鹑业的大发展，并传到了亚洲各国，成为目前世界上涉及面最广、影响最大的蛋用型鹑种。日本常年养鹑量已超过 1000 多万只，饲养技术和生产水平处于世界领先地位。朝鲜将发展养鹑业作为二十世纪家禽业发展的方向，建立了养鹑技术学校和相当规模的专业化养鹑场，采用机械化生产，平壤龙城养鹑场年饲养鹌鹑 40 万只。法国的养鹑业开始于二十世纪六十年代，现已培育出优质肉用型品种，45 日龄活重可达 240g，比日本鹌鹑重一倍。法国肉用型家鹑的成功培育，将法国、意大利等欧洲国家的养鹑业推向了一个新的高潮。

我国鹌鹑养殖在 1970 年以后得到迅速发展，引进了新的蛋用、肉用鹌鹑品种，建立了专门的种鹑生产基地，养殖户也大规模发展起来。二十世纪八九十年代，我国自行培育的高产鹌鹑纯系与配套系在国际养鹑业独领风骚。养鹑业经历了几十年的发展，不仅在数量上有了空前的增长，品种类别也出现多元化。其中，蛋用型的主要有日本鹌鹑、朝鲜鹌鹑、爱沙尼亚鹌鹑以及中国白羽鹌鹑、黄羽鹌鹑、自别雌雄配套系、"神丹 1 号"鹌鹑配套系；肉用型的主要有迪法克 FM 系肉鹑、莎维麦脱肉鹑以及中国白羽肉鹑。我国蛋鹌鹑主产区主要分布于江西、山东、陕西、河南、湖北、河北等地，其中江西南昌、丰城每年向市场提供父母代种鹌鹑 700 万套，可生产商品蛋鹌鹑 3 亿只。我国目前肉用鹌鹑年出栏约 3 亿只，养殖主要集中于江苏、浙江、上海、广东等经济发达地区、大城市及其周边地区。仅江苏年出栏肉用鹌鹑约为 1 亿只，年出栏 1000 万只以上的生产基地有无锡市新安镇、连云港市赣榆县、无锡市华庄镇、上海市奉贤区、浙江省舟山市等。

目前，我国鹌鹑产品的利用主要是根据其经济用途划分，肉用鹌鹑主要是屠宰后进行加工，可加工成脱骨扒鹑、熏鹌鹑、鹌鹑肉干、五香鹌鹑、脆皮鹌鹑、虫草鹌鹑、糟香鹌鹑等；蛋用鹌鹑主要利用鹌鹑蛋，鹌鹑蛋除直接进入家庭与餐馆食用外，还可加工成袋装或罐装剥壳蛋、鹌鹑皮蛋、盐水鹌鹑蛋、虎皮鹑蛋罐头、五香熏鹑蛋等。蛋用鹌鹑淘汰后也可屠宰加工，其利用方式与肉用鹌鹑相同。

5.1　鹌鹑肌肉的兽药残留限量

5.1.1　中国与韩国

中国与韩国关于鹌鹑肌肉兽药残留限量标准比对情况见表 5－1－1。该表显示，中国与韩国关于鹌鹑肌肉涉及的兽药残留限量指标共有 69 项。其中，中国对阿苯达唑（Albendazole）等 37 种兽药残留制定了限量指标，韩国对阿莫西林（Amoxicillin）等 52 种兽药残留制定了限量指标；两国对 20 种兽药均制定了残留限量指标，其中 17 项指标两国相同，莫能菌素（Monensin）的指标中国严于韩国，红霉素（Erythromycin）、甲氧苄啶（Trimethoprim）2 项指标韩国严于中国；有 17 项指标中国已制定而韩国未制定，32 项指标韩国已制定而中国未制定。

表 5－1－1　中国与韩国鹌鹑肌肉兽药残留限量标准比对　　　　单位：μg/kg

序号	药品中文名称	药品英文名称	中国限量	韩国限量
1	阿苯达唑	Albendazole	100	
2	阿莫西林	Amoxicillin	50	50
3	氨苄西林	Ampicillin	50	
4	氨丙啉	Amprolium		500
5	安普霉素	Apramycin		200
6	杆菌肽	Bacitracin	500	500
7	青霉素	Benzylpenicillin	50	
8	金霉素	Chlortetracycline	200	200
9	氯羟吡啶	Clopidol		5000
10	氯唑西林	Cloxacillin	300	300
11	黏菌素	Colistin		150
12	氟氯氰菊酯	Cyfluthrin		10
13	氯氰菊酯	Cypermethrin		50
14	环丙氨嗪	Cyromazine	50	
15	达氟沙星	Danofloxacin	200	200
16	癸氧喹酯	Decoquinate		1000
17	溴氰菊酯	Deltamethrin		50
18	地塞米松	Dexamethasone		1

序号	药品中文名称	药品英文名称	中国限量	韩国限量
19	敌菌净	Diaveridine		50
20	地克珠利	Diclazuril	500	
21	双氯西林	Dicloxacillin		300
22	二氟沙星	Difloxacin	300	300
23	双氢链霉素	Dihydrostreptmiycin		600
24	多西环素	Doxycycline	100	100
25	恩诺沙星	Enrofloxacin	100	100
26	红霉素	Erythromycin	200	100 ●
27	芬苯达唑	Fenbendazole	50	
28	倍硫磷	Fenthion	100	
29	氟苯尼考	Florfenicol	100	100
30	氟苯达唑	Flubendazole	200	
31	氟甲喹	Flumequine		400
32	氟胺氰菊酯	Fluvalinate	10	
33	庆大霉素	Gentamicin		100
34	氢溴酸谷氨酰胺镁盐	Glutamine hydrobromide magnesium salt		10
35	匀霉素	Hygromycin		50
36	交沙霉素	Josamycin		40
37	卡那霉素	Kanamycin	100	100
38	吉他霉素	Kitasamycin	200	200
39	拉沙洛西	Lasalocid		20
40	左旋咪唑	Levamisole	10	
41	林可霉素	Lincomycin	200	200
42	马度米星	Maduramycin		100
43	马拉硫磷	Malathion	4000	
44	甲苯咪唑	Mebendazole		60
45	莫能菌素	Monensin	10 ▲	50
46	甲基盐霉素	Narasin		100
47	新霉素	Neomycin	500	
48	尼卡巴嗪	Nycarbazine		200
49	苯唑西林	Oxacillin	300	
50	土霉素	Oxytetracycline	200	200
51	哌嗪	Piperazine		100
52	普鲁卡因青霉素	Procaine benzylpenicillin	50	
53	残杀威	Propoxur		10

续表

序号	药品中文名称	药品英文名称	中国限量	韩国限量
54	氯苯胍	Robenidine	100	100
55	盐霉素	Salinomycin		100
56	沙拉沙星	Sarafloxacin		30
57	赛杜霉素	Semduramicin		100
58	链霉素	Streptmnycin		600
59	磺胺二甲嘧啶	Sulfamethazine	100	
60	磺胺类	Sulfonamides	100	
61	四环素	Tetracycline	200	200
62	甲砜霉素	Thiamphenicol	50	
63	泰妙菌素	Tiamulin		100
64	托曲珠利	Toltrazuril	100	100
65	四溴菊酯	Tralomethrin		50
66	敌百虫	Trichlorfone		10
67	甲氧苄啶	Trimethoprim	50	20●
68	泰乐菌素	Tylosin		100
69	维吉尼亚霉素	Virginiamycin	100	100

5.1.2　中国与日本

中国与日本关于鹌鹑肌肉兽药残留限量标准比对情况见表 5 - 1 - 2。该表显示，中国与日本关于鹌鹑肌肉涉及的兽药残留限量指标共有 305 项。其中，中国对阿苯达唑（Albendazole）等 37 种兽药残留规定了限量，日本对乙酰甲胺磷（Acephate）等 289 种兽药残留规定了限量；有 15 项指标两国相同，环丙氨嗪（Cyromazine）、芬苯达唑（Fenbendazole）、氯苯胍（Robenidine）、托曲珠利（Toltrazuril）4 项指标中国严于日本，恩诺沙星（Enrofloxacin）、红霉素（Erythromycin）2 项指标日本严于中国；有 16 项指标中国已制定而日本未制定，268 项指标日本已制定而中国未制定。

表 5 - 1 - 2　中国与日本鹌鹑肌肉兽药残留标准比对　　　　单位：μg/kg

序号	药品中文名称	药品英文名称	中国限量	日本限量
1	2,4 - 二氯苯氧乙酸	2,4 - D		50
2	2,4 - 二氯苯氧丁酸	2,4 - DB		50
3	乙酰甲胺磷	Acephate		10
4	啶虫脒	Acetamiprid		10
5	S - 甲基苯并[1,2,3]噻二唑 - 7 - 硫代羧酸酯	Acibenzolar - S - methyl		20
6	甲草胺	Alachlor		20
7	阿苯达唑	Albendazole	100	

序号	药品中文名称	药品英文名称	中国限量	日本限量
8	唑嘧菌胺	Ametoctradin		30
9	阿莫西林	Amoxicillin	50	50
10	氨苄西林	Ampicillin	50	50
11	氨丙啉	Amprolium		500
12	阿特拉津	Atrazine		20
13	阿维拉霉素	Avilamycin		200
14	嘧菌酯	Azoxystrobin		10
15	杆菌肽	Bacitracin	500	500
16	苯霜灵	Benalaxyl		500
17	恶虫威	Bendiocarb		50
18	苯菌灵	Benomyl		90
19	苯达松	Bentazone		50
20	苯并烯氟菌唑	Benzovindiflupyr		10
21	青霉素	Benzylpenicillin	50	
22	倍他米松	Betamethasone		不得检出
23	联苯肼酯	Bifenazate		10
24	联苯菊酯	Bifenthrin		50
25	生物苄呋菊酯	Bioresmethrin		500
26	联苯三唑醇	Bitertanol		10
27	联苯吡菌胺	Bixafen		20
28	啶酰菌胺	Boscalid		20
29	溴鼠灵	Brodifacoum		1
30	溴化物	Bromide		50000
31	溴螨酯	Bromopropylate		50
32	溴苯腈	Bromoxynil		60
33	溴替唑仑	Brotizolam		不得检出
34	氟丙嘧草酯	Butafenacil		10
35	斑蝥黄	Canthaxanthin		100
36	多菌灵	Carbendazim		90
37	三唑酮草酯	Carfentrazone – ethyl		50
38	氯虫苯甲酰胺	Chlorantraniliprole		20
39	氯丹	Chlordane		80
40	虫螨腈	Chlorfenapyr		10
41	氟啶脲	Chlorfluazuron		20
42	氯地孕酮	Chlormadinone		2

续表

序号	药品中文名称	药品英文名称	中国限量	日本限量
43	矮壮素	Chlormequat		50
44	百菌清	Chlorothalonil		10
45	毒死蜱	Chlorpyrifos		10
46	甲基毒死蜱	Chlorpyrifos – methyl		300
47	金霉素	Chlortetracycline	200	200
48	氯酞酸二甲酯	Chlorthal – dimethyl		50
49	克伦特罗	Clenbuterol		不得检出
50	烯草酮	Clethodim		200
51	炔草酸	Clodinafop – propargyl		50
52	四螨嗪	Clofentezine		50
53	氯羟吡啶	Clopidol		5000
54	二氯吡啶酸	Clopyralid		100
55	解毒喹	Cloquintocet – mexyl		100
56	氯司替勃	Clostebol		0.5
57	噻虫胺	Clothianidin		20
58	氯唑西林	Cloxacillin	300	300
59	黏菌素	Colistin		150
60	溴氰虫酰胺	Cyantraniliprole		20
61	氟氯氰菊酯	Cyfluthrin		200
62	三氟氯氰菊酯	Cyhalothrin		20
63	氯氰菊酯	Cypermethrin		50
64	环唑醇	Cyproconazole		10
65	嘧菌环胺	Cyprodinil		10
66	环丙氨嗪	Cyromazine	50 ▲	100
67	达氟沙星	Danofloxacin	200	
68	滴滴涕	DDT		300
69	溴氰菊酯	Deltamethrin		100
70	地塞米松	Dexamethasone		不得检出
71	丁醚脲	Diafenthiuron		20
72	二丁基羟基甲苯	Dibutylhydroxytoluene		50
73	麦草畏	Dicamba		20
74	敌敌畏	Dichlorvos		50
75	地克珠利	Diclazuril	500	500
76	禾草灵	Diclofop – methyl		50
77	双氯西林	Dicloxacillin		300

序号	药品中文名称	药品英文名称	中国限量	日本限量
78	三氯杀螨醇	Dicofol		100
79	苯醚甲环唑	Difenoconazole		10
80	野燕枯	Difenzoquat		50
81	二氟沙星	Difloxacin	300	
82	敌灭灵	Diflubenzuron		50
83	双氢链霉素	Dihydrostreptmiycin		500
84	二甲吩草胺	Dimethenamid		10
85	落长灵	Dimethipin		10
86	乐果	Dimethoate		50
87	烯酰吗啉	Dimethomorph		10
88	二硝托胺	Dinitolmide		3000
89	呋虫胺	Dinotefuran		20
90	二苯胺	Diphenylamine		10
91	驱蝇啶	Dipropyl isocinchomeronate		4
92	敌草快	Diquat		10
93	乙拌磷	Disulfoton		20
94	二噻农	Dithianon		10
95	二嗪农	Dithiocarbamates		100
96	多西环素	Doxycycline	100	
97	甲氨基阿维菌素苯甲酸盐	Emamectin benzoate		0.5
98	硫丹	Endosulfan		100
99	安特灵	Endrin		50
100	恩诺沙星	Enrofloxacin	100	50●
101	氟环唑	Epoxiconazole		10
102	茵草敌	Eptc		50
103	红霉素	Erythromycin	200	100●
104	胺苯磺隆	Ethametsulfuron – methyl		20
105	乙烯利	Ethephon		100
106	乙氧酰胺苯甲酯	Ethopabate		5000
107	乙氧基喹啉	Ethoxyquin		100
108	1,2 – 二氯乙烷	Ethylene dichloride		100
109	醚菊酯	Etofenprox		20
110	乙螨唑	Etoxazole		10
111	氯唑灵	Etridiazole		100
112	恶唑菌酮	Famoxadone		10

续表

序号	药品中文名称	药品英文名称	中国限量	日本限量
113	苯线磷	Fenamiphos		10
114	氯苯嘧啶醇	Fenarimol		20
115	芬苯达唑	Fenbendazole	50▲	2000
116	腈苯唑	Fenbuconazole		10
117	苯丁锡	Fenbutatin oxide		80
118	杀螟松	Fenitrothion		50
119	噁唑禾草灵	Fenoxaprop – ethyl		10
120	甲氰菊酯	Fenpropathrin		10
121	丁苯吗啉	Fenpropimorph		10
122	倍硫磷	Fenthion	100	
123	羟基三苯基锡	Fentin		50
124	氰戊菊酯	Fenvalerate		10
125	氟虫腈	Fipronil		10
126	氟啶虫酰胺	Flonicamid		100
127	氟苯尼考	Florfenicol	100	
128	吡氟禾草隆	Fluazifop – butyl		40
129	氟苯达唑	Flubendazole	200	200
130	氟苯虫酰胺	Flubendiamide		10
131	氟氰菊酯	Flucythrinate		50
132	咯菌腈	Fludioxonil		10
133	氟砜灵	Fluensulfone		10
134	氟烯草酸	Flumiclorac – pentyl		10
135	氟吡菌胺	Fluopicolide		10
136	氟吡菌酰胺	Fluopyram		500
137	氟嘧啶	Flupyrimin		30
138	氟喹唑	Fluquinconazole		20
139	氟草定	Fluroxypyr		50
140	氟硅唑	Flusilazole		200
141	氟酰胺	Flutolanil		50
142	粉唑醇	Flutriafol		50
143	氟胺氰菊酯	Fluvalinate	10	
144	氟唑菌酰胺	Fluxapyroxad		20
145	草胺膦	Glufosinate		50
146	4,5 – 二甲酰胺咪唑	Glycalpyramide		30
147	草甘膦	Glyphosate		50

序号	药品中文名称	药品英文名称	中国限量	日本限量
148	常山酮	Halofuginone		50
149	吡氟氯禾灵	Haloxyfop		10
150	六氯苯	Hexachlorobenzene		200
151	噻螨酮	Hexythiazox		50
152	磷化氢	Hydrogen phosphide		10
153	抑霉唑	Imazalil		20
154	铵基咪草啶酸	Imazamox – ammonium		10
155	甲咪唑烟酸	Imazapic		10
156	灭草烟	Imazapyr		10
157	咪草烟铵盐	Imazethapyr ammonium		100
158	吡虫啉	Imidacloprid		20
159	茚虫威	Indoxacarb		10
160	碘甲磺隆	Iodosulfuron – methyl		10
161	2－[(7,8－二氟－2－甲基－3－喹啉基)氧基]－6－氟－A,A－二甲基苯甲醇	Ipflufenoquin		10
162	异菌脲	Iprodione		500
163	异丙噻菌胺	Isofetamid		10
164	吡唑萘菌胺	Isopyrazam		10
165	异噁唑草酮	Isoxaflutole		10
166	卡那霉素	Kanamycin	100	
167	吉他霉素	Kitasamycin	200	
168	醚菌酯	Kresoxim – methyl		50
169	拉沙洛西	Lasalocid		100
170	左旋咪唑	Levamisole	10	10
171	林可霉素	Lincomycin	200	
172	林丹	Lindane		700
173	利谷隆	Linuron		50
174	虱螨脲	Lufenuron		10
175	马度米星	Maduramicin		100
176	马拉硫磷	Malathion	4000	
177	2－甲基－4－氯苯氧基乙酸	Mcpa		50
178	2－甲基－4－氯戊氧基丙酸	Mecoprop		50
179	精甲霜灵	Mefenoxam		50
180	氯氟醚菌唑	Mefentrifluconazole		10
181	醋酸美伦孕酮	Melengestrol acetate		不得检出

续表

序号	药品中文名称	药品英文名称	中国限量	日本限量
182	缩节胺	Mepiquat – chloride		50
183	甲磺胺磺隆	Mesosulfuron – methyl		10
184	氰氟虫腙	Metaflumizone		30
185	甲霜灵	Metalaxyl		50
186	甲胺磷	Methamidophos		10
187	杀扑磷	Methidathion		20
188	灭多威	Methomyl（Thiodicarb）		20
189	烯虫酯	Methoprene		100
190	甲氧滴滴涕	Methoxychlor		10
191	甲氧虫酰肼	Methoxyfenozide		10
192	嗪草酮	Metribuzin		400
193	莫能菌素	Monensin	10	10
194	腈菌唑	Myclobutanil		10
195	萘夫西林	Nafcillin		5
196	二溴磷	Naled		50
197	甲基盐霉素	Narasin		20
198	新霉素	Neomycin	500	500
199	尼卡巴嗪	Nicarbazin		500
200	硝苯砷酸	Nitarsone		500
201	硝碘酚腈	Nitroxynil		1000
202	诺孕美特	Norgestomet		0.1
203	氟酰脲	Novaluron		100
204	氧乐果	Omethoate		50
205	奥美普林	Ormetoprim		100
206	苯唑西林	Oxacillin	300	
207	杀线威	Oxamyl		20
208	氟噻唑吡乙酮	Oxathiapiprolin		10
209	2 –［3 –（乙基磺酰基）– 2 – 吡啶基］– 5 – ［（三氟甲基）磺酰基］苯并［d］恶唑	Oxazosulfyl		10
210	奥芬达唑、非班太尔	Oxfendazole，Febantel		2000
211	土霉素	Oxytetracycline	200	200
212	砜吸磷	Oxydemeton – methyl		20
213	乙氧氟草醚	Oxyfluorfen		10
214	百草枯	Paraquat		50
215	对硫磷	Parathion		50

序号	药品中文名称	药品英文名称	中国限量	日本限量
216	戊菌唑	Penconazole		50
217	吡噻菌胺	Penthiopyrad		30
218	氯菊酯	Permethrin		100
219	甲拌磷	Phorate		50
220	毒莠定	Picloram		50
221	啶氧菌酯	Picoxystrobin		10
222	杀鼠酮	Pindone		1
223	唑啉草酯	Pinoxaden		60
224	增效醚	Piperonyl butoxide		3000
225	抗蚜威	Pirimicarb		100
226	甲基嘧啶磷	Pirimiphos – methyl		10
227	普鲁卡因青霉素	Procaine benzylpenicillin	50	
228	咪鲜胺	Prochloraz		50
229	丙溴磷	Profenofos		50
230	霜霉威	Propamocarb		10
231	敌稗	Propanil		10
232	克螨特	Propargite		100
233	丙环唑	Propiconazole		40
234	残杀威	Propoxur		50
235	氟磺隆	Prosulfuron		50
236	丙硫菌唑	Prothioconazol		10
237	吡唑醚菌酯	Pyraclostrobin		50
238	磺酰草吡唑	Pyrasulfotole		20
239	除虫菊酯	Pyrethrins		200
240	哒草特	Pyridate		200
241	二氯喹啉酸	Quinclorac		50
242	喹氧灵	Quinoxyfen		10
243	五氯硝基苯	Quintozene		10
244	喹禾灵	Quizalofop – ethyl		20
245	糖草酯	Quizalofop – P – tefuryl		20
246	苄呋菊酯	Resmethrin		100
247	氯苯胍	Robenidine	100 ▲	1000
248	洛克沙胂	Roxarsone		500
249	盐霉素	Salinomycin		20
250	沙拉沙星	Sarafloxacin		10

序号	药品中文名称	药品英文名称	中国限量	日本限量
251	氟唑环菌胺	Sedaxane		10
252	烯禾啶	Sethoxydim		100
253	氟硅菊酯	Silafluofen		100
254	西玛津	Simazine		20
255	大观霉素	Spectinomycin		500
256	乙基多杀菌素	Spinetoram		10
257	多杀菌素	Spinosad		100
258	链霉素	Streptmnycin		500
259	磺胺嘧啶	Sulfadiazine		100
260	磺胺二甲氧嗪	Sulfadimethoxine		100
261	磺胺二甲嘧啶	Sulfamethazine	100	100
262	磺胺喹恶啉	Sulfaquinoxaline		100
263	磺胺噻唑	Sulfathiazole		100
264	磺胺类	Sulfonamides	100	
265	磺酰磺隆	Sulfosulfuron		5
266	氟啶虫胺腈	Sulfoxaflor		100
267	戊唑醇	Tebuconazole		50
268	虫酰肼	Tebufenozide		20
269	四氯硝基苯	Tecnazene		50
270	氟苯脲	Teflubenzuron		10
271	七氟菊酯	Tefluthrin		1
272	得杀草	Tepraloxydim		100
273	特丁磷	Terbufos		50
274	氟醚唑	Tetraconazole		20
275	四环素	Tetracycline	200	200
276	噻菌灵	Thiabendazole		50
277	噻虫啉	Thiacloprid		20
278	噻虫嗪	Thiamethoxam		10
279	甲砜霉素	Thiamphenicol	50	
280	噻呋酰胺	Thifluzamide		20
281	禾草丹	Thiobencarb		30
282	硫菌灵	Thiophanate		90
283	甲基硫菌灵	Thiophanate – methyl		90
284	噻酰菌胺	Tiadinil		10
285	泰妙菌素	Tiamulin		100

序号	药品中文名称	药品英文名称	中国限量	日本限量
286	替米考星	Tilmicosin		70
287	3－苯基－5－（噻吩－2－基）－[1,2,4]噁二唑	Tioxazafen		20
288	托曲珠利	Toltrazuril	100▲	500
289	四溴菊酯	Tralomethrin		100
290	群勃龙醋酸酯	Trenbolone acetate		不得检出
291	三唑酮	Triadimefon		50
292	三唑醇	Triadimenol		50
293	野麦畏	Triallate		100
294	敌百虫	Trichlorfone		50
295	三氯吡氧乙酸	Triclopyr		100
296	十三吗啉	Tridemorph		50
297	肟菌酯	Trifloxystrobin		40
298	氟菌唑	Triflumizole		20
299	杀铃脲	Triflumuron		10
300	甲氧苄啶	Trimethoprim	50	50
301	灭菌唑	Triticonazole		50
302	乙烯菌核利	Vinclozolin		100
303	维吉尼亚霉素	Virginiamycin	100	100
304	华法林	Warfarin		1
305	玉米赤霉醇	Zeranol		2

5.1.3　中国与欧盟

中国与欧盟关于鹌鹑肌肉兽药残留限量标准比对情况见表5－1－3。该表显示，中国与欧盟关于鹌鹑肌肉涉及的兽药残留限量指标共有45项。其中，中国对阿苯达唑（Albendazole）等35种兽药残留规定了限量，欧盟对阿莫西林（Amoxicillin）等28种兽药残留规定了限量；有17项指标中国与欧盟相同，氟苯达唑（Flubendazole）的指标欧盟严于中国；有17项指标中国已制定而欧盟未制定，10项指标欧盟已制定而中国未制定。

表5－1－3　中国与欧盟鹌鹑肌肉兽药残留限量标准比对　　　　单位：μg/kg

序号	药品中文名称	药品英文名称	中国限量	欧盟限量
1	阿苯达唑	Albendazole	100	
2	阿莫西林	Amoxicillin	50	50
3	氨苄西林	Ampicillin	50	50
4	阿维拉霉素	Avilamycin		50

续表

序号	药品中文名称	药品英文名称	中国限量	欧盟限量
5	青霉素	Benzylpenicillin	50	50
6	金霉素	Chlortetracycline	200	
7	氯唑西林	Cloxacillin	300	300
8	黏菌素	Colistin		150
9	环丙氨嗪	Cyromazine	50	
10	达氟沙星	Danofloxacin	200	200
11	地克珠利	Diclazuril	500	
12	双氯西林	Dicloxacillin		300
13	二氟沙星	Difloxacin	300	300
14	多西环素	Doxycycline	100	100
15	恩诺沙星	Enrofloxacin	100	100
16	红霉素	Erythromycin	200	200
17	芬苯达唑	Fenbendazole	50	
18	倍硫磷	Fenthion	100	
19	氟苯尼考	Florfenicol	100	100
20	氟苯达唑	Flubendazole	200	50●
21	氟甲喹	Flumequine		400
22	氟胺氰菊酯	Fluvalinate	10	
23	卡那霉素	Kanamycin	100	100
24	吉他霉素	Kitasamycin	200	
25	拉沙洛西	Lasalocid		20
26	左旋咪唑	Levamisole	10	10
27	林可霉素	Lincomycin	200	
28	马拉硫磷	Malathion	4000	
29	莫能菌素	Monensin	10	
30	新霉素	Neomycin	500	500
31	苯唑西林	Oxacillin	300	300
32	噁喹酸	Oxolinic acid		100
33	土霉素	Oxytetracycline	200	
34	巴龙霉素	Paromomycin		500
35	苯氧甲基青霉素	Phenoxymethylpenicillin		25
36	普鲁卡因青霉素	Procaine benzylpenicillin	50	50
37	磺胺二甲嘧啶	Sulfamethazine	100	
38	磺胺类	Sulfonamides	100	

续表

序号	药品中文名称	药品英文名称	中国限量	欧盟限量
39	四环素	Tetracycline	200	
40	甲砜霉素	Thiamphenicol	50	50
41	替米考星	Tilmicosin		75
42	托曲珠利	Toltrazuril	100	100
43	甲氧苄啶	Trimethoprim	50	
44	泰乐菌素	Tylosin		100
45	维吉尼亚霉素	Virginiamycin	100	

5.1.4 中国与CAC

中国与CAC关于鹌鹑肌肉兽药残留限量标准比对情况见表5-1-4。该表显示，中国与CAC关于鹌鹑肌肉涉及的兽药残留限量指标共有34项。其中，中国对阿苯达唑（Albendazole）等34种兽药残留规定了限量，CAC对金霉素（Chlortetracycline）等9种兽药残留规定了限量且这9项指标与中国相同；有25项指标中国已制定而CAC未制定。

表5-1-4　中国与CAC鹌鹑肌肉兽药残留限量标准比对　　　单位：μg/kg

序号	药品中文名称	药品英文名称	中国限量	CAC限量
1	阿苯达唑	Albendazole	100	100
2	阿莫西林	Amoxicillin	50	
3	氨苄西林	Ampicillin	50	
4	青霉素	Benzylpenicillin	50	
5	金霉素	Chlortetracycline	200	200
6	氯唑西林	Cloxacillin	300	
7	环丙氨嗪	Cyromazine	50	
8	达氟沙星	Danofloxacin	200	
9	地克珠利	Diclazuril	500	500
10	二氟沙星	Difloxacin	300	
11	多西环素	Doxycycline	100	
12	恩诺沙星	Enrofloxacin	100	
13	芬苯达唑	Fenbendazole	50	
14	倍硫磷	Fenthion	100	
15	氟苯尼考	Florfenicol	100	
16	氟苯达唑	Flubendazole	200	200
17	氟胺氰菊酯	Fluvalinate	10	
18	卡那霉素	Kanamycin	100	
19	吉他霉素	Kitasamycin	200	

续表

序号	药品中文名称	药品英文名称	中国限量	CAC限量
20	左旋咪唑	Levamisole	10	10
21	林可霉素	Lincomycin	200	
22	马拉硫磷	Malathion	4000	
23	莫能菌素	Monensin	10	10
24	新霉素	Neomycin	500	
25	苯唑西林	Oxacillin	300	
26	土霉素	Oxytetracycline	200	200
27	普鲁卡因青霉素	Procaine benzylpenicillin	50	
28	磺胺二甲嘧啶	Sulfamethazine	100	100
29	磺胺类	Sulfonamides	100	
30	四环素	Tetracycline	200	200
31	甲砜霉素	Thiamphenicol	50	
32	托曲珠利	Toltrazuril	100	
33	甲氧苄啶	Trimethoprim	50	
34	维吉尼亚霉素	Virginiamycin	100	

5.1.5　中国与美国

中国与美国关于鹌鹑肌肉兽药残留限量标准比对情况见表 5 - 1 - 5。该表显示，中国与美国关于鹌鹑肌肉涉及的兽药残留限量指标共有 42 项。其中，中国对阿苯达唑（Albendazole）等 34 种兽药残留规定了限量，美国对阿苯达唑（Albendazole）等 12 种兽药残留规定了限量；维吉尼亚霉素（Virginiamycin）的指标两国相同，阿苯达唑（Albendazole）、阿莫西林（Amoxicillin）、氨苄西林（Ampicillin）3 项指标美国严于中国；有 30 项指标中国已制定而美国未制定，8 项指标美国已制定而中国未制定。

表 5 - 1 - 5　中国与美国鹌鹑肌肉兽药残留限量标准比对　　　单位：µg/kg

序号	药品中文名称	药品英文名称	中国限量	美国限量
1	阿苯达唑	Albendazole	100	50 ●●
2	阿莫西林	Amoxicillin	50	10 ●●
3	氨苄西林	Ampicillin	50	10 ●●
4	青霉素	Benzylpenicillin	50	
5	头孢噻呋	Ceftiofur		100
6	金霉素	Chlortetracycline	200	
7	氯舒隆	Clorsulon		100
8	氯唑西林	Cloxacillin	300	
9	环丙氨嗪	Cyromazine	50	

序号	药品中文名称	药品英文名称	中国限量	美国限量
10	达氟沙星	Danofloxacin	200	
11	地克珠利	Diclazuril	500	
12	二氟沙星	Difloxacin	300	
13	多西环素	Doxycycline	100	
14	恩诺沙星	Enrofloxacin	100	
15	芬苯达唑	Fenbendazole	50	
16	芬前列林	Fenprostalene		10
17	倍硫磷	Fenthion	100	
18	氟苯尼考	Florfenicol	100	
19	氟苯达唑	Flubendazole	200	
20	氟胺氰菊酯	Fluvalinate	10	
21	卡那霉素	Kanamycin	100	
22	吉他霉素	Kitasamycin	200	
23	左旋咪唑	Levamisole	10	
24	林可霉素	Lincomycin	200	
25	马拉硫磷	Malathion	4000	
26	莫能菌素	Monensin	10	
27	莫西菌素	Moxidectin		50
28	新霉素	Neomycin	500	
29	苯唑西林	Oxacillin	300	
30	土霉素	Oxytetracycline	200	
31	吡利霉素	Pirlimycin		300
32	普鲁卡因青霉素	Procaine benzylpenicillin	50	
33	黄体酮	Progesterone		3
34	酒石酸噻吩嘧啶	Pyrantel tartrate		1000
35	磺胺二甲嘧啶	Sulfamethazine	100	
36	磺胺类	Sulfonamides	100	
37	丙酸睾酮	Testosterone propionate		0.64
38	四环素	Tetracycline	200	
39	甲砜霉素	Thiamphenicol	50	
40	托曲珠利	Toltrazuril	100	
41	甲氧苄啶	Trimethoprim	50	
42	维吉尼亚霉素	Virginiamycin	100	100

5.2　鹌鹑脂肪的兽药残留限量

5.2.1　中国与韩国

中国与韩国关于鹌鹑脂肪兽药残留限量标准比对情况见表 5-2-1。该表显示，中国与韩国关于鹌鹑脂肪涉及的兽药残留限量指标共有 57 项。其中，中国对阿苯达唑（Albendazole）等 31 种兽药残留制定了限量指标，韩国对阿莫西林（Amoxicillin）等 42 种兽药残留制定了限量指标；有 12 项指标两国相同，多西环素（Doxycyclin）等 4 项指标韩国严于中国；有 15 项指标中国已制定而韩国未制定，26 项指标韩国已制定而中国未制定。

表 5-2-1　中国与韩国鹌鹑脂肪兽药残留限量标准比对　　　　单位：µg/kg

序号	药品中文名称	药品英文名称	中国限量	韩国限量
1	阿苯达唑	Albendazole	100	
2	阿莫西林	Amoxicillin	50	50
3	氨苄西林	Ampicillin	50	
4	氨丙啉	Amprolium		500
5	安普霉素	Apramycin		200
6	杆菌肽	Bacitracin	500	500
7	氯羟吡啶	Clopidol		5000
8	氯唑西林	Cloxacillin	300	300
9	黏菌素	Colistin		150
10	氟氯氰菊酯	Cyfluthrin		20
11	环丙氨嗪	Cyromazine	50	
12	达氟沙星	Danofloxacin	100	100
13	癸氧喹酯	Decoquinate		2000
14	溴氰菊酯	Deltamethrin		50
15	敌菌净	Diaveridine		50
16	地克珠利	Diclazuril	1000	
17	双氯西林	Dicloxacillin		300
18	二氟沙星	Difloxacin	400	400
19	多西环素	Doxycycline	300	100 ●
20	恩诺沙星	Enrofloxacin	100	100
21	红霉素	Erythromycin	200	100 ●
22	芬苯达唑	Fenbendazole	50	
23	倍硫磷	Fenthion	100	
24	氟苯尼考	Florfenicol	200	200

序号	药品中文名称	药品英文名称	中国限量	韩国限量
25	氟甲喹	Flumequine		300
26	氟胺氰菊酯	Fluvalinate	10	
27	庆大霉素	Gentamicin		100
28	匀霉素	Hygromycin		50
29	交沙霉素	Josamycin		40
30	卡那霉素	Kanamycin	100	100
31	吉他霉素	Kitasamycin		200
32	拉沙洛西	Lasalocid		20
33	左旋咪唑	Levamisole	10	
34	林可霉素	Lincomycin	100	100
35	马度米星	Maduramycin		400
36	马拉硫磷	Malathion	4000	
37	甲苯咪唑	Mebendazole		60
38	莫能菌素	Monensin	100	50 ●
39	甲基盐霉素	Narasin		500
40	新霉素	Neomycin	500	
41	尼卡巴嗪	Nycarbazine		200
42	苯唑西林	Oxacillin	300	
43	哌嗪	Piperazine		100
44	氯苯胍	Robenidine	200	200
45	盐霉素	Salinomycin		400
46	沙拉沙星	Sarafloxacin		500
47	赛杜霉素	Semduramicin		500
48	链霉素	Streptmnycin		600
49	磺胺二甲嘧啶	Sulfamethazine	100	
50	磺胺类	Sulfonamides	100	
51	甲砜霉素	Thiamphenicol	50	
52	泰妙菌素	Tiamulin		100
53	托曲珠利	Toltrazuril	200	200
54	甲氧苄啶	Trimethoprim	50	50
55	泰乐菌素	Tylosin		100
56	泰万菌素	Tylvalosin	50	
57	维吉尼亚霉素	Virginiamycin	400	200 ●

5.2.2　中国与日本

中国与日本关于鹌鹑脂肪兽药残留限量标准比对情况见表 5 – 2 – 2。该表显示，中国与日本关于鹌鹑脂肪涉及的兽药残留限量指标共有 305 项。其中，中国对阿苯达唑（Albendazole）等 31 种兽药残留规定了限量，日本对乙酰甲胺磷（Acephate）等 291 种兽药残留规定了限量；有 11 项指标两国相同，氯苯胍（Robenidine）、托曲珠利（Toltrazuril）2 项指标中国严于日本，恩诺沙星（Enrofloxacin）等 4 项指标日本严于中国；有 14 项指标中国已制定而日本未制定，274 项指标日本已制定而中国未制定。

表 5 – 2 – 2　中国与日本鹌鹑脂肪兽药残留限量标准比对　　　　单位：μg/kg

序号	药品中文名称	药品英文名称	中国限量	日本限量
1	2,4 – 二氯苯氧乙酸	2,4 – D		50
2	2,4 – 二氯苯氧丁酸	2,4 – DB		50
3	乙酰甲胺磷	Acephate		100
4	啶虫脒	Acetamiprid		10
5	S – 甲基苯并[1,2,3]噻二唑 – 7 – 硫代羧酸酯	Acibenzolar – S – methyl		20
6	甲草胺	Alachlor		20
7	阿苯达唑	Albendazole	100	
8	艾氏剂	Aldrin		200
9	唑嘧菌胺	Ametoctradin		30
10	阿莫西林	Amoxicillin	50	50
11	氨苄西林	Ampicillin	50	50
12	氨丙啉	Amprolium		500
13	阿特拉津	Atrazine		20
14	阿维拉霉素	Avilamycin		200
15	嘧菌酯	Azoxystrobin		10
16	杆菌肽	Bacitracin	500	500
17	苯霜灵	Benalaxyl		500
18	恶虫威	Bendiocarb		50
19	苯菌灵	Benomyl		90
20	苯达松	Bentazone		50
21	苯并烯氟菌唑	Benzovindiflupyr		10
22	倍他米松	Betamethasone		不得检出
23	联苯肼酯	Bifenazate		10
24	联苯菊酯	Bifenthrin		50
25	生物苄呋菊酯	Bioresmethrin		500
26	联苯三唑醇	Bitertanol		50
27	联苯吡菌胺	Bixafen		50

序号	药品中文名称	药品英文名称	中国限量	日本限量
28	啶酰菌胺	Boscalid		20
29	溴鼠灵	Brodifacoum		1
30	溴化物	Bromide		50000
31	溴螨酯	Bromopropylate		50
32	溴苯腈	Bromoxynil		50
33	溴替唑仑	Brotizolam		不得检出
34	氟丙嘧草酯	Butafenacil		10
35	斑蝥黄	Canthaxanthin		100
36	多菌灵	Carbendazim		90
37	三唑酮草酯	Carfentrazone – ethyl		50
38	氯虫苯甲酰胺	Chlorantraniliprole		80
39	氯丹	Chlordane		500
40	虫螨腈	Chlorfenapyr		10
41	氟啶脲	Chlorfluazuron		200
42	氯地孕酮	Chlormadinone		2
43	矮壮素	Chlormequat		50
44	百菌清	Chlorothalonil		10
45	毒死蜱	Chlorpyrifos		10
46	甲基毒死蜱	Chlorpyrifos – methyl		200
47	金霉素	Chlortetracycline		200
48	氯酞酸二甲酯	Chlorthal – dimethyl		50
49	克伦特罗	Clenbuterol		不得检出
50	烯草酮	Clethodim		200
51	炔草酸	Clodinafop – propargyl		50
52	四螨嗪	Clofentezine		50
53	氯羟吡啶	Clopidol		5000
54	二氯吡啶酸	Clopyralid		100
55	解毒喹	Cloquintocet – mexyl		100
56	氯司替勃	Clostebol		0.5
57	噻虫胺	Clothianidin		20
58	氯唑西林	Cloxacillin	300	300
59	黏菌素	Colistin		150
60	溴氰虫酰胺	Cyantraniliprole		40
61	氟氯氰菊酯	Cyfluthrin		1000
62	三氟氯氰菊酯	Cyhalothrin		300

续表

序号	药品中文名称	药品英文名称	中国限量	日本限量
63	氯氰菊酯	Cypermethrin		100
64	环唑醇	Cyproconazole		10
65	嘧菌环胺	Cyprodinil		10
66	环丙氨嗪	Cyromazine	50	50
67	达氟沙星	Danofloxacin	100	
68	滴滴涕	DDT		2000
69	溴氰菊酯	Deltamethrin		500
70	地塞米松	Dexamethasone		不得检出
71	丁醚脲	Diafenthiuron		20
72	二丁基羟基甲苯	Dibutylhydroxytoluene		3000
73	麦草畏	Dicamba		40
74	敌敌畏	Dichlorvos		50
75	地克珠利	Diclazuril	1000	1000
76	禾草灵	Diclofop – methyl		50
77	双氯西林	Dicloxacillin		300
78	三氯杀螨醇	Dicofol		100
79	狄氏剂	Dieldrin		200
80	苯醚甲环唑	Difenoconazole		10
81	野燕枯	Difenzoquat		50
82	二氟沙星	Difloxacin	400	
83	敌灭灵	Diflubenzuron		50
84	双氢链霉素	Dihydrostreptmiycin		500
85	二甲吩草胺	Dimethenamid		10
86	落长灵	Dimethipin		10
87	乐果	Dimethoate		50
88	烯酰吗啉	Dimethomorph		10
89	二硝托胺	Dinitolmide		3000
90	呋虫胺	Dinotefuran		20
91	二苯胺	Diphenylamine		10
92	驱蝇啶	Dipropyl isocinchomeronate		4
93	敌草快	Diquat		10
94	乙拌磷	Disulfoton		20
95	二噻农	Dithianon		10
96	二嗪农	Dithiocarbamates		30
97	多西环素	Doxycycline	300	

续表

序号	药品中文名称	药品英文名称	中国限量	日本限量
98	甲氨基阿维菌素苯甲酸盐	Emamectin benzoate		0.5
99	硫丹	Endosulfan		200
100	安特灵	Endrin		100
101	恩诺沙星	Enrofloxacin	100	50●
102	氟环唑	Epoxiconazole		10
103	茵草敌	Eptc		50
104	红霉素	Erythromycin	200	100●
105	胺苯磺隆	Ethametsulfuron - methyl		20
106	乙烯利	Ethephon		50
107	乙氧酰胺苯甲酯	Ethopabate		5000
108	乙氧基喹啉	Ethoxyquin		7000
109	1,2 - 二氯乙烷	Ethylene dichloride		100
110	醚菊酯	Etofenprox		1000
111	乙螨唑	Etoxazole		200
112	氯唑灵	Etridiazole		100
113	恶唑菌酮	Famoxadone		10
114	非班太尔	Febantel		10
115	苯线磷	Fenamiphos		10
116	氯苯嘧啶醇	Fenarimol		20
117	芬苯达唑	Fenbendazole	50	10●
118	腈苯唑	Fenbuconazole		10
119	苯丁锡	Fenbutatin oxide		80
120	杀螟松	Fenitrothion		400
121	噁唑禾草灵	Fenoxaprop - ethyl		10
122	甲氰菊酯	Fenpropathrin		10
123	丁苯吗啉	Fenpropimorph		10
124	倍硫磷	Fenthion	100	
125	羟基三苯基锡	Fentin		50
126	氰戊菊酯	Fenvalerate		10
127	氟虫腈	Fipronil		20
128	氟啶虫酰胺	Flonicamid		50
129	氟苯尼考	Florfenicol	200	
130	吡氟禾草隆	Fluazifop - butyl		40
131	氟苯达唑	Flubendazole		50
132	氟苯虫酰胺	Flubendiamide		50

续表

序号	药品中文名称	药品英文名称	中国限量	日本限量
133	氟氰菊酯	Flucythrinate		50
134	咯菌腈	Fludioxonil		50
135	氟砜灵	Fluensulfone		10
136	氟烯草酸	Flumiclorac – pentyl		10
137	氟吡菌胺	Fluopicolide		10
138	氟吡菌酰胺	Fluopyram		500
139	氟嘧啶	Flupyrimin		40
140	氟喹唑	Fluquinconazole		20
141	氟草定	Fluroxypyr		50
142	氟硅唑	Flusilazole		200
143	氟酰胺	Flutolanil		50
144	粉唑醇	Flutriafol		50
145	氟胺氰菊酯	Fluvalinate	10	
146	氟唑菌酰胺	Fluxapyroxad		50
147	草胺膦	Glufosinate		50
148	4,5 – 二甲酰胺咪唑	Glycalpyramide		30
149	草甘膦	Glyphosate		50
150	常山酮	Halofuginone		50
151	吡氟氯禾灵	Haloxyfop		10
152	七氯	Heptachlor		200
153	六氯苯	Hexachlorobenzene		600
154	噻螨酮	Hexythiazox		50
155	磷化氢	Hydrogen phosphide		10
156	抑霉唑	Imazalil		20
157	铵基咪草啶酸	Imazamox – ammonium		10
158	甲咪唑烟酸	Imazapic		10
159	灭草烟	Imazapyr		10
160	咪草烟铵盐	Imazethapyr ammonium		100
161	吡虫啉	Imidacloprid		20
162	茚虫威	Indoxacarb		10
163	碘甲磺隆	Iodosulfuron – methyl		10
164	2 – [（7,8 – 二氟 – 2 – 甲基 – 3 – 喹啉基）氧基] – 6 – 氟 – A,A – 二甲基苯甲醇	Ipflufenoquin		30
165	异菌脲	Iprodione		2000
166	异丙噻菌胺	Isofetamid		10

序号	药品中文名称	药品英文名称	中国限量	日本限量
167	吡唑萘菌胺	Isopyrazam		10
168	异噁唑草酮	Isoxaflutole		10
169	卡那霉素	Kanamycin	100	
170	醚菌酯	Kresoxim – methyl		50
171	拉沙洛西	Lasalocid		1000
172	左旋咪唑	Levamisole	10	10
173	林可霉素	Lincomycin	100	
174	林丹	Lindane		100
175	利谷隆	Linuron		50
176	虱螨脲	Lufenuron		200
177	马度米星	Maduramicin		100
178	马拉硫磷	Malathion	4000	
179	2 – 甲基 – 4 – 氯苯氧基乙酸	Mcpa		50
180	2 – 甲基 – 4 – 氯戊氧基丙酸	Mecoprop		50
181	精甲霜灵	Mefenoxam		50
182	氯氟醚菌唑	Mefentrifluconazole		20
183	醋酸美伦孕酮	Melengestrol acetate		不得检出
184	缩节胺	Mepiquat – chloride		50
185	甲磺胺磺隆	Mesosulfuron – methyl		10
186	氰氟虫腙	Metaflumizone		900
187	甲霜	Metalaxyl		50
188	甲胺磷	Methamidophos		10
189	杀扑磷	Methidathion		20
190	灭多威	Methomyl（Thiodicarb）		20
191	烯虫酯	Methoprene		1000
192	甲氧滴滴涕	Methoxychlor		10
193	甲氧虫酰肼	Methoxyfenozide		20
194	嗪草酮	Metribuzin		700
195	莫能菌素	Monensin	100	100
196	腈菌唑	Myclobutanil		10
197	萘夫西林	Nafcillin		5
198	二溴磷	Naled		50
199	甲基盐霉素	Narasin		50
200	新霉素	Neomycin	500	500
201	尼卡巴嗪	Nicarbazin		500

序号	药品中文名称	药品英文名称	中国限量	日本限量
202	硝苯砷酸	Nitarsone		500
203	硝碘酚腈	Nitroxynil		1000
204	诺孕美特	Norgestomet		0.1
205	氟酰脲	Novaluron		500
206	氧乐果	Omethoate		50
207	奥美普林	Ormetoprim		100
208	苯唑西林	Oxacillin	300	
209	杀线威	Oxamyl		20
210	氟噻唑吡乙酮	Oxathiapiprolin		10
211	2－[3－(乙基磺酰基)－2－吡啶基]－5－[(三氟甲基)磺酰基]苯并[d]恶唑	Oxazosulfyl		20
212	奥芬达唑	Oxfendazole		10
213	砜吸磷	Oxydemeton－methyl		20
214	乙氧氟草醚	Oxyfluorfen		200
215	土霉素	Oxytetracycline		200
216	百草枯	Paraquat		50
217	对硫磷	Parathion		50
218	戊菌唑	Penconazole		50
219	吡噻菌胺	Penthiopyrad		30
220	氯菊酯	Permethrin		100
221	甲拌磷	Phorate		50
222	毒莠定	Picloram		50
223	啶氧菌酯	Picoxystrobin		10
224	杀鼠酮	Pindone		1
225	唑啉草酯	Pinoxaden		60
226	增效醚	Piperonyl butoxide		7000
227	抗蚜威	Pirimicarb		100
228	甲基嘧啶磷	Pirimiphos－methyl		100
229	咪鲜胺	Prochloraz		50
230	丙溴磷	Profenofos		50
231	霜霉威	Propamocarb		10
232	敌稗	Propanil		10
233	克螨特	Propargite		100
234	丙环唑	Propiconazole		40
235	残杀威	Propoxur		50

序号	药品中文名称	药品英文名称	中国限量	日本限量
236	氟磺隆	Prosulfuron		50
237	丙硫菌唑	Prothioconazol		10
238	吡唑醚菌酯	Pyraclostrobin		50
239	磺酰草吡唑	Pyrasulfotole		20
240	除虫菊酯	Pyrethrins		200
241	哒草特	Pyridate		200
242	二氯喹啉酸	Quinclorac		50
243	喹氧灵	Quinoxyfen		20
244	五氯硝基苯	Quintozene		10
245	喹禾灵	Quizalofop – ethyl		50
246	糖草酯	Quizalofop – P – tefuryl		50
247	苄蚨菊酯	Resmethrin		100
248	氯苯胍	Robenidine	200 ▲	1000
249	洛克沙胂	Roxarsone		500
250	盐霉素	Salinomycin		200
251	沙拉沙星	Sarafloxacin		20
252	氟唑环菌胺	Sedaxane		10
253	塞霍西丁	Sethoxydim		100
254	氟硅菊酯	Silafluofen		1000
255	西玛津	Simazine		20
256	大观霉素	Spectinomycin		2000
257	乙基多杀菌素	Spinetoram		10
258	多杀菌素	Spinosad		1000
259	链霉素	Streptmnycin		500
260	磺胺嘧啶	Sulfadiazine		100
261	磺胺二甲氧嗪	Sulfadimethoxine		100
262	磺胺二甲嘧啶	Sulfamethazine	100	100
263	磺胺喹恶啉	Sulfaquinoxaline		100
264	磺胺噻唑	Sulfathiazole		100
265	磺胺类	Sulfonamides	100	
266	磺酰磺隆	Sulfosulfuron		5
267	氟啶虫胺腈	Sulfoxaflor		30
268	戊唑醇	Tebuconazole		50
269	虫酰肼	Tebufenozide		20
270	四氯硝基苯	Tecnazene		50

序号	药品中文名称	药品英文名称	中国限量	日本限量
271	氟苯脲	Teflubenzuron		10
272	七氟菊酯	Tefluthrin		1
273	得杀草	Tepraloxydim		100
274	特丁磷	Terbufos		50
275	氟醚唑	Tetraconazole		60
276	四环素	Tetracycline		200
277	噻菌灵	Thiabendazole		100
278	噻虫啉	Thiacloprid		20
279	噻虫嗪	Thiamethoxam		10
280	甲砜霉素	Thiamphenicol	50	
281	噻呋酰胺	Thifluzamide		70
282	禾草丹	Thiobencarb		30
283	硫菌灵	Thiophanate		90
284	甲基硫菌灵	Thiophanate – methyl		90
285	噻酰菌胺	Tiadinil		10
286	泰妙菌素	Tiamulin		100
287	替米考星	Tilmicosin		70
288	3－苯基－5－（噻吩－2－基）－［1,2,4］噁二唑	Tioxazafen		20
289	托曲珠利	Toltrazuril	200 ▲	1000
290	三唑酮	Triadimefon		70
291	三唑醇	Triadimenol		70
292	野麦畏	Triallate		200
293	敌百虫	Trichlorfon		50
294	三氯吡氧乙酸	Triclopyr		80
295	十三吗啉	Tridemorph		50
296	肟菌酯	Trifloxystrobin		40
297	氟菌唑	Triflumizole		20
298	杀铃脲	Triflumuron		100
299	甲氧苄啶	Trimethoprim	50	50
300	灭菌唑	Triticonazole		50
301	泰万菌素	Tylvalosin	50	
302	乙烯菌核利	Vinclozolin		100
303	维吉尼亚霉素	Virginiamycin	400	200 ●
304	华法林	Warfarin		1
305	玉米赤霉醇	Zeranol		2

5.2.3 中国与欧盟

中国与欧盟关于鹌鹑脂肪兽药残留限量标准比对情况见表5-2-3。该表显示，中国与欧盟关于鹌鹑脂肪涉及的兽药残留限量指标共有35项。其中，中国对阿苯达唑（Albendazole）等29种兽药残留规定了限量，欧盟对阿莫西林（Amoxicillin）等22种兽药残留规定了限量；有16项指标中国与欧盟相同，13项指标中国已制定而欧盟未制定，6项指标欧盟已制定而中国未制定。

表5-2-3 中国与欧盟鹌鹑脂肪兽药残留限量标准比对　　　　　单位：μg/kg

序号	药品中文名称	药品英文名称	中国限量	欧盟限量
1	阿苯达唑	Albendazole	100	
2	阿莫西林	Amoxicillin	50	50
3	氨苄西林	Ampicillin	50	50
4	阿维拉霉素	Avilamycin		100
5	青霉素	Benzylpenicillin		50
6	氯唑西林	Cloxacillin	300	300
7	黏菌素	Colistin		150
8	环丙氨嗪	Cyromazine	50	
9	达氟沙星	Danofloxacin	100	100
10	地克珠利	Diclazuril	1000	
11	双氯西林	Dicloxacillin		300
12	二氟沙星	Difloxacin	400	400
13	多西环素	Doxycycline	300	300
14	恩诺沙星	Enrofloxacin	100	100
15	红霉素	Erythromycin	200	200
16	芬苯达唑	Fenbendazole	50	
17	倍硫磷	Fenthion	100	
18	氟苯尼考	Florfenicol	200	200
19	氟胺氰菊酯	Fluvalinate	10	
20	卡那霉素	Kanamycin	100	100
21	左旋咪唑	Levamisole	10	10
22	林可霉素	Lincomycin	100	
23	马拉硫磷	Malathion	4000	
24	莫能菌素	Monensin	100	
25	新霉素	Neomycin	500	500
26	苯唑西林	Oxacillin	300	300
27	噁喹酸	Oxolinic acid		50
28	磺胺二甲嘧啶	Sulfamethazine	100	

续表

序号	药品中文名称	药品英文名称	中国限量	欧盟限量
29	磺胺类	Sulfonamides	100	
30	甲砜霉素	Thiamphenicol	50	50
31	托曲珠利	Toltrazuril	200	200
32	甲氧苄啶	Trimethoprim	50	
33	泰乐菌素	Tylosin		100
34	泰万菌素	Tylvalosin	50	50
35	维吉尼亚霉素	Virginiamycin	400	

5.2.4　中国与 CAC

中国与 CAC 关于鹌鹑脂肪兽药残留限量标准比对情况见表 5-2-4。该表显示，中国与 CAC 关于鹌鹑脂肪涉及的兽药残留限量指标共有 28 项。其中，中国对阿苯达唑（Albendazole）等 28 种兽药残留规定了限量，CAC 对左旋咪唑（Levamisole）等 4 种兽药残留规定了限量且这 4 项指标与中国相同；有 24 项指标中国已制定而 CAC 未制定。

表 5-2-4　中国与 CAC 鹌鹑脂肪兽药残留标准比对　　　　单位：μg/kg

序号	药品中文名称	药品英文名称	中国限量	CAC 限量
1	阿苯达唑	Albendazole	100	100
2	阿莫西林	Amoxicillin	50	
3	氨苄西林	Ampicillin	50	
4	氯唑西林	Cloxacillin	300	
5	环丙氨嗪	Cyromazine	50	
6	达氟沙星	Danofloxacin	100	
7	地克珠利	Diclazuril	1000	
8	二氟沙星	Difloxacin	400	
9	多西环素	Doxycycline	300	
10	恩诺沙星	Enrofloxacin	100	
11	芬苯达唑	Fenbendazole	50	
12	倍硫磷	Fenthion	100	
13	氟苯尼考	Florfenicol	200	
14	氟胺氰菊酯	Fluvalinate	10	
15	卡那霉素	Kanamycin	100	
16	左旋咪唑	Levamisole	10	10
17	林可霉素	Lincomycin	100	
18	马拉硫磷	Malathion	4000	
19	莫能菌素	Monensin	100	100

序号	药品中文名称	药品英文名称	中国限量	CAC限量
20	新霉素	Neomycin	500	
21	苯唑西林	Oxacillin	300	
22	磺胺二甲嘧啶	Sulfamethazine	100	100
23	磺胺类	Sulfonamides	100	
24	甲砜霉素	Thiamphenicol	50	
25	托曲珠利	Toltrazuril	200	
26	甲氧苄啶	Trimethoprim	50	
27	泰万菌素	Tylvalosin	50	
28	维吉尼亚霉素	Virginiamycin	400	

5.2.5　中国与美国

中国与美关于鹌鹑脂肪兽药残留限量标准比对情况见表5-2-5。该表显示，中国与美国关于鹌鹑脂肪涉及的兽药残留限量指标共有31项。其中，中国对阿苯达唑（Albendazole）等28种兽药残留规定了限量，美国对阿莫西林（Amoxicillin）等6种兽药残留规定了限量；维吉尼亚霉素（Virginiamycin）的指标两国相同，阿莫西林（Amoxicillin）、氨苄西林（Ampicillin）2项指标美国严于中国；有25项指标中国已制定而美国未制定，3项指标美国已制定而中国未制定。

表5-2-5　中国与美国鹌鹑脂肪兽药残留限量标准比对　　　单位：μg/kg

序号	药品中文名称	药品英文名称	中国限量	美国限量
1	阿苯达唑	Albendazole	100	
2	阿莫西林	Amoxicillin	50	10●
3	氨苄西林	Ampicillin	50	10●
4	氯唑西林	Cloxacillin	300	
5	环丙氨嗪	Cyromazine	50	
6	达氟沙星	Danofloxacin	100	
7	地克珠利	Diclazuril	1000	
8	二氟沙星	Difloxacin	400	
9	多西环素	Doxycycline	300	
10	恩诺沙星	Enrofloxacin	100	
11	芬苯达唑	Fenbendazole	50	
12	芬前列林	Fenprostalene		40
13	倍硫磷	Fenthion	100	
14	氟苯尼考	Florfenicol	200	
15	氟胺氰菊酯	Fluvalinate	10	

续表

序号	药品中文名称	药品英文名称	中国限量	美国限量
16	卡那霉素	Kanamycin	100	
17	左旋咪唑	Levamisole	10	
18	林可霉素	Lincomycin	100	
19	马拉硫磷	Malathion	4000	
20	莫能菌素	Monensin	100	
21	新霉素	Neomycin	500	
22	苯唑西林	Oxacillin	300	
23	黄体酮	Progesterone		12
24	磺胺二甲嘧啶	Sulfamethazine	100	
25	磺胺类	Sulfonamides	100	
26	丙酸睾酮	Testosterone propionate		2.6
27	甲砜霉素	Thiamphenicol	50	
28	托曲珠利	Toltrazuril	200	
29	甲氧苄啶	Trimethoprim	50	
30	泰万菌素	Tylvalosin	50	
31	维吉尼亚霉素	Virginiamycin	400	400

5.3　鹌鹑肝的兽药残留限量

5.3.1　中国与韩国

中国与韩国关于鹌鹑肝兽药残留限量标准比对情况见表 5 - 3 - 1。该表显示，中国与韩国关于鹌鹑肝涉及的兽药残留限量指标共有 60 项。其中，中国对阿苯达唑（Albendazole）等 34 种兽药残留规定了限量，韩国对阿莫西林（Amoxicillin）等 46 种兽药残留规定了限量；有 8 项指标两国相同，金霉素（Chlortetracycline）等 7 项指标中国严于韩国，二氟沙星（Difloxacin）等 5 项指标韩国严于中国；有 14 项指标中国已制定而韩国未制定，26 项指标韩国已制定而中国未制定。

表 5 - 3 - 1　中国与韩国鹌鹑肝兽药残留限量标准比对　　单位：μg/kg

序号	药品中文名称	药品英文名称	中国限量	韩国限量
1	阿苯达唑	Albendazole	5000	
2	阿莫西林	Amoxicillin	50	50
3	氨苄西林	Ampicillin	50	
4	氨丙啉	Amprolium		1000
5	杆菌肽	Bacitracin	500	500
6	青霉素	Benzylpenicillin	50	
7	金霉素	Chlortetracycline	600▲	1200

续表

序号	药品中文名称	药品英文名称	中国限量	韩国限量
8	氯羟吡啶	Clopidol		20000
9	氯唑西林	Cloxacillin	300	300
10	黏菌素	Colistin		200
11	氟氯氰菊酯	Cyfluthrin		80
12	达氟沙星	Danofloxacin	400	400
13	癸氧喹酯	Decoquinate		2000
14	溴氰菊酯	Deltamethrin		50
15	地塞米松	Dexamethasone		1
16	敌菌净	Diaveridine		50
17	地克珠利	Diclazuril	3000	
18	双氯西林	Dicloxacillin		300
19	二氟沙星	Difloxacin	1900	600●
20	双氢链霉素	Dihydrostreptmiycin		1000
21	多西环素	Doxycycline	300▲	600
22	恩诺沙星	Enrofloxacin	200▲	300
23	红霉素	Erythromycin	200	100●
24	芬苯达唑	Fenbendazole	500	
25	氟苯尼考	Florfenicol	2500	750●
26	氟苯达唑	Flubendazole	500	
27	氟甲喹	Flumequine		1000
28	庆大霉素	Gentamicin		100
29	匀霉素	Hygromycin		50
30	交沙霉素	Josamycin		40
31	卡那霉素	Kanamycin	600▲	2500
32	吉他霉素	Kitasamycin	200	200
33	拉沙洛西	Lasalocid		20
34	左旋咪唑	Levamisole	100	
35	林可霉素	Lincomycin	500	500
36	马度米星	Maduramycin		1000
37	甲苯咪唑	Mebendazole		60
38	莫能菌素	Monensin	10▲	50
39	甲基盐霉素	Narasin		300
40	新霉素	Neomycin	5500	
41	尼卡巴嗪	Nycarbazine		200
42	苯唑西林	Oxacillin	300	

序号	药品中文名称	药品英文名称	中国限量	韩国限量
43	土霉素	Oxytetracycline	600▲	1200
44	哌嗪	Piperazine		100
45	普鲁卡因青霉素	Procaine benzylpenicillin	50	
46	氯苯胍	Robenidine	100	100
47	盐霉素	Salinomycin		500
48	沙拉沙星	Sarafloxacin		50
49	赛杜霉素	Semduramicin		200
50	链霉素	Streptmnycin		1000
51	磺胺二甲嘧啶	Sulfamethazine	100	
52	磺胺类	Sulfonamides	100	
53	四环素	Tetracycline	600▲	1200
54	甲砜霉素	Thiamphenicol	50	
55	泰妙菌素	Tiamulin		100
56	托曲珠利	Toltrazuril	600	400●
57	甲氧苄啶	Trimethoprim	50	50
58	泰乐菌素	Tylosin		100
59	泰万菌素	Tylvalosin	50	
60	维吉尼亚霉素	Virginiamycin	300	200●

5.3.2　中国与日本

中国与日本关于鹌鹑肝兽药残留限量标准比对情况见表 5 - 3 - 2。该表显示，中国与日本关于鹌鹑肝涉及的兽药残留限量指标共有 301 项。其中，中国对阿苯达唑（Albendazole）等 34 种兽药残留规定了限量，日本对乙酰甲胺磷（Acephate）等 287 种兽药残留规定了限量；有 14 项指标两国相同，芬苯达唑（Fenbendazole）、托曲珠利（Toltrazuril）2 项指标中国严于日本，恩诺沙星（Enrofloxacin）等 4 项指标日本严于中国；有 14 项指标中国已制定而日本未制定，267 项指标日本已制定而中国未制定。

表 5 - 3 - 2　中国与日本鹌鹑肝兽药残留限量标准比对　　　单位：μg/kg

序号	药品中文名称	药品英文名称	中国限量	日本限量
1	2,4 - 二氯苯氧乙酸	2,4 - D		700
2	2,4 - 二氯苯氧丁酸	2,4 - DB		50
3	乙酰甲胺磷	Acephate		10
4	啶虫脒	Acetamiprid		50
5	S - 甲基苯并[1,2,3]噻二唑 - 7 - 硫代羧酸酯	Acibenzolar - S - methyl		20
6	甲草胺	Alachlor		20

序号	药品中文名称	药品英文名称	中国限量	日本限量
7	阿苯达唑	Albendazole	5000	
8	唑嘧菌胺	Ametoctradin		30
9	阿莫西林	Amoxicillin	50	50
10	氨苄西林	Ampicillin	50	50
11	氨丙啉	Amprolium		1000
12	阿特拉津	Atrazine		20
13	阿维拉霉素	Avilamycin		300
14	嘧菌酯	Azoxystrobin		10
15	杆菌肽	Bacitracin	500	500
16	苯霜灵	Benalaxyl		500
17	恶虫威	Bendiocarb		50
18	苯菌灵	Benomyl		100
19	苯达松	Bentazone		50
20	苯并烯氟菌唑	Benzovindiflupyr		10
21	青霉素	Benzylpenicillin	50	
22	倍他米松	Betamethasone		不得检出
23	联苯肼酯	Bifenazate		10
24	联苯菊酯	Bifenthrin		50
25	生物苄呋菊酯	Bioresmethrin		500
26	联苯三唑醇	Bitertanol		10
27	联苯吡菌胺	Bixafen		50
28	啶酰菌胺	Boscalid		20
29	溴鼠灵	Brodifacoum		1
30	溴化物	Bromide		50000
31	溴螨酯	Bromopropylate		50
32	溴苯腈	Bromoxynil		100
33	溴替唑仑	Brotizolam		不得检出
34	氟丙嘧草酯	Butafenacil		20
35	斑蝥黄	Canthaxanthin		100
36	多菌灵	Carbendazim		100
37	三唑酮草酯	Carfentrazone – ethyl		50
38	氯虫苯甲酰胺	Chlorantraniliprole		70
39	氯丹	Chlordane		80
40	虫螨腈	Chlorfenapyr		10
41	氟啶脲	Chlorfluazuron		20

续表

序号	药品中文名称	药品英文名称	中国限量	日本限量
42	氯地孕酮	Chlormadinone		2
43	矮壮素	Chlormequat		100
44	百菌清	Chlorothalonil		10
45	毒死蜱	Chlorpyrifos		10
46	甲基毒死蜱	Chlorpyrifos – methyl		200
47	金霉素	Chlortetracycline	600	600
48	氯酞酸二甲酯	Chlorthal – dimethyl		50
49	克伦特罗	Clenbuterol		不得检出
50	烯草酮	Clethodim		200
51	炔草酸	Clodinafop – propargyl		50
52	四螨嗪	Clofentezine		50
53	氯羟吡啶	Clopidol		20000
54	二氯吡啶酸	Clopyralid		100
55	解毒喹	Cloquintocet – mexyl		100
56	氯司替勃	Clostebol		0.5
57	噻虫胺	Clothianidin		100
58	氯唑西林	Cloxacillin	300	300
59	黏菌素	Colistin		150
60	溴氰虫酰胺	Cyantraniliprole		200
61	氟氯氰菊酯	Cyfluthrin		100
62	三氟氯氰菊酯	Cyhalothrin		20
63	氯氰菊酯	Cypermethrin		50
64	环唑醇	Cyproconazole		10
65	嘧菌环胺	Cyprodinil		10
66	环丙氨嗪	Cyromazine		100
67	达氟沙星	Danofloxacin	400	
68	滴滴涕	DDT		2000
69	溴氰菊酯	Deltamethrin		50
70	地塞米松	Dexamethasone		不得检出
71	丁醚脲	Diafenthiuron		20
72	二丁基羟基甲苯	Dibutylhydroxytoluene		200
73	麦草畏	Dicamba		70
74	敌敌畏	Dichlorvos		50
75	地克珠利	Diclazuril	3000	3000
76	禾草灵	Diclofop – methyl		50

序号	药品中文名称	药品英文名称	中国限量	日本限量
77	双氯西林	Dicloxacillin		300
78	三氯杀螨醇	Dicofol		50
79	苯醚甲环唑	Difenoconazole		10
80	野燕枯	Difenzoquat		50
81	二氟沙星	Difloxacin	1900	
82	敌灭灵	Diflubenzuron		50
83	双氢链霉素	Dihydrostreptmiycin		500
84	二甲吩草胺	Dimethenamid		10
85	落长灵	Dimethipin		10
86	乐果	Dimethoate		50
87	烯酰吗啉	Dimethomorph		10
88	二硝托胺	Dinitolmide		4000
89	呋虫胺	Dinotefuran		20
90	二苯胺	Diphenylamine		10
91	驱蝇啶	Dipropyl isocinchomeronate		4
92	敌草快	Diquat		10
93	乙拌磷	Disulfoton		20
94	二噻农	Dithianon		10
95	二嗪农	Dithiocarbamates		100
96	多西环素	Doxycycline	300	
97	甲氨基阿维菌素苯甲酸盐	Emamectin benzoate		0.5
98	硫丹	Endosulfan		100
99	安特灵	Endrin		50
100	恩诺沙星	Enrofloxacin	200	100●
101	氟环唑	Epoxiconazole		10
102	茵草敌	Eptc		50
103	红霉素	Erythromycin	200	100●
104	胺苯磺隆	Ethametsulfuron - methyl		20
105	乙烯利	Ethephon		200
106	乙氧酰胺苯甲酯	Ethopabate		20000
107	乙氧基喹啉	Ethoxyquin		4000
108	1,2 - 二氯乙烷	Ethylene dichloride		100
109	醚菊酯	Etofenprox		70
110	乙螨唑	Etoxazole		40
111	氯唑灵	Etridiazole		100

续表

序号	药品中文名称	药品英文名称	中国限量	日本限量
112	恶唑菌酮	Famoxadone		10
113	非班太尔	Febantel		6000
114	苯线磷	Fenamiphos		10
115	氯苯嘧啶醇	Fenarimol		20
116	芬苯达唑	Fenbendazole	500 ▲	6000
117	腈苯唑	Fenbuconazole		10
118	苯丁锡	Fenbutatin oxide		80
119	杀螟松	Fenitrothion		50
120	噁唑禾草灵	Fenoxaprop – ethyl		100
121	甲氰菊酯	Fenpropathrin		10
122	丁苯吗啉	Fenpropimorph		10
123	羟基三苯基锡	Fentin		50
124	氰戊菊酯	Fenvalerate		10
125	氟虫腈	Fipronil		20
126	氟啶虫酰胺	Flonicamid		100
127	氟苯尼考	Florfenicol	2500	
128	吡氟禾草隆	Fluazifop – butyl		100
129	氟苯达唑	Flubendazole	500	500
130	氟苯虫酰胺	Flubendiamide		20
131	氟氰菊酯	Flucythrinate		50
132	咯菌腈	Fludioxonil		50
133	氟砜灵	Fluensulfone		10
134	氟烯草酸	Flumiclorac – pentyl		10
135	氟吡内酯	Fluopicolide		10
136	氟吡菌酰胺	Fluopyram		2000
137	氟嘧啶	Flupyrimin		100
138	氟喹唑	Fluquinconazole		20
139	氟草定	Fluroxypyr		50
140	氟硅唑	Flusilazole		200
141	氟酰胺	Flutolanil		50
142	粉唑醇	Flutriafol		50
143	氟唑菌酰胺	Fluxapyroxad		20
144	草铵膦	Glufosinate		100
145	4,5 – 二甲酰胺咪唑	Glycalpyramide		30
146	草甘膦	Glyphosate		500

序号	药品中文名称	药品英文名称	中国限量	日本限量
147	常山酮	Halofuginone		600
148	吡氟氯禾灵	Haloxyfop		50
149	六氯苯	Hexachlorobenzene		600
150	噻螨酮	Hexythiazox		50
151	磷化氢	Hydrogen phosphide		10
152	抑霉唑	Imazalil		20
153	铵基咪草啶酸	Imazamox – ammonium		10
154	甲咪唑烟酸	Imazapic		10
155	灭草烟	Imazapyr		10
156	咪草烟铵盐	Imazethapyr ammonium		100
157	吡虫啉	Imidacloprid		50
158	茚虫威	Indoxacarb		10
159	碘甲磺隆	Iodosulfuron – methyl		10
160	2 –［(7,8 –二氟 –2 –甲基 –3 –喹啉基)氧基］–6 –氟 –A,A –二甲基苯甲醇	Ipflufenoquin		10
161	异菌脲	Iprodione		3000
162	异丙噻菌胺	Isofetamid		10
163	吡唑萘菌胺	Isopyrazam		10
164	异噁唑草酮	Isoxaflutole		200
165	卡那霉素	Kanamycin	600	
166	吉他霉素	Kitasamycin	200	
167	拉沙洛西	Lasalocid		400
168	左旋咪唑	Levamisole	100	100
169	林可霉素	Lincomycin	500	
170	林丹	Lindane		10
171	利谷隆	Linuron		50
172	虱螨脲	Lufenuron		30
173	马度米星	Maduramicin		800
174	2 –甲基 –4 –氯苯氧基乙酸	Mcpa		50
175	2 –甲基 –4 –氯戊氧基丙酸	Mecoprop		50
176	精甲霜灵	Mefenoxam		100
177	氯氟醚菌唑	Mefentrifluconazole		10
178	醋酸美伦孕酮	Melengestrol acetate		不得检出
179	缩节胺	Mepiquat – chloride		50
180	甲磺胺磺隆	Mesosulfuron – methyl		10

续表

序号	药品中文名称	药品英文名称	中国限量	日本限量
181	氰氟虫腙	Metaflumizone		80
182	甲霜灵	Metalaxyl		100
183	甲胺磷	Methamidophos		10
184	杀扑磷	Methidathion		20
185	灭多威	Methomyl（Thiodicarb）		20
186	烯虫酯	Methoprene		100
187	甲氧滴滴涕	Methoxychlor		10
188	甲氧虫酰肼	Methoxyfenozide		10
189	嗪草酮	Metribuzin		400
190	莫能菌素	Monensin	10	10
191	腈菌唑	Myclobutanil		10
192	萘夫西林	Nafcillin		5
193	二溴磷	Naled		50
194	甲基盐霉素	Narasin		50
195	新霉素	Neomycin	5500	500 ●
196	尼卡巴嗪	Nicarbazin		500
197	硝苯砷酸	Nitarsone		2000
198	硝碘酚腈	Nitroxynil		1000
199	诺孕美特	Norgestomet		0.1
200	氟酰脲	Novaluron		100
201	氧乐果	Omethoate		50
202	奥美普林	Ormetoprim		100
203	苯唑西林	Oxacillin	300	
204	杀线威	Oxamyl		20
205	氟噻唑吡乙酮	Oxathiapiprolin		10
206	2－[3－（乙基磺酰基）－2－吡啶基]－5－[（三氟甲基）磺酰基]苯并[d]恶唑	Oxazosulfyl		50
207	土霉素	Oxytetracycline	600	600
208	砜吸磷	Oxydemeton－methyl		20
209	乙氧氟草醚	Oxyfluorfen		10
210	百草枯	Paraquat		50
211	对硫磷	Parathion		50
212	戊菌唑	Penconazole		50
213	吡噻菌胺	Penthiopyrad		30
214	氯菊酯	Permethrin		100

序号	药品中文名称	药品英文名称	中国限量	日本限量
215	甲拌磷	Phorate		50
216	毒莠定	Picloram		100
217	啶氧菌酯	Picoxystrobin		10
218	杀鼠酮	Pindone		1
219	唑啉草酯	Pinoxaden		60
220	增效醚	Piperonyl butoxide		10000
221	抗蚜威	Pirimicarb		100
222	甲基嘧啶磷	Pirimiphos – methyl		10
223	普鲁卡因青霉素	Procaine benzylpenicillin	50	
224	咪鲜胺	Prochloraz		200
225	丙溴磷	Profenofos		50
226	霜霉威	Propamocarb		10
227	敌稗	Propanil		10
228	克螨特	Propargite		100
229	丙环唑	Propiconazole		40
230	残杀威	Propoxur		50
231	氟磺隆	Prosulfuron		50
232	丙硫菌唑	Prothioconazol		100
233	吡唑醚菌酯	Pyraclostrobin		50
234	磺酰草吡唑	Pyrasulfotole		20
235	除虫菊酯	Pyrethrins		200
236	哒草特	Pyridate		200
237	二氯喹啉酸	Quinclorac		50
238	喹氧灵	Quinoxyfen		10
239	五氯硝基苯	Quintozene		10
240	喹禾灵	Quizalofop – ethyl		50
241	糖草酯	Quizalofop – P – tefuryl		50
242	苄蚨菊酯	Resmethrin		100
243	氯苯胍	Robenidine	100	100
244	洛克沙肿	Roxarsone		2000
245	盐霉素	Salinomycin		200
246	沙拉沙星	Sarafloxacin		80
247	氟唑环菌胺	Sedaxane		10
248	赛杜霉素	Semduramicin		
249	氟硅菊酯	Silafluofen		500

续表

序号	药品中文名称	药品英文名称	中国限量	日本限量
250	西玛津	Simazine		20
251	大观霉素	Spectinomycin		2000
252	乙基多杀菌素	Spinetoram		10
253	多杀菌素	Spinosad		100
254	链霉素	Streptmnycin		500
255	磺胺嘧啶	Sulfadiazine		100
256	磺胺二甲氧嗪	Sulfadimethoxine		100
257	磺胺二甲嘧啶	Sulfamethazine	100	100
258	磺胺喹恶啉	Sulfaquinoxaline		100
259	磺胺噻唑	Sulfathiazole		100
260	磺胺类	Sulfonamides	100	
261	磺酰磺隆	Sulfosulfuron		5
262	氟啶虫胺腈	Sulfoxaflor		300
263	戊唑醇	Tebuconazole		50
264	四氯硝基苯	Tecnazene		50
265	氟苯脲	Teflubenzuron		10
266	七氟菊酯	Tefluthrin		1
267	得杀草	Tepraloxydim		300
268	特丁磷	Terbufos		50
269	氟醚唑	Tetraconazole		30
270	四环素	Tetracycline	600	600
271	噻菌灵	Thiabendazole		100
272	噻虫啉	Thiacloprid		20
273	噻虫嗪	Thiamethoxam		10
274	甲砜霉素	Thiamphenicol	50	
275	噻呋酰胺	Thifluzamide		30
276	禾草丹	Thiobencarb		30
277	硫菌灵	Thiophanate		100
278	甲基硫菌灵	Thiophanate－methyl		100
279	噻酰菌胺	Tiadinil		10
280	泰妙菌素	Tiamulin		300
281	替米考星	Tilmicosin		500
282	3－苯基－5－(噻吩－2－基)－[1,2,4]噁二唑	Tioxazafen		20
283	托曲珠利	Toltrazuril	600▲	2000
284	四溴菊酯	Tralomethrin		50

续表

序号	药品中文名称	药品英文名称	中国限量	日本限量
285	群勃龙醋酸酯	Trenbolone acetate		不得检出
286	三唑酮	Triadimefon		60
287	三唑醇	Triadimenol		60
288	野麦畏	Triallate		200
289	敌百虫	Trichlorfon		50
290	三氯吡氧乙酸	Triclopyr		80
291	十三吗啉	Tridemorph		50
292	肟菌酯	Trifloxystrobin		40
293	氟菌唑	Triflumizole		50
294	杀铃脲	Triflumuron		10
295	甲氧苄啶	Trimethoprim	50	50
296	灭菌唑	Triticonazole		50
297	泰万菌素	Tylvalosin	50	
298	乙烯菌核利	Vinclozolin		100
299	维吉尼亚霉素	Virginiamycin	300	200●
300	华法林	Warfarin		1
301	玉米赤霉醇	Zeranol		2

5.3.3 中国与欧盟

中国与欧盟关于鹌鹑肝兽药残留限量标准比对情况见表5-3-3。该表显示，中国与欧盟关于鹌鹑肝涉及的兽药残留限量指标共有42项。其中，中国对阿苯达唑（Albendazole）等32种兽药残留规定了限量，欧盟对阿莫西林（Amoxicillin）等29种兽药残留规定了限量；有17项指标中国与欧盟相同，氟苯达唑（Flubendazole）、新霉素（Neomycin）2项指标欧盟严于中国；有13项指标中国已制定而欧盟未制定，10项指标欧盟已制定而中国未制定。

表5-3-3 中国与欧盟鹌鹑肝兽药残留限量标准比对 单位：μg/kg

序号	药品中文名称	药品英文名称	中国限量	欧盟限量
1	阿苯达唑	Albendazole	5000	
2	阿莫西林	Amoxicillin	50	50
3	氨苄西林	Ampicillin	50	50
4	阿维拉霉素	Avilamycin		300
5	青霉素	Benzylpenicillin	50	50
6	金霉素	Chlortetracycline	600	
7	氯唑西林	Cloxacillin	300	300

续表

序号	药品中文名称	药品英文名称	中国限量	欧盟限量
8	黏菌素	Colistin		150
9	达氟沙星	Danofloxacin	400	400
10	地克珠利	Diclazuril	3000	
11	双氯西林	Dicloxacillin		300
12	二氟沙星	Difloxacin	1900	1900
13	多西环素	Doxycycline	300	300
14	恩诺沙星	Enrofloxacin	200	200
15	红霉素	Erythromycin	200	200
16	芬苯达唑	Fenbendazole	500	
17	氟苯尼考	Florfenicol	2500	2500
18	氟苯达唑	Flubendazole	500	400 ●
19	氟甲喹	Flumequine		800
20	卡那霉素	Kanamycin	600	600
21	吉他霉素	Kitasamycin	200	
22	拉沙洛西	Lasalocid		100
23	左旋咪唑	Levamisole	100	100
24	林可霉素	Lincomycin	500	
25	莫能菌素	Monensin	10	
26	新霉素	Neomycin	5500	500 ●
27	苯唑西林	Oxacillin	300	300
28	噁喹酸	Oxolinic acid		150
29	土霉素	Oxytetracycline	600	
30	巴龙霉素	Paromomycin		1500
31	苯氧甲基青霉素	Phenoxymethylpenicillin		25
32	普鲁卡因青霉素	Procaine benzylpenicillin	50	50
33	磺胺二甲嘧啶	Sulfamethazine	100	
34	磺胺类	Sulfonamides	100	
35	四环素	Tetracycline	600	
36	甲砜霉素	Thiamphenicol	50	50
37	替米考星	Tilmicosin		1000
38	托曲珠利	Toltrazuril	600	600
39	甲氧苄啶	Trimethoprim	50	
40	泰乐菌素	Tylosin		100
41	泰万菌素	Tylvalosin	50	50
42	维吉尼亚霉素	Virginiamycin	300	

5.3.4 中国与 CAC

中国与 CAC 关于鹌鹑肝兽药残留限量标准比对情况见表 5-3-4。该表显示，中国与 CAC 关于鹌鹑肝涉及的兽药残留限量指标共有 31 项。其中，中国对阿苯达唑（Albendazole）等 31 种兽药残留规定了限量，CAC 对金霉素（Chlortetracycline）等 9 种兽药残留规定了限量且这 9 项指标与中国相同；有 22 项指标中国已制定而欧盟未制定。

表 5-3-4 中国与 CAC 鹌鹑肝兽药残留限量标准比对　　单位：μg/kg

序号	药品中文名称	药品英文名称	中国限量	CAC 限量
1	阿苯达唑	Albendazole	5000	5000
2	阿莫西林	Amoxicillin	50	
3	氨苄西林	Ampicillin	50	
4	青霉素	Benzylpenicillin	50	
5	金霉素	Chlortetracycline	600	600
6	氯唑西林	Cloxacillin	300	
7	达氟沙星	Danofloxacin	400	
8	地克珠利	Diclazuril	3000	3000
9	二氟沙星	Difloxacin	1900	
10	多西环素	Doxycycline	300	
11	恩诺沙星	Enrofloxacin	200	
12	芬苯达唑	Fenbendazole	500	
13	氟苯尼考	Florfenicol	2500	
14	氟苯达唑	Flubendazole	500	500
15	卡那霉素	Kanamycin	600	
16	吉他霉素	Kitasamycin	200	
17	左旋咪唑	Levamisole	100	100
18	林可霉素	Lincomycin	500	
19	莫能菌素	Monensin	10	10
20	新霉素	Neomycin	5500	
21	苯唑西林	Oxacillin	300	
22	土霉素	Oxytetracycline	600	600
23	普鲁卡因青霉素	Procaine benzylpenicillin	50	
24	磺胺二甲嘧啶	Sulfamethazine	100	100
25	磺胺类	Sulfonamides	100	
26	四环素	Tetracycline	600	600
27	甲砜霉素	Thiamphenicol	50	
28	托曲珠利	Toltrazuril	600	

续表

序号	药品中文名称	药品英文名称	中国限量	CAC 限量
29	甲氧苄啶	Trimethoprim	50	
30	泰万菌素	Tylvalosin	50	
31	维吉尼亚霉素	Virginiamycin	300	

5.3.5　中国与美国

中国与美国关于鹌鹑肝兽药残留限量标准比对情况见表 5 - 3 - 5。该表显示，中国与美国关于鹌鹑肝涉及的兽药残留限量指标共有 40 项。其中，中国对阿苯达唑（Albendazole）等 31 种兽药残留规定了限量，美国对阿莫西林（Amoxicillin）等 13 种兽药残留规定了限量；维吉尼亚霉素（Virginiamycin）的指标两国相同，阿苯达唑（Albendazole）、阿莫西林（Amoxicillin）、氨苄西林（Ampicillin）3 项指标美国严于中国；有 27 项指标中国已制定而美国未制定，9 项指标美国已制定而中国未制定。

表 5 - 3 - 5　中国与美国鹌鹑肝兽药残留限量标准比对　　　　单位：μg/kg

序号	药品中文名称	药品英文名称	中国限量	美国限量
1	阿苯达唑	Albendazole	5000	200 ●
2	阿莫西林	Amoxicillin	50	10 ●
3	氨苄西林	Ampicillin	50	10 ●
4	青霉素	Benzylpenicillin	50	
5	卡巴氧	Carbadox		3000
6	头孢噻呋	Ceftiofur		2000
7	金霉素	Chlortetracycline	600	
8	氯唑西林	Cloxacillin	300	
9	达氟沙星	Danofloxacin	400	
10	地克珠利	Diclazuril	3000	
11	二氟沙星	Difloxacin	1900	
12	多西环素	Doxycycline	300	
13	恩诺沙星	Enrofloxacin	200	
14	芬苯达唑	Fenbendazole	500	
15	芬前列林	Fenprostalene		20
16	氟苯尼考	Florfenicol	2500	
17	氟苯达唑	Flubendazole	500	
18	卡那霉素	Kanamycin	600	
19	吉他霉素	Kitasamycin	200	
20	左旋咪唑	Levamisole	100	

续表

序号	药品中文名称	药品英文名称	中国限量	美国限量
21	林可霉素	Lincomycin	500	
22	莫能菌素	Monensin	10	
23	莫西菌素	Moxidectin		200
24	新霉素	Neomycin	5500	
25	苯唑西林	Oxacillin	300	
26	土霉素	Oxytetracycline	600	
27	吡利霉素	Pirlimycin		500
28	普鲁卡因青霉素	Procaine benzylpenicillin	50	
29	黄体酮	Progesterone		6
30	酒石酸噻吩嘧啶	Pyrantel tartrate		10000
31	磺胺二甲嘧啶	Sulfamethazine	100	
32	磺胺类	Sulfonamides	100	
33	丙酸睾酮	Testosterone propionate		1.3
34	四环素	Tetracycline	600	
35	甲砜霉素	Thiamphenicol	50	
36	泰妙菌素	Tiamulin		600
37	托曲珠利	Toltrazuril	600	
38	甲氧苄啶	Trimethoprim	50	
39	泰万菌素	Tylvalosin	50	
40	维吉尼亚霉素	Virginiamycin	300	300

5.4　鹌鹑肾的兽药残留限量

5.4.1　中国与韩国

中国与韩国关于鹌鹑肾兽药残留限量标准比对情况见表5-4-1。该表显示，中国与韩国关于鹌鹑肾涉及的兽药残留限量指标共有59项。其中，中国对阿苯达唑（Albendazole）等32种兽药残留规定了限量，韩国对阿莫西林（Amoxicillin）等47种兽药残留规定了限量；有17项指标两国相同，莫能菌素（Monensin）的指标中国严于韩国，红霉素（Erythromycin）、维吉尼亚霉素（Virginiamycin）2项指标韩国严于中国；有12项指标中国已制定而韩国未制定，27项指标韩国已制定而中国未制定。

表5-4-1　中国与韩国鹌鹑肾兽药残留限量标准比对　　　单位：μg/kg

序号	药品中文名称	药品英文名称	中国限量	韩国限量
1	阿苯达唑	Albendazole	5000	
2	阿莫西林	Amoxicillin	50	50
3	氨苄西林	Ampicillin	50	

续表

序号	药品中文名称	药品英文名称	中国限量	韩国限量
4	氨丙啉	Amprolium		1000
5	安普霉素	Apramycin		800
6	杆菌肽	Bacitracin	500	500
7	青霉素	Benzylpenicillin	50	
8	金霉素	Chlortetracycline	1200	1200
9	氯羟吡啶	Clopidol		20000
10	氯唑西林	Cloxacillin	300	300
11	黏菌素	Colistin		200
12	氟氯氰菊酯	Cyfluthrin		80
13	达氟沙星	Danofloxacin	400	400
14	癸氧喹酯	Decoquinate		2000
15	溴氰菊酯	Deltamethrin		50
16	地塞米松	Dexamethasone		1
17	敌菌净	Diaveridine		50
18	地克珠利	Diclazuril	2000	
19	双氯西林	Dicloxacillin		300
20	二氟沙星	Difloxacin	600	600
21	双氢链霉素	Dihydrostreptmiycin		1000
22	多西环素	Doxycycline	600	600
23	恩诺沙星	Enrofloxacin	300	300
24	红霉素	Erythromycin	200	100 ●
25	芬苯达唑	Fenbendazole	50	
26	氟苯尼考	Florfenicol	750	750
27	氟甲喹	Flumequine		1000
28	庆大霉素	Gentamicin		100
29	匀霉素	Hygromycin		50
30	交沙霉素	Josamycin		40
31	卡那霉素	Kanamycin	2500	2500
32	吉他霉素	Kitasamycin	200	200
33	拉沙洛西	Lasalocid		20
34	左旋咪唑	Levamisole	10	
35	林可霉素	Lincomycin	500	500
36	马度米星	Maduramycin		1000
37	甲苯咪唑	Mebendazole		60
38	莫能菌素	Monensin	10 ▲	50

序号	药品中文名称	药品英文名称	中国限量	韩国限量
39	甲基盐霉素	Narasin		300
40	新霉素	Neomycin	9000	
41	尼卡巴嗪	Nycarbazine		200
42	苯唑西林	Oxacillin	300	
43	土霉素	Oxytetracycline	1200	1200
44	哌嗪	Piperazine		100
45	普鲁卡因青霉素	Procaine benzylpenicillin	50	
46	氯苯胍	Robenidine	100	100
47	盐霉素	Salinomycin		500
48	沙拉沙星	Sarafloxacin		50
49	赛杜霉素	Semduramicin		200
50	链霉素	Streptmnycin		1000
51	磺胺二甲嘧啶	Sulfamethazine	100	
52	磺胺类	Sulfonamides	100	
53	四环素	Tetracycline	1200	1200
54	甲砜霉素	Thiamphenicol	50	
55	泰妙菌素	Tiamulin		100
56	托曲珠利	Toltrazuril	400	400
57	甲氧苄啶	Trimethoprim	50	50
58	泰乐菌素	Tylosin		100
59	维吉尼亚霉素	Virginiamycin	400	200●

5.4.2 中国与日本

中国与日本关于鹌鹑肾兽药残留限量标准比对情况见表 5 - 4 - 2。该表显示，中国与日本关于鹌鹑肾涉及的兽药残留限量指标共有 299 项。其中，中国对阿苯达唑（Albendazole）等 32 种兽药残留规定了限量，日本对乙酰甲胺磷（Acephate）等 286 种兽药残留规定了限量；有 10 项指标两国相同，新霉素（Neomycin）、托曲珠利（Toltrazuril）2 项指标中国严于日本，金霉素（Chlortetracycline）等 7 项指标日本严于中国；有 13 项指标中国已制定而日本未制定，267 项指标日本已制定而中国未制定。

表 5 - 4 - 2　中国与日本鹌鹑肾兽药残留限量标准比对　　单位：μg/kg

序号	药品中文名称	药品英文名称	中国限量	日本限量
1	2,4 - 二氯苯氧乙酸	2,4 - D		700
2	2,4 - 二氯苯氧丁酸	2,4 - DB		50
3	乙酰甲胺磷	Acephate		10

续表

序号	药品中文名称	药品英文名称	中国限量	日本限量
4	啶虫脒	Acetamiprid		50
5	S-甲基苯并[1,2,3]噻二唑-7-硫代羧酸酯	Acibenzolar-S-methyl		20
6	甲草胺	Alachlor		20
7	阿苯达唑	Albendazole	5000	
8	唑嘧菌胺	Ametoctradin		30
9	阿莫西林	Amoxicillin	50	50
10	氨苄西林	Ampicillin	50	50
11	氨丙啉	Amprolium		1000
12	阿特拉津	Atrazine		20
13	阿维拉霉素	Avilamycin		200
14	嘧菌酯	Azoxystrobin		10
15	杆菌肽	Bacitracin	500	500
16	苯霜灵	Benalaxyl		500
17	恶虫威	Bendiocarb		50
18	苯菌灵	Benomyl		90
19	苯达松	Bentazone		50
20	苯并烯氟菌唑	Benzovindiflupyr		10
21	青霉素	Benzylpenicillin	50	
22	倍他米松	Betamethasone		不得检出
23	联苯肼酯	Bifenazate		10
24	联苯菊酯	Bifenthrin		50
25	生物苄呋菊酯	Bioresmethrin		500
26	联苯三唑醇	Bitertanol		10
27	联苯吡菌胺	Bixafen		50
28	啶酰菌胺	Boscalid		20
29	溴鼠灵	Brodifacoum		1
30	溴化物	Bromide		50000
31	溴螨酯	Bromopropylate		50
32	溴苯腈	Bromoxynil		100
33	溴替唑仑	Brotizolam		不得检出
34	氟丙嘧草酯	Butafenacil		20
35	斑蝥黄	Canthaxanthin		100
36	多菌灵	Carbendazim		90
37	三唑酮草酯	Carfentrazone-ethyl		50
38	氯虫苯甲酰胺	Chlorantraniliprole		70

序号	药品中文名称	药品英文名称	中国限量	日本限量
39	氯丹	Chlordane		80
40	虫螨腈	Chlorfenapyr		10
41	氟啶脲	Chlorfluazuron		20
42	氯地孕酮	Chlormadinone		2
43	矮壮素	Chlormequat		100
44	百菌清	Chlorothalonil		10
45	毒死蜱	Chlorpyrifos		10
46	甲基毒死蜱	Chlorpyrifos – methyl		200
47	金霉素	Chlortetracycline	1200	1000 ●
48	氯酞酸二甲酯	Chlorthal – dimethyl		50
49	克伦特罗	Clenbuterol		不得检出
50	烯草酮	Clethodim		200
51	炔草酸	Clodinafop – propargyl		50
52	四螨嗪	Clofentezine		50
53	氯羟吡啶	Clopidol		20000
54	二氯吡啶酸	Clopyralid		200
55	解毒喹	Cloquintocet – mexyl		100
56	氯司替勃	Clostebol		0.5
57	噻虫胺	Clothianidin		100
58	氯唑西林	Cloxacillin	300	300
59	黏菌素	Colistin		200
60	溴氰虫酰胺	Cyantraniliprole		200
61	氟氯氰菊酯	Cyfluthrin		100
62	三氟氯氰菊酯	Cyhalothrin		20
63	氯氰菊酯	Cypermethrin		50
64	环唑醇	Cyproconazole		10
65	嘧菌环胺	Cyprodinil		10
66	环丙氨嗪	Cyromazine		100
67	达氟沙星	Danofloxacin	400	
68	滴滴涕	DDT		2000
69	溴氰菊酯	Deltamethrin		50
70	地塞米松	Dexamethasone		不得检出
71	丁醚脲	Diafenthiuron		20
72	二丁基羟基甲苯	Dibutylhydroxytoluene		100
73	麦草畏	Dicamba		70

续表

序号	药品中文名称	药品英文名称	中国限量	日本限量
74	敌敌畏	Dichlorvos		50
75	地克珠利	Diclazuril	2000	2000
76	禾草灵	Diclofop – methyl		50
77	双氯西林	Dicloxacillin		300
78	三氯杀螨醇	Dicofol		50
79	苯醚甲环唑	Difenoconazole		10
80	野燕枯	Difenzoquat		50
81	二氟沙星	Difloxacin	600	
82	敌灭灵	Diflubenzuron		50
83	双氢链霉素	Dihydrostreptmiycin		1000
84	二甲吩草胺	Dimethenamid		10
85	落长灵	Dimethipin		10
86	乐果	Dimethoate		50
87	烯酰吗啉	Dimethomorph		10
88	二硝托胺	Dinitolmide		6000
89	呋虫胺	Dinotefuran		20
90	二苯胺	Diphenylamine		10
91	驱蝇啶	Dipropyl isocinchomeronate		4
92	敌草快	Diquat		10
93	乙拌磷	Disulfoton		20
94	二噻农	Dithianon		10
95	二嗪农	Dithiocarbamates		100
96	多西环素	Doxycycline	600	
97	甲氨基阿维菌素苯甲酸盐	Emamectin benzoate		0.5
98	硫丹	Endosulfan		100
99	安特灵	Endrin		50
100	恩诺沙星	Enrofloxacin	300	100●
101	氟环唑	Epoxiconazole		10
102	茵草敌	Eptc		50
103	红霉素	Erythromycin	200	100●
104	胺苯磺隆	Ethametsulfuron – methyl		20
105	乙烯利	Ethephon		200
106	乙氧酰胺苯甲酯	Ethopabate		20000
107	乙氧基喹啉	Ethoxyquin		7000
108	1,2 – 二氯乙烷	Ethylene dichloride		100

序号	药品中文名称	药品英文名称	中国限量	日本限量
109	醚菊酯	Etofenprox		70
110	乙螨唑	Etoxazole		10
111	氯唑灵	Etridiazole		100
112	恶唑菌酮	Famoxadone		10
113	非班太尔	Febantel		10
114	苯线磷	Fenamiphos		10
115	氯苯嘧啶醇	Fenarimol		20
116	芬苯达唑	Fenbendazole	50	10●
117	腈苯唑	Fenbuconazole		10
118	苯丁锡	Fenbutatin oxide		80
119	杀螟松	Fenitrothion		50
120	噁唑禾草灵	Fenoxaprop – ethyl		100
121	甲氰菊酯	Fenpropathrin		10
122	丁苯吗啉	Fenpropimorph		10
123	羟基三苯基锡	Fentin		50
124	氰戊菊酯	Fenvalerate		10
125	氟虫腈	Fipronil		20
126	氟啶虫酰胺	Flonicamid		100
127	氟苯尼考	Florfenicol	750	
128	吡氟禾草隆	Fluazifop – butyl		100
129	氟苯达唑	Flubendazole		400
130	氟苯虫酰胺	Flubendiamide		20
131	氟氰菊酯	Flucythrinate		50
132	咯菌腈	Fludioxonil		50
133	氟砜灵	Fluensulfone		10
134	氟烯草酸	Flumiclorac – pentyl		10
135	氟吡菌胺	Fluopicolide		10
136	氟吡菌酰胺	Fluopyram		2000
137	氟嘧啶	Flupyrimin		100
138	氟喹唑	Fluquinconazole		20
139	氟草定	Fluroxypyr		50
140	氟硅唑	Flusilazole		200
141	氟酰胺	Flutolanil		50
142	粉唑醇	Flutriafol		50
143	氟唑菌酰胺	Fluxapyroxad		20

序号	药品中文名称	药品英文名称	中国限量	日本限量
144	草胺膦	Glufosinate		500
145	4,5 - 二甲酰胺咪唑	Glycalpyramide		30
146	草甘膦	Glyphosate		500
147	常山酮	Halofuginone		1000
148	吡氟氯禾灵	Haloxyfop		50
149	六氯苯	Hexachlorobenzene		600
150	噻螨酮	Hexythiazox		50
151	磷化氢	Hydrogen phosphide		10
152	抑霉唑	Imazalil		20
153	铵基咪草啶酸	Imazamox - ammonium		10
154	灭草烟	Imazapyr		10
155	咪草烟铵盐	Imazethapyr ammonium		100
156	吡虫啉	Imidacloprid		50
157	茚虫威	Indoxacarb		10
158	碘甲磺隆	Iodosulfuron - methyl		10
159	2 - [(7,8 - 二氟 - 2 - 甲基 - 3 - 喹啉基)氧基] - 6 - 氟 - A,A - 二甲基苯甲醇	Ipflufenoquin		10
160	异菌脲	Iprodione		500
161	异丙噻菌胺	Isofetamid		10
162	吡唑萘菌胺	Isopyrazam		10
163	异噁唑草酮	Isoxaflutole		200
164	卡那霉素	Kanamycin	2500	
165	吉他霉素	Kitasamycin	200	
166	拉沙洛西	Lasalocid		400
167	左旋咪唑	Levamisole	10	10
168	林可霉素	Lincomycin	500	
169	林丹	Lindane		10
170	利谷隆	Linuron		50
171	虱螨脲	Lufenuron		20
172	马度米星	Maduramicin		1000
173	2 - 甲基 -4 - 氯苯氧基乙酸	Mcpa		50
174	2 - 甲基 -4 - 氯戊氧基丙酸	Mecoprop		50
175	精甲霜灵	Mefenoxam		100
176	氯氟醚菌唑	Mefentrifluconazole		10
177	醋酸美伦孕酮	Melengestrol acetate		不得检出

序号	药品中文名称	药品英文名称	中国限量	日本限量
178	缩节胺	Mepiquat – chloride		50
179	甲磺胺磺隆	Mesosulfuron – methyl		10
180	氰氟虫腙	Metaflumizone		80
181	甲霜灵	Metalaxyl		100
182	甲胺磷	Methamidophos		10
183	杀扑磷	Methidathion		20
184	灭多威	Methomyl（Thiodicarb）		20
185	烯虫酯	Methoprene		100
186	甲氧滴滴涕	Methoxychlor		10
187	甲氧虫酰肼	Methoxyfenozide		10
188	嗪草酮	Metribuzin		400
189	莫能菌素	Monensin	10	10
190	腈菌唑	Myclobutanil		10
191	萘夫西林	Nafcillin		5
192	二溴磷	Naled		50
193	甲基盐霉素	Narasin		20
194	新霉素	Neomycin	9000 ▲	10000
195	尼卡巴嗪	Nicarbazin		500
196	硝苯砷酸	Nitarsone		2000
197	硝碘酚腈	Nitroxynil		1000
198	诺孕美特	Norgestomet		0.1
199	氟酰脲	Novaluron		100
200	氧乐果	Omethoate		50
201	奥美普林	Ormetoprim		100
202	苯唑西林	Oxacillin	300	
203	杀线威	Oxamyl		20
204	氟噻唑吡乙酮	Oxathiapiprolin		10
205	2 –［3 –（乙基磺酰基）– 2 – 吡啶基］– 5 –［（三氟甲基）磺酰基］苯并［d］恶唑	Oxazosulfyl		50
206	奥芬达唑	Oxfendazole		10
207	土霉素	Oxytetracycline	1200	1000 ●
208	砜吸磷	Oxydemeton – methyl		20
209	乙氧氟草醚	Oxyfluorfen		10
210	百草枯	Paraquat		50
211	对硫磷	Parathion		50

序号	药品中文名称	药品英文名称	中国限量	日本限量
212	戊菌唑	Penconazole		50
213	吡噻菌胺	Penthiopyrad		30
214	氯菊酯	Permethrin		100
215	甲拌磷	Phorate		50
216	毒莠定	Picloram		100
217	啶氧菌酯	Picoxystrobin		10
218	杀鼠酮	Pindone		1
219	唑啉草酯	Pinoxaden		60
220	增效醚	Piperonyl butoxide		10000
221	抗蚜威	Pirimicarb		100
222	甲基嘧啶磷	Pirimiphos – methyl		10
223	普鲁卡因青霉素	Procaine benzylpenicillin	50	
224	咪鲜胺	Prochloraz		200
225	丙溴磷	Profenofos		50
226	霜霉威	Propamocarb		10
227	敌稗	Propanil		10
228	克螨特	Propargite		100
229	丙环唑	Propiconazole		40
230	残杀威	Propoxur		50
231	氟磺隆	Prosulfuron		50
232	丙硫菌唑	Prothioconazol		100
233	吡唑醚菌酯	Pyraclostrobin		50
234	磺酰草吡唑	Pyrasulfotole		20
235	除虫菊酯	Pyrethrins		200
236	哒草特	Pyridate		200
237	二氯喹啉酸	Quinclorac		50
238	喹氧灵	Quinoxyfen		10
239	五氯硝基苯	Quintozene		10
240	喹禾灵	Quizalofop – ethyl		50
241	糖草酯	Quizalofop – P – tefuryl		50
242	苄呋菊酯	Resmethrin		100
243	氯苯胍	Robenidine	100	100
244	洛克沙胂	Roxarsone		2000
245	盐霉素	Salinomycin		40
246	沙拉沙星	Sarafloxacin		80

序号	药品中文名称	药品英文名称	中国限量	日本限量
247	氟唑环菌胺	Sedaxane		10
248	烯禾啶	Sethoxydim		200
249	氟硅菊酯	Silafluofen		100
250	西玛津	Simazine		20
251	大观霉素	Spectinomycin		5000
252	乙基多杀菌素	Spinetoram		10
253	多杀菌素	Spinosad		100
254	链霉素	Streptmnycin		1000
255	磺胺嘧啶	Sulfadiazine		100
256	磺胺二甲氧嗪	Sulfadimethoxine		100
257	磺胺二甲嘧啶	Sulfamethazine	100	100
258	磺胺喹恶啉	Sulfaquinoxaline		100
259	磺胺噻唑	Sulfathiazole		100
260	磺胺类	Sulfonamides	100	
261	磺酰磺隆	Sulfosulfuron		5
262	氟啶虫胺腈	Sulfoxaflor		300
263	戊唑醇	Tebuconazole		50
264	四氯硝基苯	Tecnazene		50
265	氟苯脲	Teflubenzuron		10
266	七氟菊酯	Tefluthrin		1
267	得杀草	Tepraloxydim		300
268	特丁磷	Terbufos		50
269	氟醚唑	Tetraconazole		20
270	四环素	Tetracycline	1200	1000●
271	噻菌灵	Thiabendazole		100
272	噻虫啉	Thiacloprid		20
273	噻虫嗪	Thiamethoxam		10
274	甲砜霉素	Thiamphenicol	50	
275	噻呋酰胺	Thifluzamide		30
276	禾草丹	Thiobencarb		30
277	硫菌灵	Thiophanate		90
278	甲基硫菌灵	Thiophanate – methyl		90
279	噻酰菌胺	Tiadinil		10
280	泰妙菌素	Tiamulin		100
281	替米考星	Tilmicosin		250

续表

序号	药品中文名称	药品英文名称	中国限量	日本限量
282	3-苯基-5-（噻吩-2-基）-［1,2,4］噁二唑	Tioxazafen		20
283	托曲珠利	Toltrazuril	400▲	2000
284	群勃龙醋酸酯	Trenbolone acetate		不得检出
285	三唑酮	Triadimefon		60
286	三唑醇	Triadimenol		60
287	野麦畏	Triallate		200
288	敌百虫	Trichlorfon		50
289	三氯吡氧乙酸	Triclopyr		80
290	十三吗啉	Tridemorph		50
291	肟菌酯	Trifloxystrobin		40
292	氟菌唑	Triflumizole		50
293	杀铃脲	Triflumuron		10
294	甲氧苄啶	Trimethoprim	50	50
295	灭菌唑	Triticonazole		50
296	乙烯菌核利	Vinclozolin		100
297	维吉尼亚霉素	Virginiamycin	400	200●
298	华法林	Warfarin		1
299	玉米赤霉醇	Zeranol		2

5.4.3　中国与欧盟

中国与欧盟关于鹌鹑肾兽药残留限量标准比对情况见表 5-4-3。该表显示，中国与欧盟关于鹌鹑肾涉及的兽药残留限量指标共有 41 项。其中，中国对阿苯达唑（Albendazole）等 30 种兽药残留规定了限量，欧盟对阿莫西林（Amoxicillin）等 28 种兽药残留规定了限量；有 16 项指标中国与欧盟相同，新霉素（Neomycin）的指标欧盟严于中国；有 13 项指标中国已制定而欧盟未制定，11 项指标欧盟已制定而中国未制定。

表 5-4-3　中国与欧盟鹌鹑肾兽药残留限量标准比对　　　　单位：μg/kg

序号	药品中文名称	药品英文名称	中国限量	欧盟限量
1	阿苯达唑	Albendazole	5000	
2	阿莫西林	Amoxicillin	50	50
3	氨苄西林	Ampicillin	50	50
4	阿维拉霉素	Avilamycin		200
5	青霉素	Benzylpenicillin	50	50
6	金霉素	Chlortetracycline	1200	
7	氯唑西林	Cloxacillin	300	300

序号	药品中文名称	药品英文名称	中国限量	欧盟限量
8	黏菌素	Colistin		200
9	达氟沙星	Danofloxacin	400	400
10	地克珠利	Diclazuril	2000	
11	双氯西林	Dicloxacillin		300
12	二氟沙星	Difloxacin	600	600
13	多西环素	Doxycycline	600	600
14	恩诺沙星	Enrofloxacin	300	300
15	红霉素	Erythromycin	200	200
16	芬苯达唑	Fenbendazole	50	
17	氟苯尼考	Florfenicol	750	750
18	氟苯达唑	Flubendazole		300
19	氟甲喹	Flumequine		1000
20	卡那霉素	Kanamycin	2500	2500
21	吉他霉素	Kitasamycin	200	
22	拉沙洛西	Lasalocid		50
23	左旋咪唑	Levamisole	10	10
24	林可霉素	Lincomycin	500	
25	莫能菌素	Monensin	10	
26	新霉素	Neomycin	9000	5000 ●
27	苯唑西林	Oxacillin	300	300
28	噁喹酸	Oxolinic acid		150
29	土霉素	Oxytetracycline	1200	
30	巴龙霉素	Paromomycin		1500
31	苯氧甲基青霉素	Phenoxymethylpenicillin		25
32	普鲁卡因青霉素	Procaine benzylpenicillin	50	50
33	磺胺二甲嘧啶	Sulfamethazine	100	
34	磺胺类	Sulfonamides	100	
35	四环素	Tetracycline	1200	
36	甲砜霉素	Thiamphenicol	50	50
37	替米考星	Tilmicosin		250
38	托曲珠利	Toltrazuril	400	400
39	甲氧苄啶	Trimethoprim	50	
40	泰乐菌素	Tylosin		100
41	维吉尼亚霉素	Virginiamycin	400	

5.4.4　中国与 CAC

中国与 CAC 关于鹌鹑肾兽药残留限量标准比对情况见表 5 - 4 - 4。该表显示，中国与 CAC 关于鹌鹑肾涉及的兽药残留限量指标共有 29 项。其中，中国对阿苯达唑（Albendazole）等 29 种兽药残留规定了限量，CAC 对金霉素（Chlortetracycline）等 8 种兽药残留规定了限量且这 8 项指标与中国相同；有 21 项指标中国已制定而欧盟未制定。

表 5 - 4 - 4　中国与 CAC 鹌鹑肾兽药残留限量标准比对　　　　单位：μg/kg

序号	药品中文名称	药品英文名称	中国限量	CAC 限量
1	阿苯达唑	Albendazole	5000	5000
2	阿莫西林	Amoxicillin	50	
3	氨苄西林	Ampicillin	50	
4	青霉素	Benzylpenicillin	50	
5	金霉素	Chlortetracycline	1200	1200
6	氯唑西林	Cloxacillin	300	
7	达氟沙星	Danofloxacin	400	
8	地克珠利	Diclazuril	2000	2000
9	二氟沙星	Difloxacin	600	
10	多西环素	Doxycycline	600	
11	恩诺沙星	Enrofloxacin	300	
12	芬苯达唑	Fenbendazole	50	
13	氟苯尼考	Florfenicol	750	
14	卡那霉素	Kanamycin	2500	
15	吉他霉素	Kitasamycin	200	
16	左旋咪唑	Levamisole	10	10
17	林可霉素	Lincomycin	500	
18	莫能菌素	Monensin	10	10
19	新霉素	Neomycin	9000	
20	苯唑西林	Oxacillin	300	
21	土霉素	Oxytetracycline	1200	1200
22	普鲁卡因青霉素	Procaine benzylpenicillin	50	
23	磺胺二甲嘧啶	Sulfamethazine	100	100
24	磺胺类	Sulfonamides	100	
25	四环素	Tetracycline	1200	1200
26	甲砜霉素	Thiamphenicol	50	
27	托曲珠利	Toltrazuril	400	
28	甲氧苄啶	Trimethoprim	50	
29	维吉尼亚霉素	Virginiamycin	400	

5.4.5 中国与美国

中国与美国关于鹌鹑肾兽药残留限量标准比对情况见表 5-4-5。该表显示，中国与美国关于鹌鹑肾涉及的兽药残留限量指标共有 36 项。其中，中国对阿苯达唑（Albendazole）等 29 种兽药残留规定了限量，美国对阿莫西林（Amoxicillin）等 10 种兽药残留规定了限量；维吉尼亚霉素（Virginiamycin）的指标两国相同，阿莫西林（Amoxicillin）、氨苄西林（Ampicillin）2 项指标美国严于中国；有 26 项指标中国已制定而美国未制定，7 项指标美国已制定而中国未制定。

表 5-4-5 中国与美国鹌鹑肾兽药残留限量标准比对　　　　单位：μg/kg

序号	药品中文名称	药品英文名称	中国限量	美国限量
1	阿苯达唑	Albendazole	5000	
2	阿莫西林	Amoxicillin	50	10●
3	氨苄西林	Ampicillin	50	10●
4	安普霉素	Apramycin		100
5	青霉素	Benzylpenicillin	50	
6	头孢噻呋	Ceftiofur		8000
7	金霉素	Chlortetracycline	1200	
8	氯舒隆	Clorsulon		1000
9	氯唑西林	Cloxacillin	300	
10	达氟沙星	Danofloxacin	400	
11	地克珠利	Diclazuril	2000	
12	二氟沙星	Difloxacin	600	
13	多西环素	Doxycycline	600	
14	恩诺沙星	Enrofloxacin	300	
15	芬苯达唑	Fenbendazole	50	
16	芬前列林	Fenprostalene		30
17	氟苯尼考	Florfenicol	750	
18	卡那霉素	Kanamycin	2500	
19	吉他霉素	Kitasamycin	200	
20	左旋咪唑	Levamisole	10	
21	林可霉素	Lincomycin	500	
22	莫能菌素	Monensin	10	
23	新霉素	Neomycin	9000	
24	苯唑西林	Oxacillin	300	
25	土霉素	Oxytetracycline	1200	
26	普鲁卡因青霉素	Procaine benzylpenicillin	50	
27	黄体酮	Progesterone		9

续表

序号	药品中文名称	药品英文名称	中国限量	美国限量
28	酒石酸噻吩嘧啶	Pyrantel tartrate		10000
29	磺胺二甲嘧啶	Sulfamethazine	100	
30	磺胺类	Sulfonamides	100	
31	丙酸睾酮	Testosterone propionate		1.9
32	四环素	Tetracycline	1200	
33	甲砜霉素	Thiamphenicol	50	
34	托曲珠利	Toltrazuril	400	
35	甲氧苄啶	Trimethoprim	50	
36	维吉尼亚霉素	Virginiamycin	400	400

5.5　鹌鹑蛋的兽药残留限量

5.5.1　中国与韩国

中国与韩国关于鹌鹑蛋兽药残留限量标准比对情况见表 5 - 5 - 1。该表显示，中国与韩国关于鹌鹑蛋涉及的兽药残留限量指标共有 34 项。其中，中国对杆菌肽（Bacitracin）等 8 种兽药残留规定了限量，韩国对氨丙啉（Amprolium）等 30 种兽药残留规定了限量；有 4 项指标两国相同；有 4 项指标中国已制定而韩国未制定，26 项指标韩国已制定而中国未制定。

表 5 - 5 - 1　中国与韩国鹌鹑蛋兽药残留限量标准比对　　　　单位：μg/kg

序号	药品中文名称	药品英文名称	中国限量	韩国限量
1	氨丙啉	Amprolium		4000
2	杆菌肽	Bacitracin	500	
3	黄霉素	Bambermycin		20
4	毒死蜱	Chlorpyrifos		10
5	金霉素	Chlortetracycline	400	400
6	黏菌素	Colistin		300
7	氯氰菊酯	Cypermethrin		50
8	环丙氨嗪	Cyromazine		200
9	地塞米松	Dexamethasone		0.1
10	敌敌畏	Dichlorvos		10
11	芬苯达唑	Fenbendazole	1300	
12	仲丁威	Fenobucarb		10
13	氟苯达唑	Flubendazole	400	400
14	氟雷拉纳	Fluralaner		1300
15	潮霉素 B	Hygromycin B		50

序号	药品中文名称	药品英文名称	中国限量	韩国限量
16	卡那霉素	Kanamycin		500
17	吉他霉素	Kitasamycin		200
18	拉沙洛西	Lasalocid		50
19	林可霉素	Lincomycin		50
20	新霉素	Neomycin	500	
21	土霉素	Oxytetracycline	400	400
22	奥苯达唑	Oxybendazole		30
23	氯菊酯	Permethrin		100
24	非那西丁	Phenacetin		10
25	哌嗪	Piperazine		2000
26	残杀威	Propoxur		10
27	沙拉沙星	Sarafloxacin		30
28	杀虫畏	Tetrachlorvinphos		10
29	四环素	Tetracycline	400	400
30	泰妙菌素	Tiamulin		1000
31	敌百虫	Trichlorfone		10
32	甲氧苄啶	Trimethoprim		20
33	泰乐菌素	Tylosin		200
34	泰万菌素	Tylvalosin	200	

5.5.2　中国与日本

中国与日本关于鹌鹑蛋兽药残留限量标准比对情况见表 5 – 5 – 2。该表显示，中国与日本关于鹌鹑蛋涉及的兽药残留限量指标共有 261 项。其中，中国对杆菌肽（Bacitracin）等 9 种兽药残留规定了限量，日本对乙酰甲胺磷（Acephate）等 259 种兽药残留规定了限量；有 6 项指标两国相同，红霉素（Erythromycin）的指标日本严于中国；有 2 项指标中国已制定而日本未制定，252 项指标日本已制定而中国未制定。

表 5 – 5 – 2　中国与日本鹌鹑蛋兽药残留限量标准比对　　　　单位：μg/kg

序号	药品中文名称	药品英文名称	中国限量	日本限量
1	2,4 – 二氯苯氧乙酸	2,4 – D		10
2	2,4 – 二氯苯氧丁酸	2,4 – DB		50
3	乙酰甲胺磷	Acephate		10
4	啶虫脒	Acetamiprid		10
5	S – 甲基苯并[1,2,3]噻二唑 – 7 – 硫代羧酸酯	Acibenzolar – S – methyl		20
6	甲草胺	Alachlor		20

续表

序号	药品中文名称	药品英文名称	中国限量	日本限量
7	艾氏剂和狄氏剂	Aldrin and dieldrin		100
8	烯丙菊酯	Allethrin		50
9	唑嘧菌胺	Ametoctradin		30
10	氨丙啉	Amprolium		5000
11	阿特拉津	Atrazine		20
12	嘧菌酯	Azoxystrobin		10
13	杆菌肽	Bacitracin	500	500
14	苯霜灵	Benalaxyl		50
15	恶虫威	Bendiocarb		50
16	苯菌灵	Benomyl		90
17	苯达松	Bentazone		50
18	苯并烯氟菌唑	Benzovindiflupyr		10
19	倍他米松	Betamethasone		不得检出
20	联苯肼酯	Bifenazate		10
21	联苯菊酯	Bifenthrin		10
22	生物苄呋菊酯	Bioresmethrin		50
23	联苯三唑醇	Bitertanol		10
24	联苯吡菌胺	Bixafen		50
25	啶酰菌胺	Boscalid		20
26	溴鼠灵	Brodifacoum		1
27	溴化物	Bromide		50000
28	溴螨酯	Bromopropylate		80
29	溴苯腈	Bromoxynil		40
30	溴替唑仑	Brotizolam		不得检出
31	氟丙嘧草酯	Butafenacil		10
32	斑蝥黄	Canthaxanthin		100
33	多菌灵	Carbendazim		90
34	三唑酮草酯	Carfentrazone – ethyl		50
35	氯虫苯甲酰胺	Chlorantraniliprole		200
36	氯丹	Chlordane		20
37	虫螨腈	Chlorfenapyr		10
38	氟啶脲	Chlorfluazuron		20
39	氯地孕酮	Chlormadinone		2
40	矮壮素	Chlormequat		100
41	百菌清	Chlorothalonil		10

序号	药品中文名称	药品英文名称	中国限量	日本限量
42	毒死蜱	Chlorpyrifos		10
43	甲基毒死蜱	Chlorpyrifos – methyl		50
44	金霉素	Chlortetracycline	400	400
45	氯酞酸二甲酯	Chlorthal – dimethyl		50
46	克伦特罗	Clenbuterol		不得检出
47	烯草酮	Clethodim		50
48	炔草酸	Clodinafop – propargyl		50
49	四螨嗪	Clofentezine		50
50	二氯吡啶酸	Clopyralid		80
51	解毒喹	Cloquintocet – mexyl		100
52	氯司替勃	Clostebol		0.5
53	噻虫胺	Clothianidin		20
54	溴氰虫酰胺	Cyantraniliprole		200
55	氟氯氰菊酯	Cyfluthrin		50
56	三氟氯氰菊酯	Cyhalothrin		20
57	氯氰菊酯	Cypermethrin		50
58	环唑醇	Cyproconazole		10
59	嘧菌环胺	Cyprodinil		10
60	环丙氨嗪	Cyromazine		300
61	滴滴涕	DDT		100
62	溴氰菊酯	Deltamethrin		30
63	地塞米松	Dexamethasone		不得检出
64	丁醚脲	Diafenthiuron		20
65	二丁基羟基甲苯	Dibutylhydroxytoluene		600
66	麦草畏	Dicamba		10
67	敌敌畏	Dichlorvos		50
68	禾草灵	Diclofop – methyl		50
69	三氯杀螨醇	Dicofol		50
70	狄氏剂	Dieldrin		100
71	苯醚甲环唑	Difenoconazole		30
72	敌灭灵	Diflubenzuron		50
73	二甲吩草胺	Dimethenamid		10
74	落长灵	Dimethipin		10
75	乐果	Dimethoate		50
76	烯酰吗啉	Dimethomorph		10

序号	药品中文名称	药品英文名称	中国限量	日本限量
77	呋虫胺	Dinotefuran		20
78	二苯胺	Diphenylamine		50
79	驱蝇啶	Dipropyl isocinchomeronate		4
80	敌草快	Diquat		10
81	乙拌磷	Disulfoton		20
82	二噻农	Dithianon		10
83	二嗪农	Dithiocarbamates		50
84	甲氨基阿维菌素苯甲酸盐	Emamectin benzoate		0.5
85	硫丹	Endosulfan		80
86	安特灵	Endrin		5
87	氟环唑	Epoxiconazole		10
88	茵草敌	Eptc		10
89	红霉素	Erythromycin	150	50 ●
90	胺苯磺隆	Ethametsulfuron – methyl		20
91	乙烯利	Ethephon		200
92	乙氧基喹啉	Ethoxyquin		1000
93	1,2 – 二氯乙烷	Ethylene dichloride		100
94	醚菊酯	Etofenprox		400
95	乙螨唑	Etoxazole		200
96	氯唑灵	Etridiazole		50
97	恶唑菌酮	Famoxadone		10
98	苯线磷	Fenamiphos		10
99	氯苯嘧啶醇	Fenarimol		20
100	芬苯达唑	Fenbendazole	1300	
101	腈苯唑	Fenbuconazole		10
102	苯丁锡	Fenbutatin oxide		50
103	杀螟松	Fenitrothion		50
104	噁唑禾草灵	Fenoxaprop – ethyl		20
105	甲氰菊酯	Fenpropathrin		10
106	丁苯吗啉	Fenpropimorph		10
107	羟基三苯基锡	Fentin		50
108	氰戊菊酯	Fenvalerate		10
109	氟虫腈	Fipronil		20
110	氟啶虫酰胺	Flonicamid		200
111	吡氟禾草隆	Fluazifop – butyl		40

序号	药品中文名称	药品英文名称	中国限量	日本限量
112	氟苯达唑	Flubendazole	400	400
113	氟苯虫酰胺	Flubendiamide		10
114	氟氰菊酯	Flucythrinate		50
115	咯菌腈	Fludioxonil		10
116	氟砜灵	Fluensulfone		10
117	氟烯草酸	Flumiclorac – pentyl		10
118	氟吡内酯	Fluopicolide		10
119	氟吡菌酰胺	Fluopyram		1000
120	氟吡呋喃酮	Flupyradifurone		10
121	氟嘧啶	Flupyrimin		40
122	氟喹唑	Fluquinconazole		20
123	氟草定	Fluroxypyr		30
124	氟硅唑	Flusilazole		100
125	氟酰胺	Flutolanil		50
126	粉唑醇	Flutriafol		50
127	氟唑菌酰胺	Fluxapyroxad		20
128	草胺膦	Glufosinate		50
129	4,5–二甲酰胺咪唑	Glycalpyramide		30
130	草甘膦	Glyphosate		50
131	吡氟氯禾灵	Haloxyfop		10
132	七氯	Heptachlor		50
133	六氯苯	Hexachlorobenzene		500
134	噻螨酮	Hexythiazox		50
135	磷化氢	Hydrogen phosphide		10
136	抑霉唑	Imazalil		20
137	铵基咪草啶酸	Imazamox – ammonium		10
138	甲咪唑烟酸	Imazapic		10
139	灭草烟	Imazapyr		10
140	咪草烟铵盐	Imazethapyr ammonium		100
141	吡虫啉	Imidacloprid		20
142	茚虫威	Indoxacarb		10
143	碘甲磺隆	Iodosulfuron – methyl		10
144	2–[(7,8–二氟–2–甲基–3–喹啉基)氧基]–6–氟–A,A–二甲基苯甲醇	Ipflufenoquin		10
145	异菌脲	Iprodione		800

续表

序号	药品中文名称	药品英文名称	中国限量	日本限量
146	丙胺磷	Isofenphos		20
147	吡唑萘菌胺	Isopyrazam		10
148	异噁唑草酮	Isoxaflutole		10
149	拉沙洛西	Lasalocid		200
150	林丹	Lindane		10
151	利谷隆	Linuron		50
152	虱螨脲	Lufenuron		300
153	2-甲基-4-氯苯氧基乙酸	Mcpa		50
154	2-甲基-4-氯戊氧基丙酸	Mecoprop		50
155	精甲霜灵	Mefenoxam		50
156	氯氟醚菌唑	Mefentrifluconazole		10
157	醋酸美伦孕酮	Melengestrol acetate		不得检出
158	缩节胺	Mepiquat – chloride		50
159	甲磺胺磺隆	Mesosulfuron – methyl		10
160	氰氟虫腙	Metaflumizone		200
161	甲霜灵	Metalaxyl		50
162	甲胺磷	Methamidophos		10
163	杀扑磷	Methidathion		20
164	灭多威	Methomyl（Thiodicarb）		20
165	烯虫酯	Methoprene		50
166	甲氧滴滴涕	Methoxychlor		10
167	甲氧虫酰肼	Methoxyfenozide		10
168	嗪草酮	Metribuzin		30
169	腈菌唑	Myclobutanil		10
170	萘夫西林	Nafcillin		5
171	新霉素	Neomycin	500	500
172	诺孕美特	Norgestomet		0.1
173	氟酰脲	Novaluron		100
174	氧乐果	Omethoate		50
175	杀线威	Oxamyl		20
176	氟噻唑吡乙酮	Oxathiapiprolin		10
177	2-[3-（乙基磺酰基）-2-吡啶基]-5-[（三氟甲基)磺酰基]苯并[d]噁唑	Oxazosulfyl		10
178	土霉素	Oxytetracycline	400	400
179	砜吸磷	Oxydemeton – methyl		20

序号	药品中文名称	药品英文名称	中国限量	日本限量
180	乙氧氟草醚	Oxyfluorfen		30
181	百草枯	Paraquat		10
182	对硫磷	Parathion		50
183	甲基对硫磷	Parathion – methyl		50
184	戊菌唑	Penconazole		50
185	吡噻菌胺	Penthiopyrad		30
186	氯菊酯	Permethrin		100
187	甲拌磷	Phorate		50
188	毒莠定	Picloram		50
189	啶氧菌酯	Picoxystrobin		10
190	杀鼠酮	Pindone		1
191	唑啉草酯	Pinoxaden		60
192	增效醚	Piperonyl butoxide		1000
193	抗蚜威	Pirimicarb		50
194	甲基嘧啶磷	Pirimiphos – methyl		10
195	咪鲜胺	Prochloraz		100
196	丙溴磷	Profenofos		20
197	霜霉威	Propamocarb		10
198	敌稗	Propanil		10
199	克螨特	Propargite		100
200	丙环唑	Propiconazole		40
201	残杀威	Propoxur		50
202	氟磺隆	Prosulfuron		50
203	丙硫菌唑	Prothioconazol		6
204	吡唑醚菌酯	Pyraclostrobin		50
205	磺酰草吡唑	Pyrasulfotole		20
206	除虫菊酯	Pyrethrins		100
207	哒草特	Pyridate		200
208	二氯喹啉酸	Quinclorac		50
209	喹氧灵	Quinoxyfen		10
210	五氯硝基苯	Quintozene		30
211	喹禾灵	Quizalofop – ethyl		20
212	糖草酯	Quizalofop – P – tefuryl		20
213	苄蚨菊酯	Resmethrin		100
214	洛克沙肿	Roxarsone		500

序号	药品中文名称	药品英文名称	中国限量	日本限量
215	氟唑环菌胺	Sedaxane		10
216	烯禾啶	Sethoxydim		300
217	氟硅菊酯	Silafluofen		1000
218	西玛津	Simazine		20
219	大观霉素	Spectinomycin		2000
220	乙基多杀菌素	Spinetoram		10
221	多杀菌素	Spinosad		100
222	磺胺嘧啶	Sulfadiazine		20
223	磺胺二甲嘧啶	Sulfamethazine		10
224	磺胺喹恶啉	Sulfaquinoxaline		10
225	磺酰磺隆	Sulfosulfuron		5
226	氟啶虫胺腈	Sulfoxaflor		100
227	戊唑醇	Tebuconazole		50
228	虫酰肼	Tebufenozide		20
229	四氯硝基苯	Tecnazene		50
230	氟苯脲	Teflubenzuron		10
231	七氟菊酯	Tefluthrin		1
232	得杀草	Tepraloxydim		100
233	特丁磷	Terbufos		10
234	氟醚唑	Tetraconazole		20
235	四环素	Tetracycline	400	400
236	噻菌灵	Thiabendazole		100
237	噻虫啉	Thiacloprid		20
238	噻虫嗪	Thiamethoxam		10
239	噻呋酰胺	Thifluzamide		40
240	禾草丹	Thiobencarb		30
241	硫菌灵	Thiophanate		90
242	甲基硫菌灵	Thiophanate – methyl		90
243	噻酰菌胺	Tiadinil		10
244	3－苯基－5－（噻吩－2－基）－[1,2,4]噁二唑	Tioxazafen		20
245	四溴菊酯	Tralomethrin		30
246	群勃龙醋酸酯	Trenbolone acetate		不得检出
247	三唑酮	Triadimefon		50
248	三唑醇	Triadimenol		50

序号	药品中文名称	药品英文名称	中国限量	日本限量
249	杀铃脲	Triasulfuron		50
250	三氯吡氧乙酸	Triclopyr		50
251	十三吗啉	Tridemorph		50
252	肟菌酯	Trifloxystrobin		40
253	氟菌唑	Triflumizole		20
254	杀铃脲	Triflumuron		10
255	甲氧苄啶	Trimethoprim		20
256	灭菌唑	Triticonazole		50
257	泰万菌素	Tylvalosin	200	
258	乙烯菌核利	Vinclozolin		50
259	维吉尼亚霉素	Virginiamycin		100
260	华法林	Warfarin		1
261	玉米赤霉醇	Zeranol		2

5.5.3　中国与欧盟

中国与欧盟关于鹌鹑蛋兽药残留限量标准比对情况见表 5 - 5 - 3。该表显示，中国与欧盟关于鹌鹑蛋涉及的兽药残留限量指标共有 12 项。其中，中国对杆菌肽（Bacitracin）等 9 种兽药残留规定了限量，欧盟对黏菌素（Colistin）等 6 种兽药残留规定了限量；有 3 项指标中国与欧盟相同；有 6 项指标中国已制定而欧盟未制定，3 项指标欧盟已制定而中国未制定。

表 5 - 5 - 3　中国与欧盟鹌鹑蛋兽药残留限量标准比对　　　单位：μg/kg

序号	药品中文名称	药品英文名称	中国限量	欧盟限量
1	杆菌肽	Bacitracin	500	
2	金霉素	Chlortetracycline	400	
3	黏菌素	Colistin		300
4	红霉素	Erythromycin	150	150
5	芬苯达唑	Fenbendazole	1300	
6	氟苯达唑	Flubendazole	400	400
7	拉沙洛西	Lasalocid		150
8	新霉素	Neomycin	500	500
9	土霉素	Oxytetracycline	400	
10	四环素	Tetracycline	400	
11	泰乐菌素	Tylosin		200
12	泰万菌素	Tylvalosin	200	

5.5.4　中国与 CAC

中国与 CAC 关于鹌鹑蛋兽药残留限量标准比对情况见表 5-5-4。该表显示，中国与 CAC 关于鹌鹑蛋涉及的兽药残留限量指标共有 8 项。其中，中国对杆菌肽（Bacitracin）等 8 种兽药残留规定了限量，CAC 对金霉素（Chlortetracycline）等 4 种兽药残留规定了限量且这 4 项指标与中国相同；有 4 项指标中国已制定而 CAC 未制定。

表 5-5-4　中国与 CAC 鹌鹑蛋兽药残留限量标准比对　　　　单位：μg/kg

序号	药品中文名称	药品英文名称	中国限量	CAC 限量
1	杆菌肽	Bacitracin	500	
2	金霉素	Chlortetracycline	400	400
3	芬苯达唑	Fenbendazole	1300	
4	氟苯达唑	Flubendazole	400	400
5	新霉素	Neomycin	500	
6	土霉素	Oxytetracycline	400	400
7	四环素	Tetracycline	400	400
8	泰万菌素	Tylvalosin	200	

5.6　鹌鹑"皮+脂"的兽药残留限量

5.6.1　中国与韩国

中国与韩国关于鹌鹑"皮+脂"兽药残留限量标准比对情况见表 5-6-1。该表显示，中国与韩国关于鹌鹑"皮+脂"涉及的兽药残留限量指标共有 12 项。其中，中国对地克珠利（Diclazuril）等 12 种兽药残留规定了限量，韩国对二氟沙星（Difloxacin）等 8 种兽药残留规定了限量；有 6 项指标两国相同，多西环素（Doxycycline）、维吉尼亚霉素（Virginiamycin）2 项指标韩国严于中国；有 4 项指标中国已制定而韩国未制定。

表 5-6-1　中国与韩国鹌鹑"皮+脂"兽药残留限量标准比对　　　单位：μg/kg

序号	药品中文名称	药品英文名称	中国限量	韩国限量
1	地克珠利	Diclazuril	1000	
2	二氟沙星	Difloxacin	400	400
3	多西环素	Doxycycline	300	100●
4	恩诺沙星	Enrofloxacin	100	100
5	芬苯达唑	Fenbendazole	50	
6	氟苯尼考	Florfenicol	200	200
7	卡那霉素	Kanamycin	100	100
8	甲砜霉素	Thiamphenicol	50	
9	托曲珠利	Toltrazuril	200	200

续表

序号	药品中文名称	药品英文名称	中国限量	韩国限量
10	甲氧苄啶	Trimethoprim	50	50
11	泰万菌素	Tylvalosin	50	
12	维吉尼亚霉素	Virginiamycin	400	200●

5.6.2 中国与欧盟

中国与欧盟关于鹌鹑"皮+脂"兽药残留限量标准比对情况见表5-6-2。该表显示，中国与欧盟关于鹌鹑"皮+脂"涉及的兽药残留限量指标共有12项。其中，中国对地克珠利（Diclazuril）等12种兽药残留规定了限量，欧盟对二氟沙星（Difloxacin）等6种兽药残留规定了限量且这6项指标与中国相同；有6项指标中国已制定而欧盟未制定。

表5-6-2 中国与欧盟鹌鹑"皮+脂"兽药残留限量标准比对　单位：μg/kg

序号	药品中文名称	药品英文名称	中国限量	欧盟限量
1	地克珠利	Diclazuril	1000	
2	二氟沙星	Difloxacin	400	400
3	多西环素	Doxycycline	300	300
4	恩诺沙星	Enrofloxacin	100	100
5	芬苯达唑	Fenbendazole	50	
6	氟苯尼考	Florfenicol	200	200
7	卡那霉素	Kanamycin	100	
8	甲砜霉素	Thiamphenicol	50	
9	托曲珠利	Toltrazuril	200	200
10	甲氧苄啶	Trimethoprim	50	
11	泰万菌素	Tylvalosin	50	50
12	维吉尼亚霉素	Virginiamycin	400	

5.6.3 中国与CAC

中国与CAC关于鹌鹑"皮+脂"兽药残留限量标准比对情况见表5-6-3。该表显示，中国与CAC关于鹌鹑"皮+脂"涉及的兽药残留限量指标共有12项。其中，中国对地克珠利（Diclazuril）等12种兽药残留规定了限量，CAC仅对地克珠利（Diclazuril）规定了残留限量且指标与中国相同；有11项指标中国已制定而CAC未制定。

表5-6-3 中国与CAC鹌鹑"皮+脂"兽药残留限量标准比对　单位：μg/kg

序号	药品中文名称	药品英文名称	中国限量	CAC限量
1	地克珠利	Diclazuril	1000	1000
2	二氟沙星	Difloxacin	400	

续表

序号	药品中文名称	药品英文名称	中国限量	CAC 限量
3	多西环素	Doxycycline	300	
4	恩诺沙星	Enrofloxacin	100	
5	芬苯达唑	Fenbendazole	50	
6	氟苯尼考	Florfenicol	200	
7	卡那霉素	Kanamycin	100	
8	甲砜霉素	Thiamphenicol	50	
9	托曲珠利	Toltrazuril	200	
10	甲氧苄啶	Trimethoprim	50	
11	泰万菌素	Tylvalosin	50	
12	维吉尼亚霉素	Virginiamycin	400	

5.6.4　中国与美国

中国与美国关于鹌鹑"皮+脂"兽药残留限量标准比对情况见表 5 - 6 - 4。该表显示，中国与美国关于鹌鹑"皮+脂"涉及的兽药残留限量指标共有 12 项。其中，中国对地克珠利（Diclazuril）等 12 种兽药残留规定了限量，美国仅对维吉尼亚霉素（Virginiamycin）规定了残留限量且指标与中国相同；有 11 项指标中国已制定而美国未制定。

表 5 - 6 - 4　中国与美国鹌鹑"皮+脂"兽药残留限量标准比对　单位：μg/kg

序号	药品中文名称	药品英文名称	中国限量	美国限量
1	地克珠利	Diclazuril	1000	
2	二氟沙星	Difloxacin	400	
3	多西环素	Doxycycline	300	
4	恩诺沙星	Enrofloxacin	100	
5	芬苯达唑	Fenbendazole	50	
6	氟苯尼考	Florfenicol	200	
7	卡那霉素	Kanamycin	100	
8	甲砜霉素	Thiamphenicol	50	
9	托曲珠利	Toltrazuril	200	
10	甲氧苄啶	Trimethoprim	50	
11	泰万菌素	Tylvalosin	50	
12	维吉尼亚霉素	Virginiamycin	400	400

参 考 文 献

[1] 刘欣. 国内外畜禽产品兽药残留限量标准差异性分析 [M]. 北京：中国标准出版社，2020.

[2] Liu Xin, Ma Yanfen, Chen Lingjun, et al. Effects of different zinc sources on growth performance, antioxi-dant capacity and zinc storage of weaned piglets [J]. Livestock Science, 2020, 241：104181.

[3] Liu Xin, Zhang Rui, Jin Yuanxiang. Differential responses of larval zebrafish to the fungicide propamocarb：Endpoints at development, locomotor behavior and oxidative stress [J]. Science of the Total Environment, 2020, 731：136 – 139.

[4] 刘欣，曹广添，陶菲，等. 基于动物模型的大豆球蛋白诱导肠黏膜过敏反应机理研究 [J]. 中国食品学报，2020，20(03)：31 – 37.

[5] 陈益填. 国内外肉鸽产业发展新特点与新趋势 [J]. 中国禽业导刊，2016，24：10.

[6] 卢斌山. 肉鸽养殖概况及建议 [J]. 甘肃畜牧兽医，2020，50(9)：27 – 29.